elemente chemie 11

Edgar Brückl

Heike Große

Christian Preitschaft

Peter Zehentmeier

Ernst Klett Verlag
Stuttgart · Leipzig

Hinweise zu den Versuchen
Vor der Durchführung eines Versuchs müssen mögliche Gefahrenquellen besprochen werden. Die geltenden Richtlinien zur Vermeidung von Unfällen beim Experimentieren sind zu beachten.
Da Experimentieren grundsätzlich umsichtig erfolgen muss, wird auf die üblichen Verhaltensregeln und die Regeln für Sicherheit und Gesundheitsschutz beim Umgang mit Gefahrstoffen im Unterricht nicht bei jedem Versuch gesondert hingewiesen.
Beim Experimentieren muss immer eine Schutzbrille getragen werden.

1. Auflage

1 5 4 3 2 1 | 2013 12 11 10 09

Alle Drucke dieser Auflage sind unverändert und können im Unterricht nebeneinander verwendet werden.
Die letzte Zahl bezeichnet das Jahr des Druckes.

Autoren: Edgar Brückl, Heike Große, Dr. Christian Preitschaft, Peter Zehentmeier
Bei der Erstellung des vorliegenden Unterrichtswerkes wurde auf Teile des Werkes **Elemente Chemie II** zurückgegriffen.

Redaktion: Bettina Sommer, Alfred Tompert
DTP/Satz: Elfriede König
Umschlaggestaltung: Susanne Hamatzek, Martin Raubenheimer

Grafiken: Alfred Marzell, Schwäbisch Gmünd; Karin Mall, Berlin; Prof. Jürgen Wirth, Visuelle Kommunikation, Dreieich
Grundkonzeption des Layouts: KomaAmok, Stuttgart
Reproduktion: Meyle + Müller, Medien-Management, Pforzheim
Druck: Himmer AG, Augsburg

Printed in Germany
ISBN: 978-3-12-756800-4

elemente chemie ist ein Lern- und Arbeitsbuch. Es dient sowohl der unterrichtlichen Arbeit als auch dem Nachbereiten und Wiederholen von Lerneinheiten. Das Buch kann jedoch den Unterricht nicht ersetzen. Das Erleben von Experimenten und die eigene Auseinandersetzung mit deren Ergebnissen sind unerlässlich. Wissen muss erarbeitet werden.

Eine geeignete Aufbereitung soll den Umgang mit dem Buch erleichtern. Zu diesem Zwecke sind verschiedene Symbole und Kennzeichnungen verwendet worden, die überall im Buch die gleiche Bedeutung haben:

Rückblick. Alle Inhalte der letzten Jahrgangsstufe werden auf diesen Seiten in komprimierter Form wiederholt.

Praktikum. Ausführlich beschriebene, leicht durchführbare Schülerexperimente, welche die Schüler in Chemieübungen eigenständig durchführen können.

Exkurs. Zu den Themen des Lehrplans passende, aber teilweise darüber hinausgehende, interessante Inhalte.

Impulse. Fächerverbindende Inhalte oder Inhalte, die besondere Unterrichtsmethoden erfordern.

Durchblick Zusammenfassung und Übung. Zusammenfassung, inhaltliche Vertiefungen und Aufgaben unterschiedlicher Schwierigkeit zur Überprüfung des Gelernten eines Kapitels.

Arbeitsteil (Aufgaben und Versuche). Einige Substanzen, mit denen im Chemieunterricht umgegangen wird, sind als Gefahrstoffe eingestuft. Die Bedeutung der Gefahrensymbole ist im Anhang dargestellt. Das Tragen einer Schutzbrille beim Experimentieren ist unerlässlich, weitere notwendige Schutzmaßnahmen sind beim Versuch vermerkt. Die Versuchsanleitungen sind nach Schüler- und Lehrerversuch unterschieden und enthalten in besonderen Fällen Hinweise auf mögliche Gefahren.

V1 **Schülerversuch.** Die allgemeinen Hinweise zur Vermeidung von Unfällen beim Experimentieren müssen bekannt sein. Insbesondere ist immer eine **Schutzbrille** zu tragen. Auch Schülerversuche sind nur auf Anweisung des Lehrers auszuführen.

V1 Lehrerversuch

⚠ **Gefahrensymbol.** Bei Versuchen, die mit diesem Zeichen versehen sind, müssen vom Lehrer besondere Vorsichtsmaßnahmen getroffen werden.

A1 Problem oder Arbeitsaufgabe

[ ] Verweis auf Bild, Versuch oder Aufgabe innerhalb eines Unterkapitels.
Die Nummerierung der Aufgaben, Versuche und Bilder erfolgt unterkapitelweise.

Fettdruck (schwarz) im Text – wichtiger neuer Begriff

Texthinterlegung – Ergebnis vorangegangener Überlegungen, Definition, kurz: **Merksatz**

Inhaltsverzeichnis

Ethan

Ethen

Ethin

Farbskala
zur Ladungsverteilung

B1 Kugel-Stab-Modell
und Ladungsverteilung

Atomorbital

Das Orbital ist ein bestimmter Raum um den Atomkern, in dem sich die Elektronen befinden. Jedes Orbital kann maximal zwei Elektronen aufnehmen.

Molekülorbital

Die wechselseitige Durchdringung von Atomorbitalen führt zur Bildung eines Molekülorbitals. Wird dieses mit einem gemeinsamen Elektronenpaar besetzt, liegt eine Atombindung vor. Diese beiden Elektronen stammen aus den einfach besetzten Atomorbitalen. Werden zwischen den Atomen eines Moleküls Mehrfachbindungen ausgebildet, so nimmt zwischen diesen Atomen die Elektronendichte zu [B1].

Elektronegativität

Fähigkeit eines Atoms, in einer chemischen Bindung die Bindungselektronen an sich zu ziehen. Fluor ist das Element mit dem höchsten Elektronegativitätswert von $EN = 4$.

Polare Atombindung

Sind in einem Molekül Atome mit verschiedenen Elektronegativitätswerten verbunden, ergibt sich eine unsymmetrische Ladungsverteilung [B2]. Es ist eine polare Atombindung entstanden, die sich im Auftreten von Teilladungen (Partialladungen) äußert.

Zwischenmolekulare Kräfte

Zwischen einzelnen Teilchen eines Stoffes können Anziehungskräfte auftreten. Beruhen diese auf induzierten Dipolen, spricht man von Van-der-Waals-Kräften. Bei kleinen Molekülen sind sie schwach ausgeprägt. Ist ein Molekül ein permanenter Dipol, so sind die existierenden zwischenmolekularen Kräfte meist stärker (Dipol-Dipol-Kräfte). Noch stärkere zwischenmolekulare Kräfte sind die Ionen-Dipol-Kräfte, die auftreten, wenn ein Salz (z. B. NaCl) in Wasser gelöst wird. Daneben gibt es noch Wasserstoffbrücken, die meist stärker als Van-der-Waals-Kräfte sind. In Abhängigkeit von der Stärke der zwischenmolekularen Kräfte ergeben sich die spezifischen Stoffeigenschaften wie Siedetemperaturen oder Löslichkeiten.

Elektronenpaarabstoßungsmodell (EPA)

Der räumliche Bau von Molekülen lässt sich durch das EPA-Modell erklären [B4]. Man verwendet folgende Regeln:

1. Elektronenpaare stoßen sich gegenseitig ab und bilden daher untereinander den größtmöglichen Winkel.
2. Nicht bindende Elektronenpaare benötigen mehr Platz als bindende.
3. Mehrfachbindungen werden in ihrer abstoßenden Wirkung wie Einfachbindungen behandelt.

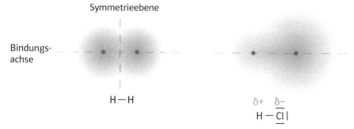

B2 Symmetrische Ladungsverteilung beim Wasserstoffmolekül (links)
Unsymmetrische Ladungsverteilung beim Hydrogenchloridmolekül (rechts)

B3 Wassermolekül

Dipolmoleküle

Moleküle, die jeweils einen Pol mit positiver und einen Pol mit negativer Teilladung besitzen, bezeichnet man als Dipole. Beispielsweise zählen Wassermoleküle zu den Dipolmolekülen [B3].

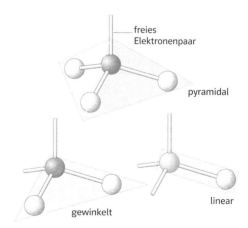

B4 Modelle zum räumlichen Bau des Ammoniak-, Wasser- und Hydrogenfluoridmoleküls

Rückblick Protonen- und Elektronenübergänge

Säuren und Basen

Brønsted-Säuren sind Protonendonatoren, Brønsted-Basen sind Protonenakzeptoren. Die charakteristischen Ionen in saurer Lösung (pH-Wert < 7) sind die Oxoniumionen (H_3O^+). Für alkalische Lösungen (pH-Wert > 7) sind Hydroxidionen (OH^-) charakteristisch.

Protolyse

Eine Abgabe von Protonen ist immer an eine sofortige Protonenaufnahme gekoppelt.

Korrespondierendes Säure-Base-Paar

Teilchenpaar, bei dem das eine Teilchen durch Protonenaufnahme oder- abgabe aus dem anderen Teilchen gebildet werden kann. Bsp.: H_3O^+/H_2O

Säure-Base-Reaktionsschema

Allgemein:

Säure 1 + Base 2 $\longrightarrow$ Base 1 + Säure 2

Konkret:

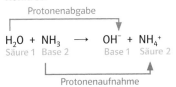

Protonenabgabe

$$H_2O + NH_3 \longrightarrow OH^- + NH_4^+$$

Säure 1   Base 2   Base 1   Säure 2

Protonenaufnahme

Wichtige Säuren und Laugen

Säure bzw. Lauge	Formel
Salzsäure	HCl
Schwefelsäure	H_2SO_4
Dihydrogensulfid (Schwefelwasserstoff)	H_2S
Kohlensäure	H_2CO_3
Phosphorsäure	H_3PO_4
Salpetersäure	HNO_3
Natronlauge	NaOH
Kalilauge	KOH
Kalkwasser	$Ca(OH)_2$
Ammoniakwasser	NH_4OH

Oxidation und Reduktion

Teilchen, die Elektronen abgeben (Elektronendonatoren), werden oxidiert, sie selbst sind Reduktionsmittel. Teilchen, die Elektronen aufnehmen (Elektronenakzeptoren), werden reduziert und sind selbst Oxidationsmittel.

Oxidationszahl (OZ)

Die OZ ist ein Hilfsmittel zum Aufstellen von Redoxreaktionen. Sie entspricht der hypothetischen Ladung eines Atoms in einer Verbindung. Die OZ wird in römischen Ziffern über das jeweilige Elementsymbol geschrieben [B1]. Bei der Ermittlung von OZ in Molekülen erhält der elektronegative Bindungspartner in einer Atombindung formal alle Bindungselektronen.

hypothetische Ladung
„gedachte" Ladung

Für elementare Stoffe gilt:
1. Die Atome der elementaren Stoffe haben die Oxidationszahl 0.

In Verbindungen gilt:
2. Metallionen haben immer eine positive Oxidationszahl.
3. Fluoratome haben grundsätzlich die Oxidationszahl –I.
4. Wasserstoffatome haben die Oxidationszahl I (Ausnahme: in Verbindungen mit Metallen: –I).
5. Sauerstoffatome haben die Oxidationszahl –II (Ausnahme: in Peroxiden: –I).
6. Bei Molekülen und Elementargruppen ist die Summe der Oxidationszahlen aller Atome 0.
7. Bei Atomionen entspricht die Oxidationszahl der Ladung.
8. Bei Molekülionen entspricht die Summe der Oxidationszahlen der Ladung.

B1 Regeln zur Ermittlung von Oxidationszahlen

Redoxreaktionen

Elektronenübergänge von einem Donator auf einen Akzeptor nennt man Redoxreaktionen. Zum Erstellen einer Redoxreaktion müssen einige Regeln beachtet werden [B2].

a) Anschreiben der Teilchen und Ermitteln der Oxidationszahlen.
b) Aufstellen der Teilreaktionsgleichungen:
   – Ermittlung der an den Vorgängen beteiligten Elektronenanzahlen.
   – Ausgleich der Elektronenanzahl durch das kleinste gemeinsame Vielfache.
c) Ladungsausgleich:
   Unter sauren Bedingungen durch Oxoniumionen (H_3O^+).
   Unter alkalischen Bedingungen durch Hydroxidionen (OH^-).
d) Atomanzahlausgleich durch Wassermoleküle, falls Lösungen vorliegen.
e) Aufstellen der gesamten Reaktionsgleichung durch Addition der Teilgleichungen.

B2 Regeln zum Erstellen von Redoxgleichungen

Organische Chemie

Die organische Chemie beschäftigt sich mit den Kohlenstoffverbindungen mit Ausnahme der Kohlenstoffoxide und der Carbonate. Wichtige Teilbereiche innerhalb der organischen Chemie sind die Kohlenwasserstoffe [B1].

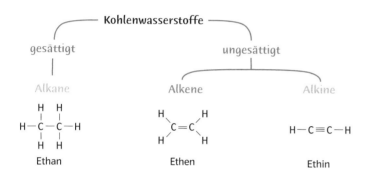

B1 Gesättigte und ungesättigte Kohlenwasserstoffe

Nomenklatur und homologe Reihe

Die allgemeine Summenformel der Alkane lautet C_nH_{2n+2}, alle Alkane haben die Endung „-an". Alkene (Endung „-en") und Alkine (Endung „-in") weisen die Summenformel C_nH_{2n} bzw. C_nH_{2n-2} auf.

Name	Summenformel	Strukturformel	Skelettformel
Methan	CH_4	H–C(H)(H)–H	
Ethan	C_2H_6	H–C(H)(H)–C(H)(H)–H	/
Propan	C_3H_8	H–C(H)(H)–C(H)(H)–C(H)(H)–H	⌄
Butan	C_4H_{10}	H–C(H)(H)–C(H)(H)–C(H)(H)–C(H)(H)–H	⌄⌄

B2 Die ersten Glieder der Alkanreihe

Bindungsverhältnisse und räumlicher Bau

Alkane sind gesättigte Kohlenwasserstoffe, da jedes C-Atom vier Einfachbindungen ausbildet. Das Elektronenpaarabstoßungsmodell zeigt eine tetraedrische Anordnung der Atome mit einem Bindungswinkel von 109,5°. Die ungesättigten Kohlenwasserstoffverbindungen besitzen Mehrfachbindungen. Alkene haben eine Doppelbindung, die beteiligten Atome sind in einem Bindungswinkel von 120° angeordnet. In den Alkinen ist eine Dreifachbindung enthalten, daher resultiert ein Bindungswinkel von 180°. In B3 sind weitere Details zum Thema Einfach- und Mehrfachbindungen zwischen Kohlenstoffatomen dargestellt.

Einfach-bindung   Doppel-bindung   Dreifach-bindung

$-C-C-$ $C=C$ $-C\equiv C-$

Elektronendichte zwischen C-Atomen nimmt zu →

Benötigte Energie zum Spalten der Bindung nimmt zu →

B3 Bindungen zwischen C-Atomen

Reaktionsverhalten

Alle Kohlenwasserstoffe können verbrannt (also oxidiert) werden, die häufigste Reaktion der Alkane ist jedoch die radikalische Substitution, die der Alkene bzw. Alkine die elektrophile Addition.

Isomerie

Haben verschiedene Moleküle die gleiche Summenformel, aber eine unterschiedliche Verknüpfung der Atome oder einen anderen räumlichen Bau, so spricht man von isomeren Verbindungen.

Moleküle, die die gleiche Summenformel, aber eine unterschiedliche Atomverknüpfung haben, bezeichnet man als *Konstitutionsisomere*.

Von *E-Z-Isomeren* spricht man bei Molekülen mit Doppelbindung, wenn an beiden Kohlenstoffatomen der Doppelbindung jeweils verschiedene Substituenten sitzen. Die Isomere unterscheiden sich in der Stellung der Substituenten in Bezug zur Doppelbindung.

Nomenklatur

$$_1CH_3 - _2CH_2 - _3\overset{\overset{\textstyle CH_3}{|}}{\underset{\underset{\textstyle CH_3}{|}}{\underset{\textstyle CH_3 CH_2}{C}}} - _4CH - _5CH_2 - _6CH_2 - _7CH_3$$

1. **Längste Kette aus Kohlenstoffatomen** ermitteln und benennen. Aus der Zahl der Kohlenstoffatome ergibt sich der Name der Hauptkette.

2. **Seitenketten** benennen und alphabetisch ordnen. Seitenketten erhalten ebenfalls ihren Namen nach der Zahl der Kohlenstoffatome. Anstelle der Endung „an" erhalten die Seitenketten die Endung „yl". Der Name der Seitenkette wird dem Namen der Hauptkette vorangestellt.

3. **Anzahl der gleichen Seitenketten** ermitteln und durch das entsprechende griechische Zahlwort (di-, tri-, tetra-, …) kennzeichnen.

4. **Verknüpfungsstellen zwischen Haupt- und Seitenketten** ermitteln, dabei Hauptketten so durchnummerieren, dass die Verknüpfungsstellen kleinstmögliche Zahlen enthalten.

4-Ethyl- 3,3- di methyl heptan

B4 Benennung eines Alkans. Die Länge der Hauptkette bestimmt den Grundnamen der Verbindung

Physikalische Eigenschaften

Innerhalb der homologen Reihen nehmen wegen der Zunahme der zwischenmolekularen Kräfte (Van-der-Waals-Kräfte) die Schmelz- und Siedetemperaturen zu. Alkanmoleküle sind unpolar, daher lösen sie sich nur in anderen aus unpolaren Molekülen aufgebauten – also lipophilen – Stoffen.

Erneuerbare Energiequellen

Fossile Brennstoffe (Erdöl und Erdgas) sind endlich, daher benötigt man in der Zukunft neue Energiequellen, die zudem die Kohlenstoffdioxidemissionen senken sollen [B5].

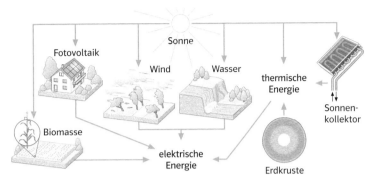

B5 Nutzung regenerativer Energiequellen

Kohlenstoffkreislauf

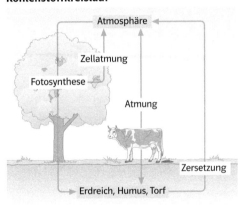

B6 Der biologische Kohlenstoffkreislauf

Kunststoffe

Aus Monomeren (Einzelmolekülen) können durch Polymerisation Polymere (Makromoleküle) gebildet werden. Z. B. kann aus Ethen Polyethen [B7] hergestellt werden.

Name	Polyethen (PE)	Polyvinylchlorid (PVC)
Monomer	Ethen	Vinylchlorid
	$\overset{\textstyle H \qquad H}{\underset{\textstyle H \qquad H}{C=C}}$	$\overset{\textstyle H \qquad H}{\underset{\textstyle H \qquad Cl}{C=C}}$
Verwendungsbeispiele	Tragetaschen, Eimer, Mülltonnen	Bodenbeläge, Rohre, Schläuche, Schallplatten

B7 Kunststoffe

Stoffklasse	Alkohole	Aldehyde	Ketone	Carbonsäuren	Ester
allgemeine Formel	$R'-\overline{\underline{O}}-H$	$R-C\overset{\overline{\underline{O}}|}{\underset{H}{}}$	$R'-\overset{\overset{\overline{O}}{\|}}{C}-R''$	$R-C\overset{\overline{\underline{O}}|}{\underset{\overline{\underline{O}}-H}{}}$	$R-C\overset{\overline{\underline{O}}|}{\underset{\overline{\underline{O}}-R'}{}}$
Endung	-ol	-al	-on	-säure	-ester
funktionelle Gruppe	$-\overline{\underline{O}}-H$		$\diagdown C=O\diagup$	$-C\overset{\overline{\underline{O}}|}{\underset{\overline{\underline{O}}-H}{}}$	$-C\overset{\overline{\underline{O}}|}{\underset{\overline{\underline{O}}-R'}{}}$
	Hydroxylgruppe		Carbonylgruppe	Carboxylgruppe	Estergruppe

R: organischer Rest oder H
R', R'' organischer Rest (z. B. Methyl-, Ethyl-, Propyl-), nicht H

B3 Sauerstoffhaltige organische Verbindungen im Vergleich

Alkohole

enthalten Alkoholmoleküle eine Hydroxyl-gruppe bezeichnet man sie als einwertig.
Je nach Lage der Hydroxylgruppe im Molekül unterscheiden sich Alkoholmoleküle in ihrem Reaktionsverhalten.

primärer Alkohol
$R-\overset{H}{\underset{H}{C}}-\overline{\underline{O}}-H \xrightarrow{\text{Oxidation}} R-C\overset{\overline{\underline{O}}|}{\underset{H}{}} \xrightarrow{\text{Oxidation}} R-C\overset{\overline{\underline{O}}|}{\underset{\overline{\underline{O}}-H}{}}$
Aldehyd   Carbonsäure

sekundärer Alkohol
$R-\overset{H}{\underset{R'}{C}}-\overline{\underline{O}}-H \xrightarrow{\text{Oxidation}} R''-C\overset{\overline{\underline{O}}|}{\underset{R'}{}} \xrightarrow{\text{Oxidation}} \nearrow\!\!/$
Keton

tertiärer Alkohol
$R'''-\overset{R''}{\underset{R'}{C}}-\overline{\underline{O}}-H \xrightarrow{\text{Oxidation}} \nearrow\!\!/$

R: organischer Rest oder H
R', R'', R''' organischer Rest (z. B. Methyl-, Ethyl-, Propyl-), nicht H

B1 Partielle Oxidation von Alkoholen

B2 Fehling'sche Probe

Die Oxidation eines tertiären Alkoholmoleküls, wie z. B. Methylpropan-2-ol, ist ohne Zer-störung des Kohlenstoffatomgerüsts nicht möglich.

Aldehyde und Ketone

Im Gegensatz zur Ketogruppe besitzt die Aldehydgruppe eine Reduktionswirkung. Daher können die beiden Stoffklassen durch geeignete Reaktionen wie die Fehling'sche Probe unterschieden werden [B2, B4].

$R-\overset{I}{C}\overset{\overline{\underline{O}}|}{\underset{H}{}} + 3\,OH^- \xrightarrow{\text{Oxidation}} R-\overset{III}{C}\overset{\overline{\underline{O}}|}{\underset{\overline{\underline{O}}^-}{}} + 2\,e^- + 2\,H_2O$

$2\,\overset{II}{Cu}^{2+} + 2\,e^- + 2\,OH^- \xrightarrow{\text{Reduktion}} \overset{I}{Cu_2O} + H_2O$

Redoxgleichung:
$R-CHO + 2\,Cu^{2+} + 5\,OH^- \longrightarrow R-COO^- + Cu_2O + 3\,H_2O$

R: Alkylrest oder H (dann aber Oxidationszahlen 0 bzw. II)

B4 Fehling'sche Probe

Die häufigste Reaktion der Carbonylverbin-dungen ist die nukleophile Addition, da die Doppelbindung der Carbonylgruppe polar ist.

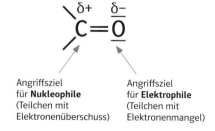

Angriffsziel für **Nukleophile** (Teilchen mit Elektronenüberschuss)   Angriffsziel für **Elektrophile** (Teilchen mit Elektronenmangel)

B5 Reaktivität der Carbonylgruppe

Carbonsäuren

Carbonsäuremoleküle sind Protonendonatoren. Diese Acidität hat zwei Ursachen. Zum einen ist das Wasserstoffatom der Carboxylgruppe aufgrund der Polarisierung durch das Carbonylsauerstoffatom positiv polarisiert [B6], zum anderen ist das entstehende Carboxylation stabil, da die Elektronen und damit die negative Ladung delokalisiert sind [B10].

→ Richtung der Elektronenverschiebung

B6 Elektronenverschiebung in der Carboxylgruppe

Ester

Reagiert eine Carbonsäure mit einem Alkohol, erhält man als Produkte einen Ester und Wasser. Bei dieser Reaktion vereinigen sich zwei Moleküle unter Abspaltung eines kleineren Moleküls (hier: Wasser). Derartige Reaktionen nennt man Kondensationsreaktionen.

Carbonsäure + Alkohol ⟶ Ester + Wasser

Zur Benennung eines Esters verwendet man den Namen der Säure, den Namen des Alkylrestes des Alkohols und die Endung „-ester" (Bsp.: Essigsäureethylester).

Gleichgewichtsreaktion

Die Esterbildung ist eine Gleichgewichtsreaktion, das heißt, Hin- und Rückreaktion stehen miteinander im Gleichgewicht. Estermoleküle können mit Wassermolekülen gespalten werden, die entsprechende Reaktion nennt man Hydrolyse [B8].

Physikalische Eigenschaften

Im Allgemeinen gilt, dass die Siedetemperatur mit zunehmender Länge der Alkylreste im Molekül und mit der Anzahl der Hydroxylgruppen steigt, da die zwischenmolekularen Kräfte (Van-der-Waals-Kräfte und Wasserstoffbrücken) zunehmen.

Die Carbonsäuren haben die höchsten Siedetemperaturen, auch weil zwei Moleküle miteinander Carbonsäuredimere bilden [B9]. Je größer der Anteil der Hydroxylgruppen im Molekül ist, umso besser ist die Wasserlöslichkeit [B7].

B9 Essigsäuredimer

Name	Löslichkeit in Wasser	Löslichkeit in Benzin
Methanol	unbegrenzt	unbegrenzt
Ethanol		
Propan-1-ol		
Butan-1-ol	nimmt zu	
Pentan-1-ol		
Hexan-1-ol		
Dodecan-1-ol		
Hexadecan-1-ol		

B7 Die homologe Reihe der Alkanole. Zusammenhang zwischen Struktur und Eigenschaften

Verwendung

Alkohole können als Lösungsmittel (Methanol) oder Frostschutzmittel (Glycerin) verwendet werden. Viele Aldehyde kommen als Aromastoffe in Pflanzen vor, sie können auch zur Herstellung von Kunststoffen genutzt werden (z. B. Formaldehyd für die Herstellung von Bakelit). Carbonsäuren mit langkettigen Molekülen heißen auch Fettsäuren, welche zur Herstellung von Kerzen und in der Seifenindustrie genutzt werden. Esterverbindungen dienen als Aromastoffe oder Lösungsmittel. Ein bekannter Ester, die Acetylsalicylsäure, wird aus der Essigsäure und der Salicylsäure hergestellt. Ester von langkettigen Carbonsäuren und Alkoholen sind Wachse. Aus Diolen und Dicarbonsäuren können Polyester gewonnen werden. Diese werden zur Herstellung von Textilfasern verwendet.

$a < b$

a) Reales Carbonsäuremolekül

b) Carboxylation (formal)

$c \approx \dfrac{a+b}{2}$

c) Carboxylation (real)

B10 Bindungsabstände

$$R-C \overset{\overline{O}|}{\underset{\overline{O}-H}{}} \ + \ R'-\overline{O}-H \ \underset{\text{Hydrolyse}}{\overset{\text{Kondensation}}{\rightleftharpoons}} \ R-C\overset{\overline{O}|}{\underset{\overline{O}-R'}{}} \ + \ H_2O$$

Carbonsäure + Alkohol   Ester   + Wasser

B8 Die Veresterung als Beispiel für eine Gleichgewichtsreaktion

Rückblick **Biomoleküle**

Fette

Ester aus Glycerin und drei Fettsäuren (Triglyceride) bezeichnet man als Fette [B1]. Manche Fettsäuren sind essenziell, d.h., sie müssen mit der Nahrung aufgenommen werden. Je höher der Anteil an ungesättigten Fettsäuren, umso niedriger liegt der Schmelztemperaturbereich des Fettes.

Verseifung

Fette lassen sich alkalisch hydrolysieren. Dabei werden Glycerin und die Alkalisalze der Fettsäuren, die Seifen, gebildet [B1].

B1 Beispiel für eine Verseifung

Glucose

Das bekannteste Monosaccharid hat die Summenformel $C_6H_{12}O_6$. Das Molekül liegt sowohl in der offenkettigen als auch in Ringform vor [B2].

B2 Intramolekulare Halbacetalbildung bei einem Glucosemolekül

Glucose ist u.a. der Grundbaustein von vielen Di- und Polysacchariden (Stärke, Cellulose). Die Bindung zwischen den einzelnen Molekülbausteinen nennt man glycosidische Bindung. Mono-, Di- und Polysaccharide zählen zu den Kohlenhydraten.

Aminosäuren

Sie sind bifunktionell, da in ihrem Molekül zwei verschiedene funktionelle Gruppen auftreten: Die Carboxyl- und die Aminogruppe.

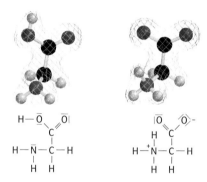

B3 Glycin. Links: Molekülbau und rechts: Zwitterion

Wegen ihres zwitterionischen Baus [B3] sind sie bei Raumtemperatur kristalline Feststoffe.

Peptide

Aminosäuren können in einer Kondensationsreaktion untereinander reagieren. Die entstehende Atomgruppierung heißt Peptidgruppe [B4].

B4 Peptidgruppe

Peptide, die eine biologische Funktion besitzen, werden Proteine genannt. Eines der bekanntesten Proteine ist Insulin, das den Blutzuckerspiegel senkt. Es ist aus 51 Aminosäureeinheiten aufgebaut.

Rückblick Aufgaben

A1 Erklären Sie an einem selbstgewählten Beispiel den Begriff Dipol.

A2 Wasser hat eine Siedetemperatur von 100 °C, während Dihydrogensulfid bei −60 °C siedet.
Nehmen Sie zu diesem Sachverhalt Stellung.

A3 In einem Becherglas werden jeweils eine Spatelspitze eines blauen und eines roten Stoffs vermengt. Gibt man dazu 50 ml Wasser, kann man eine blaue Lösung mit Bodensatz beobachten. Werden nun zusätzlich 50 ml Hexan zugegeben, entsteht über der blauen Flüssigkeit eine rot gefärbte Lösung. Deuten Sie dieses Versuchsergebnis.

A4 Formulieren Sie die Protolyse-gleichungen für die Reaktion von Schwefel-säure in Wasser.

A5 Das Hydrogencarbonation wirkt Hydroxidionen gegenüber als Säure, in Gegen-wart von Oxoniumionen ist es eine Base. Formulieren Sie die Reaktionsgleichungen.

A6 Erstellen Sie zu folgenden Teilchen die Verhältnisformel und geben Sie zu jedem Atom die jeweilige Oxidationszahl an:
a) Natriumnitrat
b) Aluminiumsulfat
c) Strontiumsulfid
d) Magnesiumfluorid

A7 Permanganationen (MnO_4^-) reagieren jeweils mit Sulfitionen (SO_3^{2-}) unter sauren Bedingungen zu Mangan(II)-Ionen, während im neutralen Milieu Mangan(IV)-oxid gebildet wird. Die Sulfitionen werden dabei jeweils zu Sulfationen (SO_4^{2-}) oxidiert.
Erstellen Sie für diese Vorgänge die jeweiligen Teilgleichungen und ordnen Sie die Begriffe Oxidation und Reduktion zu.

A8 Definieren Sie den Begriff Oxidations-mittel.

A9 Erläutern Sie, weshalb zur Trennung der beiden C-Atome in der C=C-Bindung im Ethenmolekül mehr Energie nötig ist als bei der Spaltung der C—C-Bindung im Ethan-molekül.

A10 Beschreiben Sie einen Versuch, mit dem man Alkene von Alkanen unterscheiden kann.

A11 Definieren Sie den Begriff Isomerie und erläutern Sie am Beispiel 1,2-Dibromethen die *E-Z*-Isomerie.

A12 Erklären Sie an einem Beispiel, was man unter einer homologen Reihe versteht.

A13 Ethan ist bei Zimmertemperatur gas-förmig, Heptan flüssig und Dodecan ($C_{12}H_{26}$) fest. Nennen Sie die Ursache dafür.

A14 Benennen Sie folgende Verbindungen

$$H_3C-CH_2-\underset{\underset{Br}{|}}{CH}-CH_2-CH_2-CH_3$$

CH_3OH

A15 Zeichnen Sie die Strukturformeln folgender Moleküle:
a) 2,3-Dimethylbutan
b) 4-Methylpent-1-en
c) *Z*-But-2-en

A16 Formulieren Sie die Reaktions-gleichung für die Zellatmung.

A17 Erklären Sie an selbstgewählten Beispielen den Unterschied zwischen den Begriffen Alkohol und Alkanol.

A18 Obwohl Aldehyde und Ketone zu den Carbonylverbindungen zählen, können sie chemisch unterschieden werden. Beschreiben Sie die dazu nötige experimen-telle Vorgehensweise.

A19 Erstellen Sie die Strukturformeln folgender Verbindungen:
Butanal, 2-Methylpropanal, Butan-2-ol, 2,2-Dimethylpropanol, Ethansäure, Methylpropan-2-ol, Essigsäureethylester

A20 Ordnen Sie – wenn möglich – den Verbindungen aus A19 folgende Reaktionen zu, durch die diese Verbindungen entstanden sein könnten.
a) Reduktion eines Aldehyds
b) Reduktion einer Carbonsäure
c) Reduktion eines Ketons
d) Oxidation eines primären Alkohols
e) Oxidation eines Aldehyds
f) Oxidation eines sekundären Alkohols

A21 Aus Propansäure lässt sich der Propansäurepentylester herstellen, der vorwiegend als Lösungsmittel verwendet wird.
a) Formulieren Sie die Reaktionsgleichung für diese Reaktion und nennen Sie die nötigen Reaktionsbedingungen.
b) Methansäureethylester und Propansäure unterscheiden sich in ihrer Siedetemperatur. Begründen Sie, welche Verbindung die höhere Siedetemperatur hat.

A22 Pentan-1-ol wird mit schwefelsaurer Dichromatlösung ($Cr_2O_7^{2-}$) zur Reaktion gebracht. Nach Reaktionsende ist die Lösung grün gefärbt, da sich Cr^{3+}-Ionen gebildet haben.
Erstellen Sie für diese Reaktion die Teilreaktionsgleichungen sowie die Gesamtreaktionsgleichung.

A23 Nennen Sie zwei Stoffklassen, deren Moleküle sich hydrolysieren lassen.

A24 Geben Sie an, was man unter einer Gleichgewichtsreaktion versteht.

A25 Zeichnen Sie die Struktur eines Fettmoleküls.

A26 Erklären Sie den Begriff „essenziell".

A27 Stellen Sie dar, was „Seifen" sind.

A28 Erstellen Sie ein Schema zur Einteilung von Kohlenhydraten.

A29 Aminosäuren werden auch als intramolekulare Salze bezeichnet.
Erklären Sie, warum diese Aussage zutrifft, und leiten Sie die Eigenschaften von Aminosäuren ab.

A30 Vergleichen Sie die Esterbindung mit der Peptidbindung. Stellen Sie dabei Gemeinsamkeiten und Unterschiede heraus.

A31 Erläutern Sie, was man unter dem Begriff „Proteine" versteht.

A32 Ethen kann sowohl mit Chlor als auch mit Hydrogenchlorid reagieren.
Stellen Sie eine Vermutung an, welche der beiden Reaktionen schneller verläuft.

A33 Eine Aussage lautet: „Moleküle von Cyclohexan und Hexen sind Isomere."
Überlegen Sie, ob diese Aussage zutrifft und geben Sie eine Begründung für Ihre Meinung an.

A34 Beschreiben Sie durch ausgewählte Reaktionsgleichungen die wichtigsten „Schritte" des natürlichen Kohlenstoffkreislaufs.

1 Aromatische Kohlenwasserstoffe

Zu Beginn des 19. Jahrhunderts, der Anfangszeit der organischen Chemie, verstand man unter „aromatischen Stoffen" ganz allgemein Verbindungen mit charakteristischem Geruch, die meist pflanzlicher Herkunft waren.

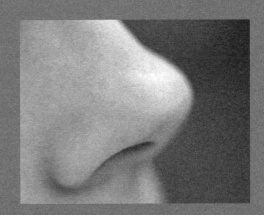

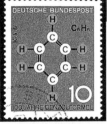

■■■ Heute meint man in der Chemie mit dem Begriff „Aromaten" eine Gruppe von Stoffen, die sich durch besondere Bindungsverhältnisse im Molekül auszeichnen.

■■■ Der wichtigste Aromat ist das Benzol. Die Geschichte seiner Erforschung ist ein Lehrstück dafür, wie sich Vorstellungen vom Aufbau eines Stoffes im Laufe der Zeit immer wieder gewandelt haben.

■■■ Als das Benzol 1825 entdeckt wurde, war es nur ein Abfallprodukt bei der Herstellung von Gas für Gaslaternen. Heute ist es einer der wichtigsten Rohstoffe der chemischen Industrie. Auch Zigarettenrauch enthält Benzol und andere aromatische Kohlenwasserstoffe.

■■■ Es gibt kaum einen Bereich des täglichen Lebens, in dem Benzolabkömmlinge nicht eine Rolle spielen würden. Sogar in den Lebewesen selbst finden wir Biomoleküle, die zu den Aromaten gerechnet werden können.

1.1 Erforschung des Benzols

B1 Lichtbrechung von Benzol (oben) im Vergleich zu Wasser (unten)

Benzoesäure wurde früher aus Benzoeharz gewonnen. Dieses Harz entsteht aus dem Saft tropischer Bäume, man stellt z. B. Weihrauch daraus her

Chinin wird auch heute noch aus der Rinde des Chinabaumes gewonnen. Es war lange Zeit das einzige Mittel gegen Malaria

Vanillin lässt sich aus Vanilleschoten gewinnen oder künstlich herstellen und findet als Aromastoff Verwendung

Isolierung und Benennung. Bereits zu Beginn des 19. Jahrhundert gab es in Großstädten eine Straßenbeleuchtung mit Gaslaternen. Diese wurden aber nicht mit Erdgas, das erst später in großem Maßstab gefördert wurde, betrieben, sondern mit einem Brennstoff, den man in den Gaswerken der Stadt herstellte. Dort erhitzte man Steinkohle unter Luftabschluss. Bei dieser *Verkokung* treten aus der Kohle brennbare Dämpfe aus, die beim Abkühlen eine ölige Flüssigkeit abscheiden. Das verbleibende Gas besteht hauptsächlich aus Methan und Wasserstoff, es brennt mit leuchtender Flamme. Dieses *Leuchtgas* speiste früher die Gaslaternen. Mit dem öligen Kondensat wusste man zunächst wenig anzufangen.

Im Jahr 1825 isolierte der englische Physiker und Chemiker MICHAEL FARADAY daraus eine farblose Flüssigkeit von aromatischem Geruch. FARADAY fand heraus, dass die von ihm isolierte Verbindung aus den Elementen Kohlenstoff und Wasserstoff im Verhältnis 1 : 1 aufgebaut ist, und bezeichnete sie daher als „carburierten Wasserstoff".

Erst der deutsche Chemiker EILHARD MITSCHERLICH bestimmte Jahre später die genaue Summenformel, sie lautet C_6H_6. 1834 hatte MITSCHERLICH beobachtet, dass dieser Kohlenwasserstoff auch entsteht, wenn *Benzoesäure mit Kalk erhitzt wird*. In Anlehnung daran wollte er ihn *Benzin* nennen. Andere Chemiker fanden diesen Namen aber unpassend, da er ihrer Meinung nach zu Unrecht eine Verwandtschaft zu bestimmten Naturstoffen wie dem Chinin oder dem Vanillin nahe lege. In diesem Expertenstreit setzte sich schließlich der Vorschlag von JUSTUS VON LIEBIG durch, der auf die Herkunft aus öligem Kondensat Bezug nimmt: **Benzol**. Dieser Name ist auch heute noch gebräuchlich. Die international übliche Bezeichnung **Benzen** wird im deutschen Sprachraum kaum verwendet.

Eigenschaften. Benzol ist eine wasserklare, leicht bewegliche, stark lichtbrechende Flüssigkeit [B1], die bei 80,1 °C siedet und bei 5,5 °C fest wird. Ihre Dichte beträgt 0,875 g/cm³. In Wasser ist Benzol nur wenig löslich, dagegen mischt es sich mit hydrophoben Lösungsmitteln in jedem Verhältnis. Viele lipophile Stoffe, wie z. B. Fette, Schwefel oder Iod, lösen sich gut in Benzol, das folglich aus unpolaren Molekülen bestehen muss. Es brennt mit leuchtender, stark rußender Flamme [B2], was sich mit dem hohen Anteil an Kohlenstoffatomen am Molekül erklären lässt.

Verwendung, Umwelt- und Gesundheitsaspekte. Benzol erhöht die Klopffestigkeit von Benzin, deswegen hat man es lange Zeit Treibstoffen zugesetzt. Heute bemüht sich die Mineralölindustrie, möglichst benzolarme Treibstoffe herzustellen, da Benzol giftig und krebserregend ist. Längeres Einatmen von Benzoldämpfen schädigt schon bei geringen Konzentrationen die Leber und das Knochenmark und kann Leukämie auslösen. In Deutschland rüstete man Ende der 1990er Jahre die Zapfpistolen der Tankstellen mit „Saugrüsseln" aus, um das Freiwerden von benzolhaltigen Benzindämpfen zu verhindern. Trotz seiner Giftigkeit ist Benzol ein wichtiger Ausgangsstoff für industrielle Synthesen (Kap. 1.7).

Gewinnung. Auch heute noch wird Benzol beim Verkoken von Steinkohle gewonnen. Allerdings ist es nur ein willkommenes Nebenprodukt, denn das Hauptaugenmerk gilt bei der Verkokung dem *Koks*, der für die Hochöfen benötigt wird. Aus dem *Kokereigas* wäscht man mit Öl das Benzol heraus und destilliert es ab. Das gereinigte Gas dient zum Aufheizen der Kokskammern. Auch der *Steinkohleteer* enthält Benzol.

Bis etwa 1950 reichte die bei der Kohleverkokung anfallende Benzolmenge aus, um den Bedarf der Industrie zu decken. Mittlerweile kommt das meiste Benzol aus den Ölraffinerien, wo es beim *Cracken* von Erdöl in großen Mengen entsteht. Jährlich werden weltweit etwa 33 Mio. Tonnen Benzol produziert.

B2 Brennendes Benzol

Molekülbau und Reaktivität. Die Summenformel C_6H_6 lässt eine Vielzahl von Strukturformeln zu. Fast alle diese Formeln stellen Moleküle mit Mehrfachbindungen dar. Daher sollte man erwarten, dass Benzol all die Reaktionen zeigt, die für ungesättigte Kohlenwasserstoffe typisch sind, etwa die rasche Addition von Brom.

Benzol reagiert zwar mit Brom, allerdings bedarf es der Mitwirkung eines Katalysators. Auch findet keine Addition, sondern eine Substitution statt, was eigentlich für gesättigte Kohlenwasserstoffe typisch ist. Es entstehen Brombenzol und Bromwasserstoff:

$$C_6H_6 + Br_2 \xrightarrow{FeBr_3} C_6H_5Br + HBr$$

Vom Produkt Brombenzol fand man keine weiteren Isomere, woraus man schloss, dass alle sechs Kohlenstoffatome des Benzols gleichwertig sind, also gleiche Bindungspartner haben. Damit fallen automatisch alle Strukturvorschläge weg, die offenkettige Moleküle darstellen. Es bleiben nur noch Ringmoleküle übrig, z. B. die in B3 dargestellten. Die Bromierung von Benzol lässt sich zum Dibrombenzol ($C_6H_4Br_2$) weiterführen. Dabei entstehen drei verschiedene Dibrombenzolisomere. Dieser Befund scheint auf den ersten Blick gut mit dem Strukturvorschlag [B3, links] von AUGUST KEKULÉ vereinbar zu sein [B4]. Bei näherem Hinsehen wird aber deutlich, dass es eigentlich zwei 1,2-Dibrombenzolisomere geben müsste [B5], was die Gesamtzahl der möglichen Dibrombenzolisomere auf vier erhöht. KEKULÉ [B6] begegnete diesem Einwand gegen seinen Vorschlag durch die Annahme, dass die Doppel- und die Einfachbindungen zwischen den Kohlenstoffatomen sehr rasch ihre Plätze wechseln können. Gemäß dieser *Oszillationstheorie* wären alle C–C-Bindungen gleichwertig, es gäbe folglich nur ein o-Dibrombenzol. Diese Theorie ist zwar heute überholt, die Bindungen zwischen den Kohlenstoffatomen sind aber tatsächlich alle von gleicher Art.

B3 Vorschläge für die Struktur des Benzolmoleküls (oben Strukturformeln, darunter Skelettformeln)

A. KEKULÉ (1865)

J. DEWAR (1867)

A. LADENBURG (1869)

1,2-Dibrombenzol
ortho-Dibrombenzol
o-Dibrombenzol

1,3-Dibrombenzol
meta-Dibrombenzol ·
m-Dibrombenzol

1,4-Dibrombenzol
para-Dibrombenzol
p-Dibrombenzol

B4 Dibrombenzolisomere und ihre Benennung

B5 Hypothetische Darstellung zweier o-Dibrombenzolisomere

Oszillationstheorie von lat. oscillum, die Schaukel

A1 Zeichnen Sie zwei verschiedene offenkettige Strukturformeln, die der Summenformel C_6H_6 genügen.

A2 Bei der Reaktion von Brom mit Benzol entsteht nur ein Brombenzol-Isomer. Welche der in B3 dargestellten Verbindungen steht mit diesem experimentellen Befund nicht in Einklang? Wie viele Monosubstitutionsprodukte würde es bei den von Ihnen unter A1 gezeichneten Verbindungen geben?

A3 Erläutern Sie, mit welchen experimentellen Befunden das „Ladenburg-Benzol" [B3, rechts] in Einklang steht.

B6 AUGUST FRIEDRICH KEKULÉ VON STRADONITZ (1829 – 1896)

Aromatische Kohlenwasserstoffe **17**

1.2 Bindungsverhältnisse im Benzolmolekül

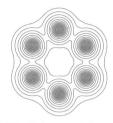

B1 Elektronendichte-diagramm des Benzol-moleküls

C—C-Bindungen	Bindungs-länge
Alkane C—C	154 pm
Alkene C=C	134 pm
Alkine C≡C	121 pm
Benzol C⋯C	139 pm

B2 C—C-Bindungs-längen (1 pm = 10^{-12} m)

B3 Benzolmolekül mit „Eineinhalbfach-bindungen"

Struktur des Benzolmoleküls. Neue Mess-methoden haben die Vorstellung vom Benzolmolekül beträchtlich verfeinert. Die Röntgenstrukturanalyse etwa zeigt, dass der Grundkörper des Moleküls ein regelmäßiges Sechseck ist. Die Bindungswinkel zwischen drei Kohlenstoffatomen betragen 120°. Die Längen der C—C-Bindungen sind alle gleich, sie liegen ziemlich genau zwischen der Länge einer Einfachbindung und der einer Doppelbindung [B2], so als ob sechs „Einein-halbfachbindungen" vorliegen [B3]. Die Ermittlung der Elektronendichte bestätigt, dass alle C—C-Bindungen gleichwertig sind [B1]. Mithilfe des Raster-Tunnel-Mikroskops gelang es 1988 erstmals, Benzolmoleküle sichtbar zu machen. Das erhaltene Bild ähnelt verblüffend dem Kalottenmodell des Benzol-moleküls [B6], wie man es nach KEKULÉS Strukturvorschlag bauen kann.

Molekülorbitale im Benzolmolekül. Jedes Kohlenstoffatom besitzt vier Valenzelektronen. Mit diesen Elektronen bilden die Ringatome im Benzolmolekül je vier Atombindungen aus und erreichen dadurch Edelgaskonfiguration (Oktett). Die vier Bindungen entstehen wie folgt [B4]:

– Ein Valenzelektron jedes Kohlenstoffatoms bildet ein gemeinsames Elektronenpaar mit dem Elektron eines Wasserstoffatoms. Da-bei überlappen die Atomorbitale der beiden Bindungspartner und es bildet sich ein Molekülorbital, das das bindende Elektro-nenpaar aufnimmt. Dieses Elektronenpaar

hält sich nun mehr zwischen den beiden Atomkernen auf.

– Zwei Valenzelektronen jedes Kohlenstoff-atoms bilden jeweils zwei gemeinsame Elektronenpaare mit Elektronen der beiden benachbarten Kohlenstoffatome. Aus der Überlappung der zwei Atomorbitale entstehen zwei Molekülorbitale. Wieder befinden sich die bindenden Elektronen-paare mehr zwischen den Kernen der Bindungspartner.

– Jedes der sechs Kohlenstoffatome hat nun noch ein Valenzelektron in einem Atomorbi-tal übrig. *Alle sechs Atomorbitale* überlappen miteinander und *bilden drei miteinander verschmolzene Molekülorbitale*, in denen sich drei bindende Elektronenpaare aufhalten. Der bevorzugte Aufenthaltsort dieser sechs Elektronen ist *oberhalb und unterhalb der von den Kohlenstoffatomen gebildeten Ringebene*. Er wird am anschaulichsten mit Elektronenwolken dargestellt [B4, rechts].

Delokalisierte Elektronen. In den Elektronen-wolken oberhalb und unterhalb der Ringebene des Benzolmoleküls sind sechs bindende Elektronen gleichmäßig verteilt. Sie sind also nicht zwischen bestimmten Kohlenstoffatomen fixiert, sondern über den ganzen Kohlenstoff-ring *delokalisiert*. Diese Delokalisierung der Elektronen ist energetisch besonders günstig. Sie ist der Grund für die besondere Stabilität des Benzolmoleküls und damit auch die Ur-sache für das Reaktionsverhalten des Benzols.

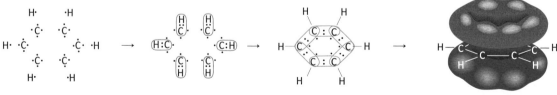

Ungebundende Atome mit Valenzelektronen in Atomorbitalen

Ausbildung von C—H-Bindungen (je 1 C + 1 H)

Ausbildung von C—C-Einfachbindungen (je 1 C + 1 C)

Ausbildung von Molekülorbitalen (alle 6 C); Delokalisierung der 6 bindenden Elektronen

B4 Aufbau eines Benzolmoleküls aus ungebundenen Atomen (formal)

Mesomerie. Das Benzolmolekül wird oft mit einer Kekulé-Strukturformel dargestellt. Diese Formel lässt sich, im Gegensatz zu dem Bild mit den Elektronenwolken [B4, rechts], in Reaktionsgleichungen bequem handhaben. Allerdings ist sie eigentlich nicht korrekt, da ja im realen Molekül nicht lokalisierte Einfach- und Doppelbindungen zwischen den Kohlenstoffatomen vorliegen.

Wenn die realen Bindungsverhältnisse veranschaulicht werden sollen, dann bedient man sich einer besonderen Symbolik, der **Mesomerie:**

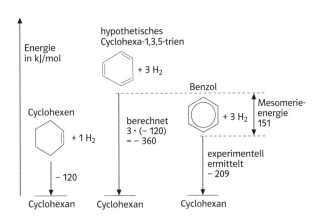

B5 Hydrierungsenergien

Die beiden KEKULÉ-Formeln stellen keine realen Moleküle dar, sondern **mesomere Grenzformeln**. Sie sind rein *formal*. Der *reale* Zustand liegt zwischen diesen Formeln, was der **Mesomeriepfeil** ($\longleftrightarrow$) veranschaulichen soll.

Die Grenzformeln und der Mesomeriepfeil dürfen nicht dazu verleiten, die Delokalisierung der Bindungselektronen als ein rasches Hin-und-her der Doppelbindungen zu betrachten. *Die Delokalisierung ist ein konstanter Dauerzustand.* Diese besonderen Bindungsverhältnisse im Benzolmolekül werden vielleicht noch besser durch das Symbol dargestellt, das der englische Chemiker ROBERT ROBINSON im Jahr 1925 vorschlug [B7]. Den Energiebetrag, um den sich das reale Benzolmolekül gegenüber einem fiktiven Molekül gemäß einer Grenzformel als stabiler erweist, bezeichnet man als **Mesomerieenergie.**

Die besonderen Bindungsverhältnisse im Benzolmolekül werden oft mit mesomeren Grenzformeln dargestellt. Diese sind rein fiktiv. Der reale Bindungszustand liegt zwischen diesen Grenzformeln.

Abschätzung der Mesomerieenergie. Cyclohexen lässt sich katalytisch zu Cyclohexan hydrieren, die Reaktion verläuft exotherm [B5, links]. Wenn Benzol nichts anderes als ein

Cyclohexa-1,3,5-trien wäre, dann sollte rein rechnerisch bei seiner Hydrierung die dreifache Energiemenge frei werden, wie bei der Hydrierung von Cyclohexen (bei gleichen Stoffmengen) [B5, Mitte]. Tatsächlich liefert die Hydrierung von Benzol 151 kJ/mol weniger an Energie als berechnet [B5, rechts]. Das Benzolmolekül ist um diesen Energiebetrag stabiler als ein hypothetisches Cyclohexa-1,3,5-trien mit lokalisierten Bindungen.

Aromatische Verbindungen. Ähnlich wie das Benzol besitzt eine ganze Reihe weiterer Ringverbindungen eine Stabilisierung des Moleküls durch delokalisierte Elektronen. Aus historischen Gründen bezeichnet man alle diese Verbindungen als **Aromaten.**

A1 1973 gelang es an einer amerikanischen Universität erstmals, das Ladenburg-Benzol oder *Prisman* genannte Benzol-Isomer (Kap. 1.1, B3) zu synthetisieren. Wenn man diese Verbindung auf 90 °C erhitzt, dann isomerisiert sie zu Benzol, wobei Energie frei wird.
Interpretieren Sie diese Beobachtung.

Aromaten wurden früher alle Verbindungen genannt, die einen aromatischen Geruch besitzen. Es waren überwiegend aus Pflanzen isolierte Stoffe, z. B. Cumarin (Duftstoff des Waldmeisters), Chinin und Vanillin. Später fand man heraus, dass sich viele dieser Verbindungen vom Benzol ableiten lassen

Mesomerie von griech. mesos, der mittlere und griech. meros, der Teil

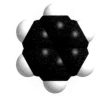

B6 Kalottenmodell des Benzolmoleküls

B7 Alternatives Symbol für das Benzolmolekül

1.3 Mesomerie und Aromatizität

Mesomerie tritt nicht nur bei aromatischen Molekülen auf.

Carboxylationen. Die Anionen der Carbonsäuren sind mesomeriestabilisiert:

$$\left[R-C\underset{\underset{\displaystyle O^{\ominus}}{|}}{\overset{\overset{\displaystyle O}{||}}{}} \quad \longleftrightarrow \quad R-C\underset{\underset{\displaystyle O}{||}}{\overset{\overset{\displaystyle O^{\ominus}}{|}}{}} \right]$$

Säureanionen. Auch viele Anionen anorganischer Säuren zeigen das Phänomen der Mesomerie. Beispiele sind das Carbonation (CO_3^{2-}):

$$\left[O=C\overset{O^{\ominus}}{\underset{O^{\ominus}}{}} \quad \longleftrightarrow \quad {}^{\ominus}O-C\overset{O}{\underset{O^{\ominus}}{}} \quad \longleftrightarrow \quad {}^{\ominus}O-C\overset{O^{\ominus}}{\underset{O}{}} \right]$$

und das Nitration (NO_3^-):

$$\left[O=N^{\oplus}\overset{O}{\underset{O^{\ominus}}{}} \quad \longleftrightarrow \quad {}^{\ominus}O-N^{\oplus}\overset{O}{\underset{O^{\ominus}}{}} \quad \longleftrightarrow \quad {}^{\ominus}O-N^{\oplus}\overset{O^{\ominus}}{\underset{O}{}} \right]$$

Buta-1,3-dien. Buta-1,3-dien ist ein Alken, dessen Moleküle *konjugierte Doppelbindungen* aufweisen. Das bedeutet, dass Doppelbindungen und Einfachbindungen im Molekül abwechseln. Messungen der C—C-Bindungslängen beim Buta-1,3-dien haben ergeben, dass die Bindung zwischen den Atomen C2 und C3 mit 143 pm deutlich kürzer ist als eine C—C-Einfachbindung (154 pm). Dafür sind die beiden „randständigen" C—C-Bindungen mit 136 pm etwas länger, als von normalen Doppelbindungen (134 pm) zu erwarten wäre. Dies lässt sich mit einer Delokalisation der Elektronen erklären, die man durch folgende Grenzformeln beschreiben kann:

Konjugierte Doppelbindungen von lat. coniugatio, die Verbindung

$$\left[\overset{H}{\underset{H}{}}C=\overset{H}{\underset{}{}}C-\overset{H}{\underset{}{}}C=C\overset{H}{\underset{H}{}} \quad \longleftrightarrow \quad {}^{\ominus}\overset{H}{\underset{H}{}}C-\overset{H}{\underset{}{}}C=\overset{H}{\underset{}{}}C-C^{\oplus}\overset{H}{\underset{H}{}} \quad \longleftrightarrow \quad {}^{\oplus}\overset{H}{\underset{H}{}}C-\overset{H}{\underset{}{}}C=\overset{H}{\underset{}{}}C-C^{\ominus}\overset{H}{\underset{H}{}} \right]$$

Anders als beim Benzol sind die Doppelbindungen beim Buta-1,3-dien noch weitestgehend lokalisiert. Von den drei angegebenen Grenzformeln kommt die erste der tatsächlichen Elektronenverteilung am nächsten. Die beiden anderen Grenzformeln sind wegen der auftretenden Ladungstrennung energetisch ungünstiger und tragen daher weniger zur Mesomeriestabilisierung bei.

Kohlenstoffmonooxid. Das Kohlenstoffmonooxid ist ein Beispiel für ein Molekül, bei dem eine Grenzformel mit Ladungstrennung mehr zur Stabilisierung beiträgt, als eine ohne.

$$\left[{}^{\ominus}|C\equiv O|^{\oplus} \quad \longleftrightarrow \quad |C=\bar{O}| \right]$$

Das liegt daran, dass bei der linken Grenzformel alle Atome ein Elektronenoktett besitzen. Bei der rechten Grenzformel erreicht das Kohlenstoffatom nur ein Elektronensextett, was energetisch sehr ungünstig ist.

Regeln. Beim Erstellen mesomerer Grenzformeln müssen Regeln beachtet werden [B1].

1. Alle Grenzformeln müssen in der Anordnung der Atomrümpfe und in der Summe der Valenzelektronen übereinstimmen. In der Anordnung der Valenzelektronen (und damit der Bindungen) unterscheiden sie sich.
2. Grenzformeln mit Ladungstrennung sind ungünstiger als solche ohne.
3. Für Grenzformeln mit Formalladungen gilt: Bei Molekülen ist die Summe der Formalladungen gleich Null, bei Ionen ergibt die Summe der Formalladungen die Ionenladung.
4. All-Oktett-Grenzformeln sind günstiger als Grenzformeln, in denen Atome kein Elektronenoktett besitzen (Ausnahme: Wasserstoffatome).

B1 Regeln zum Aufstellen von Grenzformeln

Teilchen mit delokalisierten Elektronen sind mesomeriestabilisiert.

Heterocyclische Aromaten. Neben dem Benzol und seinen Substitutionsprodukten (z. B. Brombenzol) werden auch bestimmte Ringverbindungen, die neben Kohlenstoffatomen noch andere Atome (*Heteroatome*) im Ring besitzen, zu den Aromaten gerechnet. Beispiele für solche **heterocyclischen Aromaten** sind das *Pyridin*, das *Pyrrol* und das *Furan* [B4]. Die beiden letztgenannten Verbindungen sind nicht nur deshalb interessant, weil jeweils ein freies Elektronenpaar des Heteroatoms Bestandteil des delokalisierten Elektronensystems ist, sondern weil die Moleküle Bausteine wichtiger Biomoleküle sind. Der Pyrrolring taucht im Hämoglobin- und im Chlorophyllmolekül auf (Kap. 2) und der Furanring ähnelt dem Grundkörper einiger Kohlenhydrate (Kap. 5).

So unterschiedlich Aromaten in ihrem Molekülbau auch sein mögen, in einigen charakteristischen Moleküleigenschaften stimmen sie doch überein [B2]. Ist auch nur eine dieser Eigenschaften nicht gegeben, so liegt kein aromatisches Molekül vor. Das *Pyran* [B5] etwa, dessen Ringmolekül den Grundkörper wichtiger Kohlenhydrate bildet (Kap. 5), ist kein Aromat. Seine Doppelbindungen sind nicht konjugiert.

Polycyclische Aromaten sind mehrgliedrige Ringsysteme, deren einzelne Ringe gemeinsame Kohlenstoffatome aufweisen [B4]. Der einfachste polycyclische Aromat ist das 1819 im Steinkohleteer entdeckte Naphthalin. Aus ihm wurden früher Mottenkugeln hergestellt. Das Einatmen der Dämpfe kann zu Kopfschmerzen und Übelkeit führen. Der Steinkohleteer enthält eine Vielzahl weiterer Aromaten. 1832 wurde in ihm das aus drei Benzolkernen aufgebaute Anthracen entdeckt. Abkömmlinge (Derivate) von Naphthalin und Anthracen sind wichtige Ausgangsstoffe zur Synthese von Azofarbstoffen (Kap. 2.4).

Aromatische Moleküle besitzen ein System delokalisierter Elektronen. Sie sind mesomeriestabilisiert.

1. Aromaten sind ebene, cyclische Moleküle.
2. Das Ringmolekül weist ein durchgehendes System konjugierter Doppelbindungen mit delokalisierten Elektronen auf.
3. Die Zahl der delokalisierten Elektronen beträgt $4n + 2$ ($n = 0, 1, 2 \ldots$) (HÜCKEL-Regel). D. h., die Zahl der delokalisierten Elektronenpaare ist ungerade.
4. Das Molekül zeigt eine besonders hohe Stabilisierungsenergie.

B2 Kennzeichen aromatischer Moleküle

A1 Beim Buta-1,3-dienmolekül sind alle zehn Atome in einer Ebene fixiert. Erklären Sie diesen Befund.

A2 In B3 sind einige Beispiele von Ringmolekülen aufgezeichnet. Entscheiden Sie, ob es sich um Aromaten handelt. Recherchieren Sie im Internet, ob Ihre Entscheidungen zutreffen.

ERICH HÜCKEL (1896–1980), deutscher Physiker

Naphthalin von griech. naphtha, das Bergöl

Anthracen von griech. anthrax, die Kohle

B5 Pyran

Cyclobuta-1,3-dien   Pyrimidin   Cycloocta-1,3,5,7-tetraen   Borazol

B3 Aromaten?

Pyridin   Pyrrol   Furan

delokalisierte Elektronen

Naphthalin   Anthracen

B4 Beispiele aromatischer Ringsysteme

1.4 Exkurs Delokalisierung und Stabilisierung

B1 Interferenzstreifen von Elektronen

B2 Beugung und Interferenz von Elektronen beim Durchgang durch Graphit

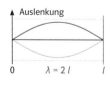

B3 Eindimensionale stehende Welle auf der Länge l

Die Moleküle der Aromaten haben eine besondere Stabilität. Diese Tatsache kann aus dem chemischen Verhalten ersehen und mit der Delokalisierung von Elektronen in Verbindung gebracht werden.
Ist es möglich, für die besondere Stabilität eine Erklärung zu finden?

Elektronen zeigen Wellenverhalten. Aus der Physik ist bekannt, dass Elektronen nicht nur Teilcheneigenschaften (zum Beispiel eine bestimmte Masse und eine bestimmte Ladung) besitzen, sondern auch Wellenverhalten zeigen können.
Dieses Wellenverhalten kann sich durch Interferenzfiguren [B1] zu erkennen geben, wie sie ähnlich auch vom Licht her bekannt sind. Auch dort ist es die Interferenz von Wellen, die zur gegenseitigen Verstärkung oder Auslöschung führen kann und so den Wellencharakter elektromagnetischer Strahlung demonstriert.
Lässt man einen Elektronenstrahl auf eine Graphitfolie treffen, so kann man auf einem Leuchtschirm eine Figur [B2] erhalten, die sich nur durch Beugung und Interferenz erklären lässt. Ferner kann aus ihr die Wellenlänge λ des Elektronenstrahls abgeschätzt werden. Anderseits kann man aus der elektrischen Spannung, mit der die Elektronen beschleunigt wurden, den Impuls p der Elektronen ermitteln.

Es zeigt sich dabei, dass das Produkt aus Wellenlänge λ und Impuls p bei allen derartigen Experimenten den gleichen Wert ergibt. Dieser Wert ist die Planck'sche Konstante $h = 6{,}6 \cdot 10^{-34}\,\text{J} \cdot \text{s}$.

$$\lambda \cdot p = h \qquad \text{De-Broglie-Gleichung}$$

Diese Gleichung, die von LOUIS DE BROGLIE 1923 formuliert wurde, ist von grundlegender Bedeutung für das Erfassen des Verhaltens von Elektronen in Atomen und Molekülen. Sie drückt die *Dualität* des Verhaltens von *Quantenobjekten* aus: Sie zeigen zwei Seiten: einen *Wellenaspekt* und einen *Teilchenaspekt*. Keiner kann für sich alleine das Verhalten von Elektronen umfassend beschreiben.

Ein eingesperrtes Elektron. Stellen wir uns vor, einem Elektron stünde als Aufenthalts-„Raum" nur ein kleiner eindimensionaler Bereich der Länge l zur Verfügung. Wegen des Wellenverhaltens des Elektrons kann sich auf dieser Strecke eine stehende Welle wie bei einer schwingenden Violinsaite ausbilden. Von der vollen Welle mit zwei Schwingungsbäuchen passt (bei der größtmöglichen Wellenlänge) gerade eine Hälfte auf die Strecke der Länge l. Dann ist $\lambda = 2\,l$ [B3]. Durch die De-Broglie-Gleichung ist nun auch der zugehörige Impuls p festgelegt:

$$p = \frac{h}{2\,l} \quad (1)$$

Das Elektron hat in der gedachten Modellsituation nur kinetische Energie, weil hier keine Kräfte wirken. Die bekannte Formel für die kinetische Energie $E_{\text{kin}} = \tfrac{1}{2}\,m \cdot v^2$ (2) schreibt man für den vorliegenden Zweck etwas um, weil wir ja über den Impuls $p = m \cdot v$ (3) schon eine Aussage machen können. Deshalb ersetzt man letzendlich v durch p. Davor muss (3) noch umgeformt werden:

Es ist $v = \dfrac{p}{m}$ und daher $v^2 = \dfrac{p^2}{m^2}$ (4)

Durch Einsetzen von (4) in (2) ergibt sich:

$$E = \frac{1}{2}\,\frac{m \cdot p^2}{m^2} = \frac{p^2}{2\,m} \quad (5)$$

Die kinetische Energie ist hier zugleich die Gesamtenergie E.
Setzt man (1) in (5) ein, führt dies zu:

$$E = \frac{h^2}{8\,m \cdot l^2}$$

Die Gleichung zeigt, dass die Energie eines eingesperrten Elektrons umso größer ist, je weniger Platz dem Elektron zur Verfügung steht. Dagegen ist die Energie niedriger, wenn mehr Platz vorhanden ist, d.h., wenn das Elektron delokalisiert ist. Niedrige Energie heißt hohe Stabilität. Das Modell macht plausibel, dass Elektronen, denen vergleichsweise viel Platz zur Verfügung steht, eine niedrigere Energie haben, als wenn sie auf engerem Raum lokalisiert werden. Delokalisierung bewirkt Absenkung der Energie und damit Erhöhung der Stabilität.

1.5 Impulse Benzolspielzeug

Konstruktion. Zuerst nimmt man ein Blatt weißes, festes Papier und zeichnet darauf mit einem Zirkel in der oberen Hälfte einen Kreis mit dem Radius 6,5 cm [B3a]. Den Zirkel fest einstechen, sodass der Kreismittelpunkt markiert ist. Der Kreis wird gesechstelt, indem man den Radius sechsmal an der Kreislinie abträgt. Die sechs Markierungen werden zu einem regelmäßigen Sechseck verbunden [B3b], dessen Linien man mit einem schwarzen Filzstift auf 5 mm verbreitert [B3c]. In 5 mm Abstand zu den Sechseckkanten zeichnet man nun mit Bleistift sechs Rechtecke der Größe 5 mm x 40 mm [B3d]. Diese Rechtecke sind „Fenster", die ausgeschnitten werden [B3e].

Auf der unteren Hälfte des Blattes zeichnet man nun einen Kreis mit dem Radius 7 cm [B1a]. Um den gleichen Mittelpunkt wird ein zweiter Kreis gezeichnet, dieser mit 5,2 cm Radius [B1b]. Der innere Kreis wird durch Abtragen des Radius gesechstelt, jeweils zwei gegenüberliegende Markierungen werden mit einem schwarzen Filzstift verbunden [B1c]. Nun malt man abwechselnd drei der sechs Kreissegmente mit Filzstift aus (zumindest die äußeren zwei Zentimeter) [B1d]. Man kann das Blatt jetzt noch laminieren oder die Drehscheibe [B1d] und den Benzolkern [B3e] gleich ausschneiden. In die Mitte der Drehscheibe schneidet (oder stanzt) man ein Loch, dessen Durchmesser dem eines Plastiktrinkhalmes entsprechen soll. Nun braucht man noch einen Flaschenkork, eine Stecknadel mit

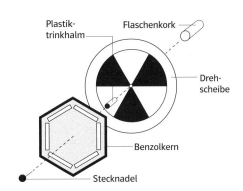

B2 Explosionszeichnung des Benzolspielzeugs

(weißem) Plastikkopf und ein etwa 3 mm langes Stück eines Plastiktrinkhalmes als Lager. Der Zusammenbau des Benzolspielzeugs erfolgt gemäß B2. Die Stecknadel fixiert den Benzolkern so auf dem Lager, dass er sich bei rotierender Drehscheibe nicht mitbewegt.

Anwendung. Die Drehscheibe wird so eingestellt, dass drei Bindungsstriche in den Fenstern erscheinen. Das Modell zeigt eine mesomere Grenzformel. Die zweite wird sichtbar, wenn man die Drehscheibe um 60° weiterdreht. Grenzformeln sind rein formal. Die realen Bindungsverhältnissen werden veranschaulicht, wenn man die Drehscheibe in rasche Rotation versetzt. In den sechs Fenstern erscheint wegen der Trägheit des Auges ein „Grauschleier" aus delokalisierten Elektronen.

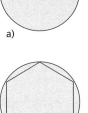

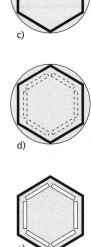

B3 Konstruktion des Benzolkerns

Achtung! Es sei daran erinnert, dass delokalisierte Elektronen ein *konstanter Bindungszustand* sind. Im Benzolmolekül findet also **kein** rasches „Umklappen" von Bindungen statt!

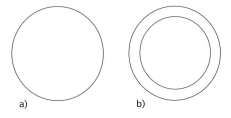

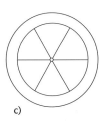

B1 Konstruktion der Drehscheibe

1.6 Halogenierung von Benzol

Skelettformel eines Benzolmoleküls, bei dem ein Wasserstoffatom zum Zwecke der Hervorhebung ausgeschrieben wurde

Substitution von lat. substituere, ersetzen

Elektrophile Substitution
Die Einstufung der Reaktion als elektrophil erfolgt nach dem Reaktionsverhalten des (späteren) Substituenten

Bromierung von Alkenen und Benzol. Alkene, z. B. Ethen, reagieren bei Zimmertemperatur rasch mit Brom. In einer stark exothermen Reaktion werden die Halogenatome an die C=C-Doppelbindung angelagert. Der Reaktionsmechanismus ist eine *elektrophile Addition*.

$$C_2H_4 + Br_2 \longrightarrow C_2H_4Br_2 \quad \mid \Delta E_i = -122 \, \frac{kJ}{mol}$$

Eine Addition von Brom an Benzol ist möglich (und zwar nach einem *radikalischem* Mechanismus). Allerdings verläuft diese Reaktion *endotherm*, es muss Energie in Form von UV-Licht aufgebracht werden.

$$C_6H_6 + Br_2 \longrightarrow C_6H_6Br_2 \quad \mid \Delta E_i \approx 8 \, \frac{kJ}{mol}$$

In Gegenwart von wasserfreiem Eisen(III)bromid verläuft die Reaktion von Benzol mit Brom hingegen *exotherm*. Dabei findet eine *Substitution* statt.

$$C_6H_6 + Br_2 \xrightarrow{FeBr_3} C_6H_5Br + HBr \quad \mid \Delta E_i \approx -145 \, \frac{kJ}{mol}$$

1. Schritt:
Elektrophiler Angriff und heterolytische Spaltung

Elektronenverschiebung

2. Schritt:
Deprotonierung und Rearomatisierung

Elektronenverschiebung | Protonenwanderung

Halogenierung als elektrophile Substitution.
Die Reaktion von Benzol mit Brom verläuft in zwei Schritten [B1]:

1. Eisen(III)-bromid polarisiert ein Brommolekül. Das Bromatom, das positiviert wurde, wirkt als Elektrophil. Es tritt mit den delokalisierten Elektronen eines Benzolmoleküls in Wechselwirkung und das Brommolekül wird heterolytisch gespalten. Das formal entstehende Bromkation bindet an ein Kohlenstoffatom des Benzolmoleküls, während das formal entstehende Bromidion sich an $FeBr_3$ anlagert. Durch die Bindung des Bromkations verliert das Benzolmolekül seine Aromatizität. Es liegt nun ein *Carbeniumion* vor. Das ist ein Ion, bei dem ein Kohlenstoffatom eine positive Formalladung trägt. Ein solches Kohlenstoffatom besitzt ein Elektronensextett, was energetisch ungünstig ist. In diesem Fall ist die positive Ladung aber über mehrere Atome delokalisiert, wodurch das Carbeniumion stabilisiert wird. Gegenion des Carbeniumions ist $FeBr_4^-$.

2. Das Carbeniumion gibt ein Proton ab, es entsteht ein Brombenzolmolekül und der aromatische Zustand ist wiederhergestellt. Die Substitution ist damit abgeschlossen. Das Proton wird von $FeBr_4^-$ aufgenommen, wodurch Hydrogenbromid entsteht und der Katalysator Eisen(III)-bromid zurückgebildet wird.

Die elektrophile Substitution ist die charakteristische Reaktion des Benzols.

Durch die Addition von Atomen an ein Benzolmolekül würde dessen Aromatizität verloren gehen. Daher ist beim Benzol (und anderen Aromaten) die Substitution gegenüber der Addition begünstigt.

A1 Bei welchem Reaktionsschritt kommt es in B1 zu einer Säure-Base-Reaktion? Erläutern Sie Ihre Antwort.

B1 Mechanismus der elektrophilen aromatischen Substitution

1.7 Wichtige Benzolderivate

Durch Substitution der Wasserstoffatome im Benzolmolekül gegen andere Atome oder Atomgruppen lassen sich wichtige Benzolabkömmlinge (*Benzolderivate*) herstellen.

Chlorbenzol kann analog zum Brombenzol aus Benzol und Chlor unter Mitwirkung von $FeCl_3$ synthetisiert werden. Großtechnisch stellt man Chlorbenzol nach dem Raschig-Verfahren her. Dabei wird Benzoldampf mit Hydrogenchlorid und Luft über einen Kupferkatalysator geleitet.

$$2\ C_6H_6\ +\ 2\ HCl\ +\ O_2\ \xrightarrow{Cu}\ 2\ C_6H_5Cl\ +\ 2\ H_2O$$

Chlorbenzol ist eine farblose Flüssigkeit, die früher in großen Mengen als Ausgangsstoff für die Herstellung des Insektizids DDT [B1] benötigt wurde. In Deutschland ist die Verwendung von DDT seit 1972 verboten, einige Länder der dritten Welt setzen dieses Mittel aber noch zur Bekämpfung der malariaübertragenden Anophelesmücke ein.

Phenol (*Hydroxybenzol*) wurde 1834 von dem deutschen Chemiker FRIEDLIEB FERDINAND RUNGE erstmals aus Steinkohleteer isoliert. Auch heute noch wird Phenol so gewonnen, allerdings kann der weltweite Bedarf von über 3 Mio. Tonnen im Jahr nur mithilfe einer Reihe technischer Synthesen gedeckt werden. Eine davon bedient sich der Hydrolyse von Chlorbenzol.

$$C_6H_5Cl\ +\ H_2O\ \xrightarrow{Ca_3(PO_4)_2}\ C_6H_5OH\ +\ HCl$$

Reines Phenol ist ein weißer Feststoff, der bei 41 °C schmilzt. Mit Eisen(III)-chlorid-Lösung gibt Phenol eine Violettfärbung, die als Nachweis dienen kann [V1]. Phenol ist giftig und wirkt ätzend auf Haut und Schleimhäute. Der britische Arzt JOSEPH LISTER verwendete 1867 erstmals verdünnte Phenollösungen zur Desinfektion von Wunden und Verbänden [B2]. Er gilt als Begründer der modernen Chirurgie. Heute ist Phenol ein wichtiges Ausgangsprodukt für die Herstellung von Kunststoffen („*Phenolharze*") und Farbstoffen.

Nitrobenzol gewinnt man durch Umsetzen von Benzol mit Nitriersäure. Nitriersäure ist ein Gemisch aus konzentrierter Salpetersäure und konzentrierter Schwefelsäure. In diesem Gemisch entsteht das *Nitroniumion* (NO_2^+), das als Elektrophil wirkt.

$$HNO_3\ +\ H_2SO_4\ \longrightarrow\ NO_2^+\ +\ HSO_4^-\ +\ H_2O$$

Nitrobenzol ist eine giftige, leicht gelbliche Flüssigkeit mit intensivem Bittermandelgeruch. Es wurde früher manchen Seifen als billiges Parfüm zugesetzt. Heute dient es in erster Linie zur Gewinnung von *Anilin*.

Anilin (*Aminobenzol*) kommt in geringen Mengen im Steinkohleteer vor, wo es RUNGE 1834 mit der Chlorkalkreaktion [V2] nachweisen konnte. Großtechnisch wird Anilin durch die Reduktion von Nitrobenzol mit Wasserstoff gewonnen.

$$C_6H_5NO_2\ +\ 3\ H_2\ \longrightarrow\ C_6H_5NH_2\ +\ 2\ H_2O$$

Reines Anilin ist eine ölige, farblose Flüssigkeit, die sich an der Luft rasch dunkel färbt. Obwohl Anilin ein gefährliches Gift ist, ist es eines der wichtigsten Zwischenprodukte der organischen Chemie. Es wird für die Herstellung von Farben („*Anilinfarben*", Kap. 2.4) und Kunststoffen (z. B. *Polyurethane*) benötigt.

Derivat von lat. derivare, ableiten

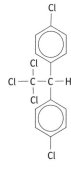

B1 Strukturformel von Dichlor-Diphenyl-Trichlorethan (DDT)

 V1 Zu wenigen Millilitern einer stark verdünnten ($w \approx 1\%$) Phenollösung gibt man einige Tropfen Eisen(III)-chlorid-Lösung. (Die entstehende Violettfärbung ist nicht ganz spezifisch). Handschuhe verwenden!

V2 Eine Spatelspitze Chlorkalk wird in etwas Wasser aufgeschwemmt. Dann gibt man im Abzug einen kleinen Tropfen Anilin (oder Anilinwasser) dazu und schüttelt. Vorsicht! Einatmen der Dämpfe und Hautkontakt unbedingt vermeiden! Handschuhe tragen!

A1 Recherchieren Sie die Eigenschaften von DDT und stellen Sie die sich daraus ergebende Problematik dar.

B2 Sprühgerät für Phenollösung. Die Sterberate nach Operationen ging damit drastisch zurück

1.8 Acidität von Phenol und Basizität von Anilin

Säurewirkung von Phenol. Phenol wurde früher als *Karbolsäure* bezeichnet. Tatsächlich ist eine Lösung von Phenol in Wasser schwach sauer [V1].

Hingegen sind wässrige Lösungen der Alkanole, z. B. des Ethanols, neutral. Die Erklärung für die geringe, aber merkliche Acidität des Phenols ist in der Stabilität des *Phenolations* zu suchen. Die negative Ladung ist nicht am Sauerstoffatom lokalisiert, sondern über das ganze Anion delokalisiert. Man kann mehrere Grenzformeln des Anions erstellen, bei denen neben dem Phenylrest ($-C_6H_5$) auch ein freies Elektronenpaar des Sauerstoffatoms an der Mesomerie beteiligt ist.

Eine solche Stabilisierung des Anions kann bei nichtaromatischen (aliphatischen und alicyclischen) Hydroxyverbindungen nicht auftreten.
Anders als das Phenol selbst ist das Salz Natriumphenolat gut wasserlöslich [V1]. Allerdings genügen schon Säuren mit geringer Acidität, etwa Carbonsäuren wie die Essigsäure, um das Phenolation zu protonieren und das Phenol aus seinem Salz zu verdrängen [V1].

Phenol hat eine größere Acidität als ein Alkanol. Dies ist auf den Phenylrest zurückzuführen, der eine mesomere Stabilisierung des Phenolations ermöglicht. Carbonsäuren mit kurzkettigen Molekülen haben eine größere Acidität als Phenol.

B1 Strukturformel von Benzylalkohol

B2 Lewisformel von Pikrinsäure

Benzylalkohol und Pikrinsäure. Das Molekül des *Benzylalkohols* [B1] unterscheidet sich von dem des Phenols nur durch eine CH_2-Gruppe, die zwischen dem Ring und der Hydroxylgruppe sitzt. Diese CH_2-Gruppe verhindert aber, dass das Sauerstoffatom eines Benzylalkoholat-Anions sich an der Delokalisierung der Elektronen im Ring beteiligen kann. Eine Stabilisierung dieses Ions analog zum Phenolation ist nicht möglich. Daher ist die Acidität von Benzylalkohol geringer als die von Phenol, in Wasser reagiert er neutral. *Pikrinsäure* (*2,4,6-Trinitrophenol*) [B2] hingegen hat eine wesentlich höhere Acidität als Phenol. Im Pikration ist das System der delokalisierten Elektronen auch auf die drei Nitrogruppen ausgedehnt, wodurch das Anion zusätzlich stabilisiert und seine Bildung begünstigt wird.

Allgemein gilt: Je mehr mesomere Grenzformeln für ein Teilchen gezeichnet werden können, desto stärker ist dieses Teilchen durch Elektronendelokalisierung stabilisiert.

V1 **Im Abzug arbeiten und Handschuhe tragen!**
⚠ Etwa 2 g Phenol werden mit 5 ml Wasser versetzt und geschüttelt. Die Hälfte der entstandenen Emulsion wird in ein zweites Reagenzglas gegossen und so lange mit Wasser verdünnt, bis alles Phenol gelöst ist. Den pH-Wert der Lösung prüft man mit Indikatorpapier.
Zur zweiten Hälfte gibt man unter Schütteln tropfenweise Natronlauge, bis eine klare Lösung entstanden ist.
Tropft man nun verdünnte Essigsäure zu dieser Lösung, so trübt sie sich wieder.

V2 Im Abzug arbeiten und Handschuhe tragen! Man gibt einen Tropfen Diethylamin in ein mit Wasser halbgefülltes Reagenzglas. Nun prüft man zuerst mit rotem Lackmuspapier und dann mit Universalindikator die Lösung.

V3 ⚠ Im Abzug Arbeiten und Handschuhe tragen! In einem Reagenzglas gibt man zu einem Tropfen Anilin etwa 5 ml Wasser, verschließt das Glas mit einem Gummistopfen und schüttelt es. Man gibt so lange weiteres Wasser zu, bis sich das Anilin ganz gelöst hat. Nun prüft man zuerst mit rotem Lackmuspapier und dann mit Universalindikator den pH-Wert der Lösung.

V4 ⚠ Im Abzug Arbeiten und Handschuhe tragen! Zu 1 ml Anilin gibt man verdünnte Salzsäure, bis eine klare Lösung entsteht. Nun tropft man so lange konzentrierte Natronlauge zu, bis sich ölige Tröpfchen abscheiden.

A1 Ordnen Sie die nachfolgend genannten Stoffe nach steigender Acidität: Anilin, Diethylamin, Essigsäure, Ethanol, Phenol, Wasser.

Amine sind organische Verbindungen, die formal als Abkömmlinge des Ammoniaks betrachtet werden können. Werden die Wasserstoffatome eines Ammoniakmoleküls durch *Alkylreste* ersetzt, so erhält man ein *aliphatisches Amin*. Je nachdem, ob ein, zwei oder alle drei Wasserstoffatome des Ammoniakmoleküls durch organische Reste ersetzt wurden, unterscheidet man *primäre*, *sekundäre* und *tertiäre* Amine. Erfolgt die Substitution der Wasserstoffatome durch *aromatische Reste*, so bekommt man die entsprechenden *aromatischen Amine*. Anilin ist das einfachste primäre aromatische Amin.

Basizität von Anilin. Beim Anilinmolekül trägt der Phenylrest eine Aminogruppe (NH_2-Gruppe). Anilin wird daher auch *Phenylamin* (oder *Aminobenzol*) genannt.

Die Aminogruppe kann wie das Ammoniakmolekül protoniert werden. Das ist der Grund, warum Aminosäuren als Zwitterionen vorliegen (Kap. 6.1) und warum eine wässrige Lösung eines aliphatischen Amins deutlich alkalisch ist [V2].

Diethylamin
(ein sekundäres Amin)

Anilin reagiert in Wasser hingegen nur schwach alkalisch [V3]. Dies liegt daran, dass das Anilin*molekül* ähnlich wie das Phenolation mesomeriestabilisiert ist, weil das freie Elektronenpaar delokalisiert ist. Somit ist es für die Anlagerung eines Protons schlechter verfügbar.

Wenn nun z. B. ein Wassermolekül die Aminogruppe protoniert, dann wird deren freies Elektronenpaar zu einer lokalisierten Bindung zum Wasserstoffatom und kann nicht mehr delokalisiert werden. Die Anzahl der möglichen Grenzformeln nimmt ab.
Salzsäure besitzt eine größere Acidität als Wasser. Da Salzsäure eine größere Acidität als Wasser hat, bildet sie mit Anilin das Salz *Aniliniumchlorid*. Es besteht aus *Aniliniumionen* und Chloridionen.

Anilin hat eine geringere Basizität als aliphatische Amine. Dies ist auf den Phenylrest zurückzuführen, der eine mesomere Stabilisierung des Anilinmoleküls ermöglicht.

Pikrinsäure von griech. pikros, bitter

Anilin von port. Anil, Indigo. O. UNVERDORBEN erhielt 1826 beim Erhitzen des Farbstoffs Indigo erstmals Anilin

Acidität von lat. acidus, sauer. Maß für die saure Wirkung eines Stoffes

1.9 Durchblick Zusammenfassung und Übung

B1 Phenol

B2 Anilin

B3 Zu A3

B4 [60]Fulleren

B6 Grundgerüst des Benzpyrenmoleküls

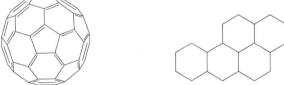

B5 Grenzformeln von Pyrrol

Aromatische Kohlenwasserstoffe. Die Moleküle von aromatischen Kohlenwasserstoffen sind Ringe mit konjugierten Doppelbindungen. Ein System delokalisierter Elektronen verleiht den Molekülen besondere Stabilität.

Mesomerie. Die besonderen Bindungsverhältnisse in aromatischen Molekülen lassen sich am besten mit **mesomeren Grenzformeln** darstellen. Grenzformeln von **Benzol:**

Elektrophile aromatische Substitution. Die charakteristische Reaktion des Benzols (und anderer Aromaten) ist die elektrophile Substitution. Z. B.:

$$+ \; Br_2 \xrightarrow{FeBr_3} + \; HBr$$

Phenol. Verglichen mit den Alkanolen hat Phenol [B1] eine große Acidität. Dies liegt daran, dass das entstehende Phenolation mesomeriestabilisiert ist.

Anilin. Im Gegensatz zu aliphatischen Aminen besitzt Anilin [B2] nur eine geringe Basizität. Die Protonierung des Stickstoffatoms beeinträchtigt die Mesomeriestabilisierung des Anilinmoleküls.

A1 Benzpyren ist ein aromatischer Kohlenwasserstoff, der stark krebserregend wirkt. Er kommt z. B. im Zigarettenrauch vor. B6 zeigt das Grundgerüst eines Benzpyrenmoleküls. Übertragen Sie B6 in Ihre Aufzeichnungen und ergänzen Sie die Doppelbindungen.

A2 B5 zeigt die möglichen Grenzformeln des Pyrrols. Welche dieser Grenzformeln trägt Ihrer Meinung nach am meisten zur Mesomeriestabilisierung bei? Woran könnte es liegen, dass Pyrrol nur eine geringe Basizität besitzt?

A3 Das Naphthalinmolekül wird manchmal mit dem in B3 abgebildeten Symbol dargestellt. Erläutern Sie, warum dieses Symbol irreführend ist und falsch interpretiert werden kann.

A4 Formulieren Sie den Reaktionsmechanismus für die Synthese von Nitrobenzol aus Benzol und Nitriersäure (Kap. 1.7).

A5 Wenn man eine wässrige Lösung von Phenol mit Bromwasser versetzt, dann findet an den Ringpositionen 2, 4 und 6 des Phenolmoleküls Substitution statt. Erläutern Sie anhand der unterschiedlichen Carbeniumionen, warum diese elektrophile Substitution auch ohne Katalysator so bereitwillig abläuft und warum gerade an den Ringpositionen 2, 4 und 6 die Substitution stattfindet.

A6 Fullerite, die aus Fullerenmolekülen aufgebaut sind, stellen neben Diamant und Graphit weitere Modifikationen des Kohlenstoffs dar. Buckminsterfulleren [B4] hat die Summenformel C_{60}, man könnte über 12 000 Grenzformeln des Moleküls zeichnen. Informieren Sie sich im Internet über [60]Fulleren. Gehen Sie dabei auch der Frage nach, ob dieser Stoff als Aromat betrachtet werden kann.

2 Struktur und Eigenschaften von Farbstoffen

Farben faszinieren die Menschheit schon immer und spielen daher eine prägende Rolle im Leben aller Menschen und ihrer Kultur.

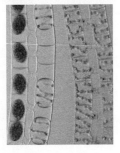

■ Dies belegen Höhlenmalereien in Spanien und Frankreich. Diese Zeichnungen sind mit farbiger Erde gestaltet worden.

■ Textilien, die mit Farbstoffen aus Pflanzen oder Tieren gefärbt wurden, hat man bereits vor Jahrtausenden getragen. Der blaue Farbstoff aus der Waidpflanze oder der rote Farbstoff der Schildlaus waren schon vor 4000 Jahren in China bekannt.

■ Durch die chemische Forschung gelang es Mitte des 19. Jahrhunderts, Farbstoffe chemisch zu synthetisieren und die Färbetechnik zu verbessern.

■ Der wichtigste Farbstoff ist das Chlorophyll der Pflanzen, denn ohne Chlorophyll gäbe es keine Fotosynthese und das Leben wäre so wie es ist auf der Erde unmöglich.

2.1 Licht und Farbe

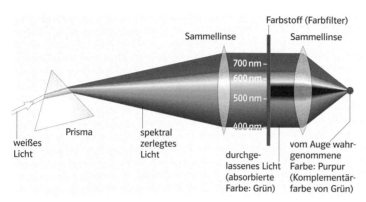

B1 Absorption und resultierende Farbe eines purpurfarbenen Farbstoffs. Das grüne Licht im Bereich um 550 nm wird absorbiert

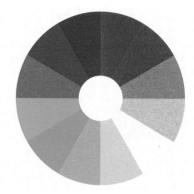

B2 Komplementärfarben in einem Farbkreis. Er enthält zusätzlich zu den Spektralfarben die Farbe Purpur

diametral von lat. diametralis, auf den Durchmesser bezogen

Entstehung von Farbe. Das menschliche Auge kann elektromagnetische Wellen mit Wellenlängen von λ = 380 nm (violett) bis λ = 780 nm (rot) wahrnehmen. Diesen Teil des elektromagnetischen Spektrums bezeichnet man als den *sichtbaren Bereich*. Sonnenlicht lässt sich mithilfe eines Prismas in verschiedene Spektralfarben zerlegen. Dabei ist jeder Farbe ein bestimmter Wellenlängenbereich im Spektrum zugeordnet. Das Gehirn fasst mehrere Spektralfarben zu einer Mischfarbe zusammen. Alle Farben des Spektrums ergeben zusammen den Farbeindruck weiß. Gegenstände erscheinen allerdings erst dann farbig, wenn sie Licht reflektieren.

Absorption. Farben entstehen häufig durch *Absorption* von Strahlung. Durch bestimmte Wellenlängenbereiche des weißen Lichts werden dabei Elektronen in Molekülen oder Ionen angeregt. Der nicht absorbierte Teil des Lichts wird *reflektiert* oder durchgelassen. Die dabei entstehende Farbe bezeichnet man als *Komplementärfarbe* zur absorbierten Farbe [B1].

Die Farbe eines Stoffes ist die Komplementärfarbe der absorbierten Farbe. Die Komplementärfarbe ergibt sich aus der Gesamtheit der nicht absorbierten Farben. Man bezeichnet dies als additive Farbmischung.

Die verschiedenen Paare von Komplementärfarben kann man in einer kreisförmigen Anordnung so darstellen, dass sie sich diametral gegenüberstehen [B2]. In solch einem Farbkreis muss allerdings zwischen die Spektralfarben Rot und Violett die Farbe Purpur, die es im Spektrum des weißen Tageslichtes nicht gibt, als Komplementärfarbe zu Grün eingefügt werden.

Reflektiert ein Körper den gesamten Wellenlängenbereich des sichtbaren Spektrums, so erscheint er weiß, absorbiert er den gesamten Wellenlängenbereich, erscheint er schwarz.

V1 Stellen Sie eine durchscheinende Suspension von Chlorophyll in Wasser bzw. wässrige Lösungen von Kupfer(II)-sulfat und Methylrot her. Füllen Sie diese Lösungen jeweils in eine Küvette und stellen Sie mit einem Fotometer die Absorption dieser Substanzen bei verschiedenen Wellenlängen fest. Gehen Sie dabei in Schritten von 20 nm vor und messen Sie gegen eine Vergleichsküvette mit Wasser.

A1 Tragen Sie die Werte von V1 in Wertetabellen ein und erstellen Sie für jede Farbstofflösung ein Diagramm (Abszisse: Wellenlänge λ in nm; Ordinate: Absorption in %). Vergleichen Sie die Absorptionsmaxima mit den Farben der Lösung.

A2 Ein Stoff absorbiert im Wellenlängenbereich von λ = 440 – 480 nm. Geben Sie die Farbe des Stoffs an.

Emission. Beim Licht glühender Körper und bei Flammenfärbungen handelt es sich um Emission von Strahlung. Glühende Körper, z.B. Glühdrähte, emittieren ein kontinuierliches Spektrum.

Die Flammenfärbungen der Alkalimetalle zeigen dagegen Spektren diskreter Linien: Durch Zufuhr von Wärme werden Elektronen in der Atomhülle thermisch angeregt, d.h. ihre innere Energie wird größer [B4]. Nach kurzer Zeit geben die Elektronen die Energie in Form eines Photons (Lichtquants) wieder ab. Die Energie des Photons entspricht der Energiedifferenz zwischen dem angeregten Zustand und dem Grundzustand.

Die Wellenlänge der emittierten Strahlung ist umgekehrt proportional zur Energie des Photons (s. Kap. 2.3, Energieabsorption und Chlorophyll). Eine große Energiedifferenz führt deshalb zu ultravioletter Strahlung, eine mittlere Energiedifferenz zu sichtbarem Licht und eine kleine Energiedifferenz zu Infrarotstrahlung.

Natrium emittiert bei Anregung Licht der Wellenlängen $\lambda = 589,0$ nm und $\lambda = 589,6$ nm. Die Flammenfärbung ist intensiv gelb [B5].

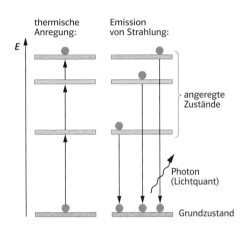

B4 Entstehung eines Linienspektrums

Richtungsänderung. Farben können auch bei der Wechselwirkung von Licht mit Materie entstehen, wenn das Licht dabei *die Richtung ändert*. Mit diesen Phänomenen befasst sich die geometrische Optik. Die Entstehung der Farben kann durch *Brechung*, *Streuung*, *Interferenz* oder *Beugung* erklärt werden. Beispiele sind der Regenbogen [B6], das Abendrot und der bunte Ölfilm auf Wasser [B7].

B5 Flammenfärbung durch Natrium

diskret von lat. discretus, abgesondert, unterschieden. Ein Spektrum diskreter Linien besteht aus einzelnen, scharf voneinander getrennt liegenden Linien mit exakt bestimmbaren Wellenlängen

B6 Regenbogen

B7 Ölfilm

Interferenz beschreibt die Überlagerung von zwei oder mehreren Wellen

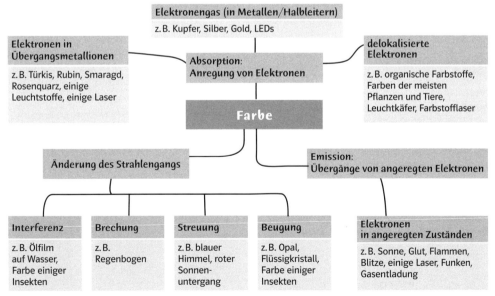

B3 Entstehung von Farbe durch Wechselwirkung von Licht und Elektronen

2.2 Struktur und Farbe

Chromophore von griech. chroma, Farbe und griech. phorein, tragen

Auxochrome von lat. auxilium, Hilfe

isolierte Doppelbindungen zwei Doppelbindungen sind durch mindestens zwei Einfachbindungen voneinander getrennt

konjugierte Doppelbindungen zwei oder mehrere Doppelbindungen sind nur durch eine Einfachbindung voneinander getrennt

Untersucht man farbige organische Verbindungen, so zeigt sich ein Zusammenhang zwischen der Farbe der Verbindung und der Struktur ihrer Moleküle.

Farbe und Molekülstruktur. Bei der Absorption von Licht bestimmter Wellenlänge werden Elektronen der Moleküle einer Verbindung von einem Grundzustand E_1 in einen angeregten Zustand mit höherer Energie E_2 gebracht. Die dazu nötige Energie $\Delta E = E_2 - E_1$ ist gleich der Energie des dabei absorbierten Photons (Kap. 2.1, B4). Die Elektronen nicht bindender Elektronenpaare, besonders aber Elektronen in Doppelbindungen, sind durch Photonen geringer Energie ΔE anregbar. So liegt z. B. das Absorptionsmaximum von Ethen bei der Wellenlänge $\lambda_{max} = 190\,nm$, dasjenige von Buta-1,3-dien bei $\lambda_{max} = 217\,nm$. Strahlung dieser Wellenlängen liegt nicht im sichtbaren Bereich; daher sind diese Verbindungen farblos. Je länger das *konjugierte Doppelbindungssystem* eines Moleküls wird, desto mehr verschiebt sich das Absorptionsmaximum in den Bereich des sichtbaren Lichts [B1].

Diphenyl-Polyene $\langle\!\!\!\bigcirc\!\!\!-c\!=\!c\!-\!\rangle_n\!\!\!\bigcirc$	Absorptions-maximum λ_{max} (in nm)	Farbeindruck
$n = 2$	245	farblos
$n = 3$	360	
$n = 4$	385	gelbgrün
$n = 5$	400	
$n = 6$	420	

B1 Zahl der konjugierten Doppelbindungen und Absorption am Beispiel von Diphenyl-Polyenen

Je ausgedehnter das konjugierte Doppelbindungssystem eines Moleküls ist, desto größer ist die Wellenlänge des absorbierten Lichtes.

Farbstoffmoleküle besitzen immer ein konjugiertes Doppelbindungssystem. Manche Farbstoffmoleküle enthalten zusätzliche funktionelle Gruppen, welche die Farbe verändern.

Chromophore Gruppen besitzen in der Regel C=C-Doppelbindungen, die in Konjugation zu anderen Doppelbindungen treten können. Die delokalisierten Elektronen dieser Systeme sind leichter anregbar als Elektronen nicht konjugierter, also isolierter Systeme und absorbieren im sichtbaren Bereich. Allerdings sind auch andere Elektronensysteme in der Lage, im sichtbaren Bereich zu absorbieren [B2].

Carbonyl-gruppe   Carboxyl-gruppe   Nitro-gruppe

Gruppe mit Doppel-bindung   Azo-gruppe   Imino-gruppe

B2 Beispiele für chromophore Gruppen

Chromophore sind Strukturteile einer Verbindung, die für das Zustandekommen der Farbe nötig sind. Es sind immer Gruppen mit Mehrfachbindungen.

Das Absorptionsspektrum der chromophoren Gruppe selbst muss noch nicht unbedingt im sichtbaren Bereich liegen. Es kann aber über geeignete „farbverstärkende" Substituenten, sogenannte **auxochrome** Gruppen [B3], geeignet verschoben werden.

Hydroxy-gruppe   Halogen-rest   Methoxy-gruppe

Amino-gruppe   Alkylamino-gruppe   Dialkyl-amino-gruppe

B3 Beispiele für auxochrome Gruppen

Auxochrome sind funktionelle Gruppen mit freien Elektronenpaaren in Farbstoffmolekülen. Die Auxochrome fungieren als Elektronendonatoren.

Manche chromophoren Gruppen, wie z.B. die NO_2-Gruppe und die CO-Gruppe, können ein freies Elektronenpaar aufnehmen. Sie wirken deshalb als Elektronenakzeptorgruppen und werden **Antiauxochrome** genannt.

Elekronenakzeptorgruppen an chromophoren Systemen nennt man Antiauxochrome.

Man weiß, dass für die Lichtabsorption nicht bestimmte Atomgruppen, sondern das *gesamte delokalisierte Elektronensystem eines Moleküls* verantwortlich ist. Licht welcher Wellenlänge absorbiert wird, hängt wiederum davon ab, wie ausgedehnt die Elektronendelokalisation ist.

Auxochrome können mit ihren freien Elektronenpaaren über **Mesomerieeffekte (M-Effekt)** das delokalisierte Elektronensystem erweitern. Ein einfaches Beispiel hierfür ist der Vergleich zwischen Benzol und einigen seiner Derivate [B4].

Benzol | 4-Nitroanilin

farblos | gelborange

Anilin | 4-Nitrophenylhydrazin

schwach gelb | orangerot

B4 Farben von Benzol und Benzolderivaten.

Mesomerie-Effekt (M-Effekt). Benzol absorbiert im UV-Bereich. Die Aminogruppe des Anilins erweitert das Doppelbindungselektronensystem durch ihren auxochromen **+M-Effekt** [B5].
Durch den antiauxochromen **–M-Effekt** [B6] einer Nitrogruppe gegenüber der Aminogruppe wird die Delokalisierung der Elektro-

B5 +M-Effekt der Aminogruppe

B6 –M-Effekt der Nitrogruppe

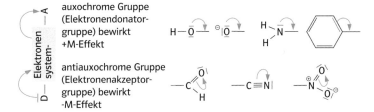

auxochrome Gruppe (Elektronendonatorgruppe) bewirkt +M-Effekt

antiauxochrome Gruppe (Elektronenakzeptorgruppe) bewirkt -M-Effekt

B7 Strukturprinzip organischer Farbstoffe

nen verstärkt: 4-Nitroanilin ist gelborange. Die Vergrößerung des Chromophors im 4-Nitrophenylhydrazin führt zu einer weiteren Farbvertiefung [B4].

Auxochrome und antiauxochrome Gruppen bewirken zusammen eine farbvertiefende (bathochrome) Verschiebung, d. h. das Absorptionsmaximum wird zum längerwelligen Bereich hin verschoben [B7].

+M-Effekt: Fähigkeit einer auxochromen Gruppe freie Elektronenpaare zu liefern

–M-Effekt: Fähigkeit einer antiauxochromen Gruppe freie Elektronenpaare aufzunehmen

A1 Lycopin, der Farbstoff der roten Tomate, besitzt konjugierte $C=C$-Doppelbindungen. Bei Zugabe von Bromlösung zum Tomatensaft verändert sich die Farbe. Erklären Sie diese Beobachtung.

Lycopin

2.3 Naturfarbstoffe

Grüne Pflanzen nutzen die Energie der Sonne, um durch die Lichtenergie beim Vorgang der Fotosynthese aus den anorganischen Stoffen Kohlenstoffdioxid und Wasser energiereiche Glucose und Sauerstoff zu bilden.

$$6\ CO_2\ +\ 6\ H_2O\ \longrightarrow\ C_6H_{12}O_6\ +\ 6\ O_2$$

Die Glucose ist der Ausgangsstoff für den Baustoffwechsel der Pflanze und für die Energiegewinnung. Um Fotosynthese betreiben zu können benötigen die Pflanzen Blattfarbstoffe, welche die Lichtenergie in chemische Energie umwandeln.

Der Engelmannsche Bakterienversuch. Der deutsche Physiologe THEODOR W. ENGELMANN fand 1882 durch Experimente heraus, welche Wellenlängen des Lichtes vorhanden sein müssen, damit die Fotosynthese stattfindet. Dazu zerlegte er das sichtbare Licht mithilfe eines Prismas in ein kontinuierliches Spektrum und bestrahlte damit ein Gefäß mit Algenfäden und aerob lebenden Bakterien. Engelmann beobachtete, dass sich die Bakterien hauptsächlich an den Stellen des Algenfadens ansammelten, die mit *blauem* oder *rotem* Licht bestrahlt wurden. Daraus schloss er, dass an diesen Stellen besonders viel Sauerstoff freigesetzt wurde und daher die Fotosynthese bei rotem und blauem Licht besonders effektiv ist [B1].

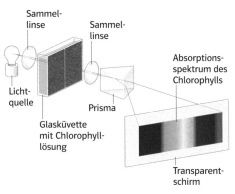

B2 Absorption durch Chlorophyll

Aus dem Lichtspektrum nutzen grüne Pflanzen also fast nur die Lichtenergie von blauem und rotem Licht für die Fotosynthese. Diesen Vorgang nennt man **Absorption**. Die anderen Spektralfarben des Lichts werden nicht absorbiert, sondern *reflektiert* und von uns deshalb als Blattfarbe wahrgenommen [V1, B2].

Zur Analyse der absorbierenden Farbstoffe trennt man einen Blattextrakt chromatografisch auf. Es zeigen sich die grünen Chlorophylle a und b sowie einige gelbe Carotinoide. Misst man dann für jeden dieser Blattfarbstoffe die Absorptionen über den gesamten Spektralbereich in einem geeigneten Messgerät (Fotometer), erhält man das Absorptionsspektrum des jeweiligen Farbstoffs [B3].

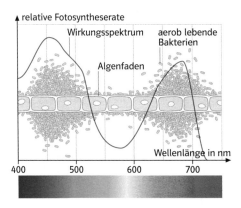

B1 Fotosyntheserate bei verschiedenen Wellenlängen

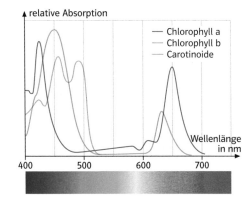

B3 Absorptionsspektren der Blattfarbstoffe

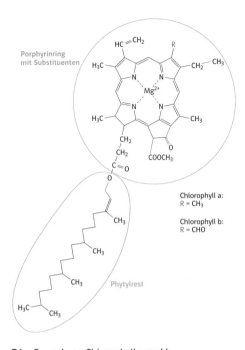

B4 Formel von Chlorophyll a und b

Struktur des Chlorophyllmoleküls. Vergleicht man die Absorptionsspektren der einzelnen Blattfarbstoffe mit dem Wirkungsspektrum [B1] erkennt man, dass vor allem die beiden Chlorophylle besonders wirksam sind. Ein Chlorophyllmolekül besteht aus zwei Bauteilen: Einem *Porphyrinring* und einem *Phytylrest* [B4]. Der Phorphyrinring besitzt ein ausgedehntes durchgehend konjugiertes Elektronensystem. Elektronen dieses Doppelbindungssystems können relativ leicht angeregt werden, indem die Lichtenergie absorbiert wird und die Elektronen in einen angeregten Zustand übergehen.

Energieabsorption und Chlorophyll. Licht besteht aus Photonen, deren Energie von der Wellenlänge abhängig ist:

$$E = h \cdot c / \lambda$$

Man erkennt, dass Licht mit kleinerer Wellenlänge energiereicher ist als Licht mit größerer Wellenlänge.

In Molekülen, z. B. im Chlorophyllmolekül, können die Elektronen unterschiedliche Energieniveaus einnehmen. Durch Absorption eines Photons erreicht ein Elektron aus dem Grundzustand ein höheres Energieniveau (angeregter Zustand). Dabei entspricht die Energie des absorbierten Photons genau der Differenz zwischen Grundzustand und angeregtem Zustand. Daher kann nur Licht bestimmter Wellenlängen absorbiert werden. Bei der Rückkehr in den Grundzustand gibt das Elektron zunächst einen Teil der Energie als Wärme ab. Aus dem niedrigsten angeregten Zustand kann die restliche Energie in Form eines Photons abgegeben werden (Fluoreszenz). Chlorophyll zeigt z. B. rote Fluoreszenz.

Grüne Pflanzen können durch ihre verschiedenen Farbstoffe die Energie des Lichts bündeln (Lichtsammelfalle [B5]). Die „gesammelte Lichtenergie" wird in chemische Energie umgewandelt. Diese wird letztendlich genutzt, um aus Kohlenstoffdioxid und Wasser den Energielieferanten Traubenzucker und außerdem Sauerstoff herzustellen.

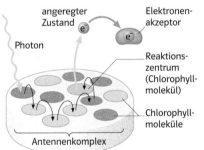

B5 Aufbau einer Lichtsammelfalle

h: Planck'sches Wirkungsquantum

c: Lichtgeschwindigkeit

λ: Wellenlänge des Lichts

Eine Lichtsammelfalle ist aus Antennenkomplex und Reaktionszentrum aufgebaut. Diese sind in die Thylakoidmembran von Chloroplasten eingebettet

Antennenkomplex viele hundert verschiedene Pigmentmoleküle, die dazu dienen Photonen „einzufangen"

Reaktionszentrum zwei Chlorophyllmoleküle und ein primärer Elektronenakzeptor

Die Energie des Photons wird durch die Pigmentmoleküle des Antennenkomplexes absorbiert und zum Reaktionszentrum weitergegeben. Dort wird durch diese Energie ein Elektron eines Chlorophyllmoleküls „herausgeschlagen" und in den angeregten Zustand versetzt. Dieses Elektron wird auf einen primären Elektronenakzeptor übertragen und dann über eine Elektronentransportkette, an deren Ende $NADP^+$ zu $NADPH + H^+$ reduziert wird.

V1 Man stellt aus grünen Pflanzenteilen und Ethanol einen grünen wässrigen Pflanzenextrakt her und gibt ihn in eine Küvette o. ä. Dieser Extrakt wird in den Strahlengang von normalem Licht (z. B. Overheadprojektor, oder Diaprojektor) gebracht. Um die Absorption zu demonstrieren wird ein Prisma ebenfalls in den Strahlengang gehalten [vgl. B2].

2.4 Azofarbstoffe

B1 Anilin

Neben den natürlichen Farbstoffen, z.B. Blattfarbstoffen, gibt es eine Vielzahl an *synthetischen Farbstoffen*. Die historisch bedeutsamsten davon sind die Azofarbstoffe (von franz. azote, Stickstoff). Alle Moleküle dieser Farbstoffklasse haben als gemeinsames Strukturelement mindestens eine **Azogruppe**, mit der verschiedene Reste verknüpft sind:

$$R-N=N-R'$$

Dabei verknüpft die Azogruppe meist zwei aromatische Systeme zu einem gemeinsamen ausgedehnten Chromophor. Da sich an den aromatischen Ringen eine Vielzahl von Substituenten befinden können, ergibt sich die enorme Vielfalt der Azofarbstoffe.

B2 Azobenzol

Die Farbigkeit. Die Azogruppe beteiligt sich mit ihren freien Elektronenpaaren am ausgedehnten konjugierten Doppelbindungssystem, das die Farbigkeit der Farbstoffe bedingt. Dies kann man z.B. am Anilingelbmolekül erkennen [B3].

B3 Anilingelb: 4-Aminoazobenzol

Wird beim 4-Aminoazobenzol am freien aromatischen Ring in para-Stellung (Kap.1.1) ein Wasserstoffatom durch eine Nitrogruppe substituiert, erhält man 4-Amino-4`-Nitroazobenzol [B4]. Die Farbe verändert sich dann von Gelb nach Orange. Diese Farbveränderung liegt an der zusätzlichen Nitrogruppe, die das Chromophor vergrößert. Durch diese Vergrößerung wird die Lichtabsorption in einen längerwelligen Bereich verschoben.

B4 4-Amino-4`-Nitroazobenzol

Verwendung von Azofarbstoffen. Azofarbstoffe besitzen eine hohe Farb- und Lichtechtheit. Daher sind sie sehr geeignete Färbemittel. Azofarbstoffe mit Sulfonsäuregruppen (-SO$_3$H) [B5] werden als *Lederfarbstoffe* verwendet. Sudanrot [B6] wird zum *Anfärben von Heizöl* genutzt. Dies ist gesetzlich vorgeschrieben und verhindert seinen Missbrauch, denn Heizöl ist in seiner chemischen Zusammensetzung dem deutlich höher besteuerten Dieselöl sehr ähnlich.

B5 Azofarbstoffe als Lederfarbstoffe

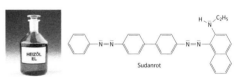

B6 Grundgerüst eines lipophilen Azofarbstoffs

Auch in vielen Lebensmittelfarbstoffen sind Azoverbindungen enthalten. Voraussetzung dafür ist eine toxikologische Unbedenklichkeit der Verbindungen. Früher wurden Butter und Margarine mit 4-Dimethyl-aminoazobenzol (Buttergelb) angefärbt. Dies ist mittlerweile verboten, da Stoffwechselprodukte dieser Verbindung krebserregend sind.

A1 Formulieren Sie mesomere Grenzformeln für 4-Nitroanilin und 4-Amino-4`-nitroazobenzol.

A2 Erläutern Sie, warum 1,4-Dinitrobenzol farblos ist.

Synthese von Azofarbstoffen. Die Synthese erfolgt in zwei Schritten, der Diazotierung und der Azokupplung. Im ersten Schritt, der *Diazotierung*, wird aus einem aromatischen Amin, wie z. B. Anilin, mittels salpetriger Säure, das entsprechende Diazoniumion hergestellt [B7].

B7 Diazotierung eines aromatischen Amins

Das Diazoniumion spaltet bereits bei Zimmertemperatur Stickstoff ab, daher muss bei einer Temperatur von unter 5 °C gearbeitet werden. In der Praxis verläuft dieser erste Schritt meist im Eisbad, daher bezeichnet man die Azofarbstoffe gelegentlich auch als *Eisfarben*.

Der zweite Schritt heißt *Azokupplung*. Dabei wird das Diazoniumion an ein weiteres aromatisches System (die Kupplungskomponente) gebunden [B8]. Die Reaktion verläuft nach dem Mechanismus der elektrophilen aromatischen Substitution.

B8 Azokupplung

Die Synthese eines Azofarbstoffs besteht aus zwei Schritten: Diazotierung und Azokupplung.

Als Kupplungskomponente eignen sich auch Derivate von Naphthalin und Anthracen (Kap. 1.3).

Azofarbstoffe als Indikatoren. Betrachtet man die mesomeren Grenzformeln von Azofarbstoffmolekülen, ergibt sich ein negativer Ladungsschwerpunkt an einem Stickstoffatom der Azogruppe. Dieses Atom kann protoniert werden. Dadurch wird das Chromophor verändert und es kommt zu einer Farbänderung. Diese Eigenschaft nützt man bei Säure-Base-Indikatoren aus. **Methylorange** [B9] und **Methylrot** sind z. B. Indikatoren auf Azofarbstoffbasis.

B9 Mesomere Grenzformeln von Methylorange bei verschiedenen pH-Werten

V1 Stellen Sie zuerst wässrige Lösungen mit pH = 1 bis pH = 6 her. Beginnen Sie mit Salzsäure (c(HCl) = 0,1 mol/l). Stellen Sie daraus eine Verdünnungsreihe für die anderen ganzzahligen pH-Werte her, indem Sie jeweils 5 ml der konzentrierten Säure nehmen und dann auf 50 ml auffüllen. Nehmen Sie dann 15,8 ml Salzsäure (c(HCl) = 0,1 mol/l) und füllen Sie auf 50 ml auf; Sie erhalten so eine Lösung etwa mit pH = 1,5. Stellen Sie daraus auf ähnliche Weise wieder eine Verdünnungsreihe her bis pH = 5,5. Füllen Sie von jeder dieser 11 Lösungen etwa 3 ml ab und versetzen Sie diese jeweils mit einem Tropfen einer wässrigen Methylorangelösung (w = 0,1 %). Bestimmen Sie den Umschlagbereich von Methylorange.

A3 Aus Anilin und Phenol soll ein Azofarbstoff hergestellt werden. Formulieren Sie die Reaktionsgleichungen.

2.5 Küpenfärbung am Beispiel des Indigo

B1 Färberwaid (Isatis tinctoria)

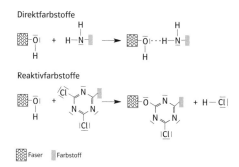

Direktfarbstoffe

Reaktivfarbstoffe

Faser ▌Farbstoff

B4 Bindungen zwischen Faser und Farbstoff bei verschiedenen Färbeverfahren

oben] in intermicellare Räume eingelagert. Direktfarbstoffe sind nicht sehr waschecht.

Die **Reaktivfärbung** ist v. a. für Cellulosefasern geeignet. Das Farbstoffmolekül besteht aus einer *Farbstoff*- und einer *Reaktivkomponente*. Die Reaktivkomponente reagiert im alkalischen Milieu mit den OH-Gruppen der Cellulose unter Ausbildung von Atombindungen [B4, unten]. Dabei werden kleine Moleküle abgespalten.

Für rein synthetische Fasern, wie z. B. Polyester, wird die **Dispersionsfärbung** angewandt. Die wasserunlöslichen Farbstoffe, i. d. R. Azofarbstoffe, werden feinst zermahlen und mit Dispergiermitteln in ein Färbebad gegeben. Die hydrophoben Farbstoffpartikel diffundieren in die hydrophobe Faser hinein und bleiben dort „gefangen".

B2 Indigopflanze (Indigofera tinctoria)

Im Mittelalter arbeiteten die Färber für die textilverarbeitende Handwerkerzunft. Erst später entwickelte sich eine eigene Färberzunft, wobei verschiedene Färber unterschieden wurden. Eine dieser Gruppen waren z. B. die Blaufärber, die zunächst den einheimischen Färberwaid [B1], später dann den viel teureren Indigo [B2] verarbeiteten.

Färbeverfahren. In der modernen Textilindustrie lassen sich Farbstoffe aufgrund ihres Verhaltens gegenüber der Faser in verschiedenen Färbeverfahren einteilen.

Beim **Direktfärbeverfahren** sind die Farbstoffe in Wasser kolloidal löslich und werden von den zu färbenden Textilien, wie z. B. Baumwolle oder Mischfasern aus Synthesefasern und Cellulose, direkt unter Bildung von Van-der-Waals-Kräften oder Wasserstoffbrücken [B4,

Die Synthese der Farbstoffmoleküle kann aber auch direkt auf der Faser erfolgen. Man spricht dann von **Entwicklungsfärbung**. Beispielsweise wird dieses Verfahren bei Cellulosefasern, die mit Azofarbstoffen (Kap. 2.4) gefärbt werden, angewandt. Dabei wird zunächst die Kupplungskomponente in Lösung gebracht und die Fasern damit getränkt. Nach dem Trocknen werden die Fasern mit der Lösung des Diazoniumsalzes behandelt. Die Azokupplung findet also direkt auf der Faser statt. Neben weiteren Verfahren gehört auch die **Küpenfärbung** zur Entwicklungsfärbung.

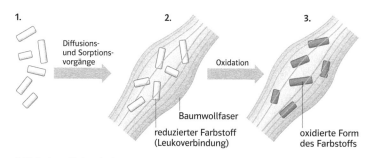

1. Diffusions- und Sorptionsvorgänge

2. Oxidation

Baumwollfaser

reduzierter Farbstoff (Leukoverbindung)

oxidierte Form des Farbstoffs

1. Die Leukoverbindung (reduzierte Form des Farbstoffs) ist wasserlöslich und farblos.
2. Die gelösten Moleküle der Leukoverbindung dringen in die Baumwollfaser ein.
3. Im Gewebe wird die Leukoverbindung zum unlöslichen Farbstoff oxidiert.

B3 Küpenfärbung mit Indigo

Küpenfärbung. Für die Küpenfärbung ist ein Färbebad nötig. In diesem Färbebad wird der zunächst *wasserunlösliche Farbstoff* mithilfe eines *Reduktionsmittels* in die *wasserlösliche Leukoverbindung* überführt. Das Gewebe, welches gefärbt werden soll, wird in die Farbstofflösung (Küpe) getaucht. Der textile Stoff wird dann zur Trocknung aufgehängt, wobei der Sauerstoff der Luft während dieser Zeit die Leukoform des Farbstoffs zur unlöslichen Form reoxidiert. Je nach Farbstoff sind auch andere Oxidationsmittel möglich. Der Farbstoff haftet so fest an der Faser und kann durch Licht- oder Wascheinwirkung fast nicht verändert werden. Die Farbstoffmoleküle sind an der Oberfläche der Fasermoleküle fest adsorbiert. Der bekannteste Farbstoff, der nach der Methode der Küpenfärbung auf Fasern aufgebracht wird, ist Indigo.

Indigo. Der Farbstoff, der die Grundlage für den bekanntesten Blauton bildet, wurde zunächst aus Färberwaid oder der aus Indien stammenden Indigopflanze gewonnen. Im Jahr 1800 setzte Napoleon I. eine Million Francs für die Herstellung von synthetischem Indigo aus. Frankreich sollte von dem durch England beherrschten Markt mit indischem Indigo unabhängig werden. Aber erst ein Jahrhundert später gelang bei der BASF die erste großtechnische Synthese von Indigo, nachdem 1870 die Struktur durch A. v. BAEYER ermittelt worden war. Die Bedeutung der Indigosynthese stieg rasch, als 1873 von LEVI die Jeans erfunden wurde. Der für diese Hose verwendete Baumwollstoff Denim konnte sehr gut mit dem „neuen" Farbstoff eingefärbt werden.

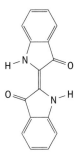

B6 Indigo – Farbstoff (links) und chemische Formel (rechts)

Indigofärbung. In der Küpe, welche alkalisch ist, wird der wasserunlösliche Indigo durch Reduktion in die wasserlösliche Form gebracht. Als Reduktionsmittel eignet sich z. B. Natriumdithionit ($Na_2S_2O_4$). Nachdem das Gewebe mit diesem Leucoindigo getränkt wurde, erfolgt die Rückoxidation zu Indigo an der Luft [B3, B5]. Allerdings ist der Farbstoff nicht abriebfest, sodass das Gewebe an den beanspruchten Stellen schnell verblasst. Daher haben die Blue Jeans ihr charakteristisches Aussehen [B7].

A1 Erklären Sie, weshalb es nicht ein „Universalfarbmittel" für die verschiedenen Fasern, wie Baumwolle, Wolle, Polyester oder Polyamid geben kann.

A2 Begründen Sie, weshalb Direktfarbstoffe nicht sehr waschecht sind.

B7 Die Farbe der Blue Jeans ist Indigo

Indigo

Reduktion / Oxidation

Leukoindigo

B5 Indigofärbung

2.6 Exkurs Wie wir sehen

Lichteindrücke empfangen wir über unser wichtigstes Sinnesorgan, das Auge. Einfallendes Licht übt zunächst auf die ca. 130 Mio. Fotorezeptoren, die an der Rückseite der Netzhaut liegen, einen Reiz aus [B1].

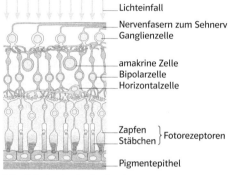

Lichteinfall
Nervenfasern zum Sehnerv
Ganglienzelle
amakrine Zelle
Bipolarzelle
Horizontalzelle
Zapfen ⎱ Fotorezeptoren
Stäbchen ⎰
Pigmentepithel

B1 Schnitt durch die Netzhaut

Die Fotorezeptoren sind vom einfallenden Licht abgewandt, doch ist die Netzhaut mit nur 0,1 mm Stärke so dünn, dass das Licht bei seinem Durchgang nicht wesentlich abgeschwächt wird.

Es werden zwei Grundtypen von Fotorezeptoren unterschieden: die **Stäbchen** (ca. 123 Mio.), die das Dämmerungssehen ermöglichen und die **Zapfen** (ca. 7 Mio.), die für das Farbsehen zuständig sind.
Stäbchen registrieren nur unterschiedliche Helligkeiten, also Intensitätsunterschiede, aber keine Farben. Sie sind sehr lichtempfindlich, erreichen aber schnell ihre Belastungsgrenze, z. B. bei direkter Blendung, und reagieren dann nicht mehr auf Helligkeitsunterschiede. Zapfen treten in drei Typen auf, die sich nicht anatomisch, sondern nur durch ihre verschiedenen Empfindlichkeiten für farbiges Licht unterscheiden.
Stäbchen wie Zapfen enthalten als lichtabsorbierendes Molekül das (Z)-11-Retinal. Dieses ist der Struktur nach ein Polyenal. Der Aldehyd wird durch Oxidation aus Vitamin A (Retinol) gebildet.

In der Stäbchen- bzw. Zapfenmembran ist es an ein Opsinmolekül, ein Protein, gebunden. Die Verbindung wird **Sehpurpur** oder **Rhodopsin** genannt.
Stäbchenrhodopsin absorbiert am stärksten bei λ_{max} = 456 nm. Die drei Zapfenrhodopsine absorbieren am stärksten im Blaubereich (λ_{max} = 419 nm), im Grünbereich (λ_{max} = 531 nm) und im Gelb-Rot-Bereich (λ_{max} = 559 nm).
Wird (Z)-11-Retinal von einem Photon passender Energie getroffen, so kommt es zu einer Fotoisomerisierung. Die Konformation des Moleküls ändert sich, es entsteht (E)-11-Retinal [B2].

B2 Strukturformeln von (Z)-11-Retinal (oben) und (E)-11-Retinal (unten)

Die so aktivierten Rhodopsinmoleküle setzen nun eine Kaskade weiterer chemischer Reaktionen in Gang, durch die schließlich ein elektrisches Signal ausgelöst wird.
Das (E)-11-Retinal löst sich nach Lichtabsorption vom Opsinmolekül und reagiert über eine Reihe von Zwischenstufen wieder zu (Z)-11-Retinal zurück, das sich schließlich wieder an ein neues Opsinmolekül anlagert.
Durch die Nervenfasern des Sehnervs werden die Erregungssignale in das Gehirn weitergeleitet. Hier erfolgt die endgültige Verrechnung der verschiedenen Meldungen von den unterschiedlich erregten Rezeptorgruppen, die letztendlich im Großhirn zu einer Wahrnehmung von Farbe führt.

V1 **Sauerstoff und Indigocarmin I**

Dithionitonen ($S_2O_4^{2-}$) sind gute Reduktionsmittel, die selber zu Schwefel(IV)-oxid oxidiert werden.

Geräte, Materialien, Chemikalien: Bechergläser, Pipetten, Sauerstoffwasser (mit Sauerstoff angereichertes Wasser aus dem Lebensmittelhandel), dest. Wasser, Natriumdithionit, Indigocarmin, Paraffinöl.

Durchführung:

Lösen Sie eine kleine Spatelspitze Indigocarmin in 250 ml destillertem Wasser, sodass eine tiefblau gefärbte Lösung entsteht. In einem anderen Becherglas stellt man sich eine verdünnte Natriumdithionitlösung her, indem man 1 g Natriumdithionit in 100 ml dest. Wasser gibt.

Tropfen Sie nun so lange die Natriumdithionitlösung zur Indigocarminlösung, bis diese gerade entfärbt ist (Leukoindigocarmin). Diese entfärbte Lösung verteilen Sie auf zwei Gläser und geben etwas Paraffinöl dazu, damit keine Reaktion mit dem Luftsauerstoff stattfinden kann.

Geben Sie nun mit einer Pipette Sauerstoffwasser zu einem Gefäß.

V2 **Sauerstoff und Indigocarmin II**

Geräte, Materialien, Chemikalien: Becherglas, Erlenmeyerkolben, Stopfen, Spatel, dest. Wasser, Indigocarmin, Natriumdithionit, starke Lampe, Wasserpestpflanze.

Durchführung:

Lösen Sie in 250 ml dest. Wasser etwas Indigocarmin, damit die Lösung blau gefärbt ist. Geben Sie dann vorsichtig Natriumdithionit in die Lösung, bis diese gerade entfärbt ist. Gießen Sie diese Lösung in einen Erlenmeyerkolben, in dem sich einige Sprosse Wasserpest befinden und verschließen Sie den Kolben mit einem Stopfen. Belichten Sie nun die Pflanze mit einer starken Lampe, z. B. Overheadprojektor.

Aufgabe: Interpretieren Sie die Versuchsergebnisse von V1 und V2 und erstellen Sie die Teilreaktionsgleichung für die Oxidation der Dithionitonen.

V3 **Färben mit Indigo**

Geräte, Materialien, Chemikalien: Mörser mit Pistill, Becherglas (250 ml), Thermometer, Wolle oder Baumwolle, Messzylinder (10 ml), Glasstab, Indigo, Natriumdithionit ($Na_2S_2O_4$), Ethanol, Natronlauge ($w = 10\%$).

Durchführung:

a) *Herstellen der Küpe:* Verreiben Sie im Mörser ca. 0,2 g Indigo mit 2 ml Ethanol und 10 ml Natronlauge. Geben Sie diese Suspension zu 100 ml Wasser von etwa 70 °C und fügen Sie ca. 1 g Natriumdithionit hinzu.

b) *Färben:* Bewegen Sie eine gewaschene Woll- oder Baumwollprobe in der Lösung. Nehmen Sie das Gewebe nach 5 min heraus und lassen Sie es an der Luft trocknen.

b) Prüfen Sie die gefärbte Probe auf Abriebfestigkeit durch Reiben auf weißem Papier.

V4 **Blue Bottle**

Eine alkalische Traubenzuckerlösung ist ein gutes Reduktionsmittel.

Geräte, Materialien, Chemikalien: Reagenzglas, Stopfen, Traubenzucker, dest. Wasser, Methylenblaulösung, Natriumhydroxid.

Durchführung:

Versetzen Sie dest. Wasser mit Methylenblaulösung, bis Sie eine durchscheinende blaue Lösung erhalten. Lösen Sie darin 5 g Traubenzucker und geben Sie dann 1 g Natriumhydroxid dazu. Verschließen sie das Gefäß und lassen es einige Minuten stehen, bis die Lösung entfärbt ist. Schütteln sie dann das Reagenzglas.

Aufgabe: Benennen Sie in Analogie zu V1 und V2 die farblose Lösung und erläutern Sie die Gemeinsamkeiten der Versuche.

B1 Blue-Bottle-Versuch: schütteln (b), stehen lassen (c), nach 20 Sekunden (d)

B1 Konjugierte Doppelbindungen

Konjugierte Doppelbindungen

Die Wellenlänge des absorbierten Lichts ist umso größer, je ausgedehnter das konjugierte Doppelbindungssystem des Moleküls ist.

Chromophore

sind Strukturteile eines Farbstoffmoleküls, die für das Zustandekommen der Farbe nötig sind. Es handelt sich dabei immer um Gruppen mit Mehrfachbindungen.

Auxochrome und Antiauxochrome

sind Elektronendonatorgruppen bzw. Elektronenakzeptorgruppen, die mit den Chromophoren in Wechselwirkung treten und die Absorption des Lichtes in Richtung größerer Wellenlänge verschieben.

B2 Hämgruppe des Hämoglobinmoleküls – Formel, zu Aufgabe 3

Azofarbstoffe

Die Synthese der Azofarbstoffe erfolgt in zwei Schritten:
1. *Diazotierung* (aus einem aromatischen Amin wird ein Diazoniumion [B3] hergestellt).
2. *Azokupplung* (das Diazoniumion wird an ein weiteres aromatisches System gebunden). Es handelt sich dabei um eine aromatische elektrophile Substitution.

Indigo

Indigo gehört zu den Entwicklungsfarbstoffen.

Reduktion:
Indigo ⟶ Leukoindigo
(wasserunlöslich) *(wasserlöslich)*

Oxidation:
Leukoindigo ⟶ Indigo

A1 Die verschiedenen Textilfasern müssen ein breites Spektrum an chemischen und physikalischen Eigenschaften abdecken. Auch daher müssen zur Textilfärbung verschiedene Farbstoffklassen eingesetzt werden. So sollte sich die Farbe einer Textilfaser bei der längeren Einwirkung von Luft und Sonnenlicht nicht ändern. Eine gewisse „Lichtechtheit" des Textilfarbstoffs ist auch wünschenswert. Erläutern Sie, welche weiteren physikalischen und chemischen Eigenschaften hinsichtlich des Textilfarbstoffs eine Rolle spielen.

B3 Diazoniumion

B4 Urocansäure, zu Aufgabe 5

A2 a) Bei der Synthese von Azofarbstoffen begünstigen Auxochrome in der Kupplungskomponente die Kupplungsreaktion. Begründen Sie dies. b) Begründen Sie am Beispiel von Phenol als Kupplungskomponente, weshalb ein alkalisches Milieu die Kupplung begünstigt.

A3 In B2 ist die Formel der Hämgruppe des Hämoglobinmoleküls abgebildet.
a) An welches Ihnen bekannte Farbstoffmolekül erinnert Sie das Hämoglobinmolekül?
b) Informieren Sie sich über Hämoglobin. Beschreiben Sie seine Funktion im menschlichen Organismus.

A4 Recherchieren Sie weitere Naturfarbstoffe, die neben Indigo zu den natürlichen Farbstoffen zählen sowie deren Verwendung.

A5 Sonnenschutzmittel sollen die menschliche Haut schützen, indem sie schädigende UV-Strahlen absorbieren. Solche UV-Absorber oder Lichtfilter, z. B. Zimtsäureester (3-Phenylprop-2-ensäureester), wandeln die UV-Strahlung in Wärme um. Allen UV-Absorbern ist gemeinsam, dass ihre Moleküle Doppelbindungen enthalten.
Sonnenschutzmittel auf natürlicher Basis sind u. a. Avocado-, Mandel-, Sesam-, Erdnuss- und Olivenöle. Die Wahl des richtigen Lichtschutzfaktors beim Sonnenschutzmittel hängt vom Hauttyp des Benutzers ab.
Ein körpereigenes Sonnenschutzmittel ist die im Schweiß vorkommende Urocansäure [B4]: Sie wird durch UV-Strahlung in die *Z*-Form umgewandelt.
a) Formulieren Sie die Reaktionsgleichung zur Bildung eines Zimtsäureesters.
b) Zeichnen Sie *E/Z*-Isomere von Zimt- und Urocansäure.
c) Begründen Sie, weshalb sich natürliche Öle als Sonnenschutzmittel eignen.

A6 Versetzt man eine Lösung von gelbem 4-Hydroxyazobenzol mit Natronlauge, so färbt sich die Lösung rot. Erklären Sie die Farbänderung.

3   Kunststoffe

Kunststoffe sind synthetisch hergestellte Materialien, welche aus Makromolekülen bestehen. Zur Herstellung dient als Ausgangsstoff meist das Erdöl.

■ Durch die Wahl der entsprechenden Ausgangsbausteine weisen die unterschiedlichen Kunststoffe verschiedene Eigenschaften auf.

■ Alle Kunststoffe haben eine geringe Dichte und sind daher bestens als Werkstoffe für den Flugzeugbau, für die Bekleidungsindustrie oder Verpackungen geeignet.

■ In der Medizin werden Kunststoffe aufgrund ihrer überwiegend problemlosen Verträglichkeit als Füllmaterial, Nahtmaterial oder künstliche Körperteile eingesetzt.

■ Allerdings werden in der Natur Kunststoffe nur sehr langsam abgebaut. Wir haben daher eine besondere Verantwortung bezüglich der Entsorgung und Wiederverwertung der inzwischen großen Mengen anfallender Kunststoffabfälle.

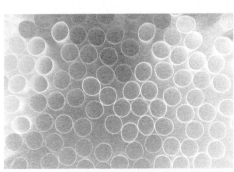

3.1 Synthese von Kunststoffen

Polymer von griech. polys, viel; meros, Teil

Täglich kommen wir vielfach mit den verschiedensten Kunststoffen in Berührung. Die Fahrzeugindustrie, die Nahrungsmittelindustrie oder auch die Textilindustrie sind nur drei Bereiche, die speziell für sie entwickelte Werkstoffe verwenden.

Monomer-baustein	Ausschnitt aus der Polymerkette	Verwendungs-beispiele
Ethen	Polyethen (PE)	Tragetaschen Eimer Mülltonnen
Propen	Polypropen (PP)	Dichtungen Batteriekästen Schalen
Chlorethen, Vinylchlorid	Polyvinylchlorid (PVC)	Bodenbeläge Rohre Schläuche Schallplatten
Styrol	Polystyrol (PS)	Verpackungen Vorratsdosen Isoliermaterial
Acrylnitril	Polyacrylnitril (PAN)	Synthesefasern
Methacrylsäure-methylester	Polymethylmethacrylat (PMMA)	Sonnenbrillen Lichtkuppeln Uhrgläser
Tetrafluorethen	Polytetrafluorethen (PTFE, Teflon)	Rohre Dichtungen Pfannenauskleidungen

B1 Ausschnitte wichtiger Polymere, die durch Polymerisation erhalten werden

Makromoleküle. Mit der Entwicklung der Petrochemie, die als Grundstoffe Erdöl und Kohle verwendet, konnten viele Kunststoffe synthetisiert werden. Allerdings war man sich lange unklar über den molekularen Aufbau. Erst H. Staudinger konnte zeigen, dass Kunststoffe aus riesigen Molekülen mit hoher Molekülmasse bestehen. Er prägte für diese Moleküle 1920 den Begriff **Makromolekül** oder **Polymer**. Für seine Arbeiten erhielt er 1953 den Nobelpreis. Die Moleküle, aus denen die Makromoleküle gebildet werden, nennt man **Monomere**. Das Monomer bildet die Grundlage für die kleinste Einheit, die immer wiederkehrt und mit der sich dann das Makromolekül vollständig beschreiben lässt. Diese Einheit wird **Repetiereinheit** genannt. Bei der Herstellung von Kunststoffen kann man folgende Reaktionsarten unterscheiden: die **Polymerisation**, die **Polyaddition** und die **Polykondensation**.

Als Kunststoffe bezeichnet man künstlich synthetisierte makromolekulare Verbindungen.

Polymerisation. Nach welcher Reaktionsart die Bildung von Polymeren abläuft, ist abhängig vom entsprechenden Monomermolekül. Hat es keine funktionellen Gruppen, aber mindestens eine Doppelbindung, entsteht ein Polymer durch **Polymerisation**. Bevor jedoch der Kunststoff hergestellt werden kann, müssen zunächst die Monomere gewonnen werden. Dies geschieht meistens durch Cracken aus einer Benzinfraktion des Erdöls.

B2 Hermann Staudinger (1881–1965)

Beim Vorgang der Polymerisation brechen die Doppelbindungen auf und die Monomermoleküle verbinden sich unter Ausbildung von C—C-Einfachbindungen. Durch die Verknüpfung lauter gleichartiger Moleküle entstehen lineare Kettenmoleküle, die sich in Nebenreaktionen verzweigen können. Die entstandenen Polymere kann man sich vom Ethen oder von Ethenderivaten abgeleitet denken [B1].

Radikalische Polymerisation. Eine Polymerisationsreaktion muss durch Startmoleküle in Gang gesetzt werden, die unterschiedlich sein können. Im Fall der *radikalischen Polymerisation* wird am Anfang ein Radikal gebildet [B3]. Dabei handelt es sich um ein Atom oder Molekül, das mindestens ein ungepaartes Elektron besitzt. Radikale werden meist aus organischen Peroxiden hergestellt. Der Ablauf der radikalischen Polymerisation erfolgt nach dem Schema in B3: In einem ersten Schritt spaltet ein Radikal die Doppelbindung eines Monomermoleküls auf, wobei ein um zwei C-Atome verlängertes Radikal entsteht. Dieses Radikal reagiert mit einem weiteren Monomermolekül unter Kettenverlängerung. Diese Reaktion setzt sich so lange fort, bis zwei Radikale miteinander reagieren und somit einen Kettenabbruch bewirken.

Zwar sind im Ergebnis die Kettenlängen der Makromoleküle unterschiedlich, jedoch ist die radikalische Polymerisation leicht von außen durch Zusatzstoffe zu steuern. Sie wird hauptsächlich für billigere Kunststoffe wie z. B. PVC oder PE eingesetzt. Da bei dieser Reaktion sehr viel Energie in Form von Wärme freigesetzt wird, muss diese abgeführt werden, um die Zersetzung der Makromoleküle zu vermeiden. Dies geschieht meistens dadurch, dass die Reaktionen in Flüssigkeiten ablaufen, in denen die entstehenden Verbindungen gelöst, emulgiert oder dispergiert sind.

Die Produkte der Polymerisation nennt man allgemein Polymerisate.

Bei einer radikalischen Polymerisation werden Monomere mit Doppelbindungen zu Polymeren verknüpft. Der Start der Reaktion erfolgt dabei durch ein Radikal.

V1 10 ml Styrol werden in einem großen Reagenzglas mit 2 g Dibenzoylperoxid vermischt und 30 min in ein Becherglas mit heißem Wasser (80 °C) gestellt. (Abzug, Schutzbrille, keine Flamme.)

V2 15 ml Methacrylsäuremethlyester werden in einem großen Reagenzglas mit 0,8 g Dibenzoylperoxid gut verrührt. (Der in Methacrylsäuremethylester enthaltene Stabilisator wird vorher durch Ausschütteln mit Natronlauge entfernt.) Das Reagenzglas wird in einem Wasserbad von ca. 80 °C längere Zeit (etwa 30 min) erwärmt. Den erhaltenen Kunststoff lässt man aushärten. (Abzug, Schutzbrille, keine Flamme.)

PE (Polyethen, auch „Polyethylen") ist ein Kunststoff, der aus langen Alkanmolekülen besteht, die durch Polymerisation von Ethen gewonnen werden können

PVC (Polyvinylchlorid) wird durch Polymerisation von Vinylchlorid hergestellt

Erzeugung von Startradikalen:

$$R-R \longrightarrow R\cdot + \cdot R$$

Beispiel:
$R\cdot = C_6H_5-COO\cdot$
Benzoylradikal

1. Kettenstart (Erzeugung von Monomer-Radikalen):

2. Kettenwachstum (Verlängerung der „Radikalkette"):

3. Kettenabbruch (Vernichtung von Radikalen):

Kettenverzweigung (Nebenreaktion)

Das gebildete Radikal kann wie in 2. mit dem Monomer reagieren.

B3 Ablauf der radikalischen Polymerisation

a) Diisocyanat

$$\langle O = C = \overline{N} + CH_2 \rfloor_m \overline{N} = C = O \rangle$$

$$H - \overline{\underline{O}} + CH_2 \rfloor_n \overline{\underline{O}} - H \qquad H - \overline{\underline{O}} + CH_2 \rfloor_n \overline{\underline{O}} - H$$
Diol $\qquad\qquad$ Diol

$$\downarrow$$

$$\langle O = C - \overline{N} + CH_2 \rfloor_m \overline{N} - C = O \rangle$$
$$\cdots - \overline{\underline{O}} + CH_2 \rfloor_n \overline{\underline{O}}| \quad H \qquad\qquad H \quad |\overline{\underline{O}} + CH_2 \rfloor_n \overline{\underline{O}} - \cdots$$

Polyurethan

b) Wasserzugabe führt zur Bildung von Kohlenstoffdioxid:

$$R - NCO + H_2O \longrightarrow R - NH_2 + CO_2$$

B4 Bildung eines Polyurethans durch Polyaddition

B9 Herstellung eines PU-Schaumstoffs

$$R - \overline{\underline{O}} - C \equiv N|$$

B5 Cyanat

$$R - \overline{N} = C = \overset{\cdot\cdot}{O} \rangle$$

B6 Isocyanat

$$\begin{array}{c} |\overline{O} \underset{C}{\diagdown} \overline{\underline{O}} - H \\ H - \overline{\underline{O}} \overset{H-C-H}{\underset{C-C-\overline{\underline{O}}-H}{}} \\ |\overline{O} \quad H-C-H \\ H - \overline{\underline{O}} \overset{C}{\diagup} \overset{\cdot\cdot}{O}| \end{array}$$

B7 Citronensäure

Polyaddition. Für die Polyaddition benötigt man zwei verschiedenartige Monomere. Beide sind bifunktionelle Moleküle, d.h., sie tragen mindestens zwei funktionelle Gruppen, die in der Regel mindestens eine Mehrfachbindung haben. Um zwei Moleküle zu einer linearen Kette zu verbinden, ist die Übertragung von Protonen von einer Monomerenart zur nächsten nötig [B4]. Die wichtigste Gruppe von Kunststoffen, die durch Polyaddition hergestellt werden, sind die Polyurethane (PU) [B4]. Sie werden hauptsächlich als Lacke und Klebstoffe verwendet. Zur Synthese von Polyurethanen reagieren Diole mit Diisocyanat [B8]. Nach der Anlagerung der Hydroxylgruppe eines Alkoholmoleküls an das Kohlenstoffatom einer Isocyanatgruppe wird je ein Proton vom Alkohol- zum Diisocyanatmonomer übertragen. Wird der Diisocyanat-Alkohol-Mischung Wasser zugesetzt, reagiert das Diisocyanat mit dem Wasser zu Aminen und Kohlenstoffdioxid. Durch das entstehende Gas wird das Gemisch aufgebläht, und man erhält Hart- oder Weichschaumstoffe. Diese werden z.B. als Bauschaum verwendet oder in Matratzen verarbeitet.

Die Produkte der Polyaddition nennt man allgemein Polyaddukte.

Bei einer Polyaddition werden Monomere, die mindestens zwei funktionelle Gruppen (mit Mehrfachbindungen) besitzen, unter Übertragung von Protonen zu Polymeren verknüpft.

V3 Zur Herstellung von PU-Schaumstoffen verwendet man häufig eine *Polyolzubereitung* (enthält ein Polyol und Aktivatoren) und eine *Isocyanat-Komponente* (enthält Diisocyanate). Im folgenden Versuch soll Diphenylmethandiisocyanat (MDI) verwendet werden. (Sicherheitshinweise auf der Verpackung beachten! Giftige Isocyanate dürfen nicht verwendet werden!) In einen großen Jogurtbecher gibt man etwa 1 cm hoch einer Polyolzubereitung, dann etwa 1 cm hoch einer Isocyanat-Komponente. Die Mischung wird mit einem Holzstab gerührt, bis die Reaktion einsetzt.

A1 Zeichnen Sie einen möglichen Ausschnitt des Polykondensats, welches bei der Polykondensation von Citronensäure mit Glycol entstehen kann.

$$\langle O = C = \overline{N} - R - \overline{N} = C = O \rangle$$

B8 Diisocyanat

$$\ldots + O-\underset{\underset{H}{|}}{\overset{\overset{H}{|}}{C}}-OH + HO-\underset{\underset{H}{|}}{\overset{\overset{O}{\|}}{C}}-\underset{\underset{H}{|}}{\overset{\overset{H}{|}}{C}}-\overset{\overset{O}{\|}}{C}-OH + HO-\underset{\underset{H}{|}}{\overset{\overset{H}{|}}{C}}-OH + \ldots \longrightarrow \cdots O-\underset{\underset{H}{|}}{\overset{\overset{H}{|}}{C}}-O-\overset{\overset{O}{\|}}{C}-\underset{\underset{H}{|}}{\overset{\overset{H}{|}}{C}}-\overset{\overset{O}{\|}}{C}-O-\underset{\underset{H}{|}}{\overset{\overset{H}{|}}{C}}-O\cdots + n\,H_2O$$

Diol Disäure Polyester

$$\ldots + \underset{\underset{H}{|}}{\overset{\overset{H}{|}}{N}}-\underset{\underset{H}{|}}{\overset{\overset{H}{|}}{C}}-\underset{H}{\overset{\overset{H}{|}}{N}}H + HO-\overset{\overset{O}{\|}}{C}-\underset{\underset{H}{|}}{\overset{\overset{H}{|}}{C}}-\overset{\overset{O}{\|}}{C}-OH + \underset{\underset{H}{|}}{\overset{\overset{H}{|}}{N}}-\underset{\underset{H}{|}}{\overset{\overset{H}{|}}{C}}-\underset{H}{\overset{\overset{H}{|}}{N}}H + \ldots \longrightarrow \cdots \underset{\underset{H}{|}}{\overset{\overset{H}{|}}{N}}-\underset{\underset{H}{|}}{\overset{\overset{H}{|}}{C}}-\overset{\overset{H}{|}}{N}-\overset{\overset{O}{\|}}{C}-\underset{\underset{H}{|}}{\overset{\overset{H}{|}}{C}}-\overset{\overset{O}{\|}}{C}-\overset{\overset{H}{|}}{N}-\underset{\underset{H}{|}}{\overset{\overset{H}{|}}{C}}-\underset{H}{\overset{\overset{H}{|}}{N}}\cdots + n\,H_2O$$

Diamin Disäure Polyamid

B10 Bildung von Polymeren durch Polykondensation

Polykondensation. Damit Makromoleküle entstehen können, müssen die Monomere auch bei einer **Polykondensation** mindestens zwei funktionelle Gruppen besitzen. Liegt eine weitere Gruppe vor, können auch verzweigte oder vernetzte Ketten entstehen. Im Gegensatz zur Polyaddition kommt es bei diesem Reaktionstyp neben dem gewünschten Hauptprodukt auch zur Bildung von kleineren Molekülen, wie z. B. dem Wassermolekül.

Die Produkte der Polykondensation nennt man allgemein Polykondensate.

B11 Nylonstrümpfe

Polyamide [B10] entstehen aus Dicarbonsäuren und Diaminen. Die Monomere sind wie bei den Proteinen über Peptidbindungen verbunden. Das erste synthetische Polyamid war *Nylon*. Es handelt sich dabei um eine der ersten Kunstfasern, die erfolgreich vermarktet werden konnte. Nylon fand zunächst für Zahnbürsten und Strümpfe [B11] Verwendung. Es entsteht aus 1,6-Diaminohexan (Hexamethylendiamin) und Hexandisäure (Adipinsäure). Es ist das Polyamid 6.6, d.h., die Polymereinheit besteht aus 6 aufeinanderfolgenden Kohlenstoffatomen und, durch eine NH-Gruppe getrennt, einer weiteren Folge aus 6 Kohlenstoffatomen.

Perlon [B12] ist ebenfalls ein Polyamid, es entsteht allerdings nicht durch Polykondensation, sondern durch Polymerisation. Es wurde zeitlich parallel zu Nylon entwickelt. Während des Zweiten Weltkrieges wurden aus diesem Stoff Fallschirme gefertigt. Erst später fand diese Faser für Strümpfe Verwendung.

B12 Perlon – ein Polyamid

COOH

COOH

B13 Benzol-1,4-dicar-
bonsäure

B15 Kunstobjekt aus PET-Flaschen

Wenn eine Dicarbonsäure mit einem Diol
reagiert, entstehen lineare *Polyester*. Aus
gleichen Mengen von Butan-1,4-disäure
(Bernsteinsäure) und Ethan-1,2-diol (Glykol)
wird so Polybutansäureethylester gebildet.
Setzt man statt Glykol einen dreiwertigen
Alkohol wie Glycerin ein, kann man verzweigte
Polyester erhalten.

B14 Der „Nylonseiltrick"

Ein wichtiger Gebrauchskunststoff ist Poly-
terephthalsäureethylester (Polyethylen-
terephthalat, PET). Er wird aus Benzol-1,4-dicar-
bonsäure (Terephthalsäure) und Ethan-1,2-diol
erhalten und findet als Ausgangsmaterial
für die Herstellung von Kunststoffflaschen
Verwendung [B15]. Aufgrund seiner Eigenschaft, wenig Wasser aufzunehmen, wird aus
dem Polyester PET häufig Sportkleidung
hergestellt.

**Bei einer Polykondensation werden Mono-
mere, die mindestens zwei funktionelle
Gruppen besitzen, unter Abspaltung kleinerer
Moleküle zu Polymeren verknüpft.**

**Aus einfachen Monomerbausteinen werden
durch unterschiedliche Reaktionen Makromoleküle gebildet. Dabei handelt es sich um
die grundlegenden Reaktionen der Polymerisation, Polyaddition und der Polykondensation.**

V4 Geben Sie zu 1 ml Glycerin 3,5 g Butan-
disäure (Bernsteinsäure) und erhitzen Sie
die Mischung vorsichtig etwa 30 s lang.
Schütteln Sie das Reagenzglas ein wenig;
dabei sollte es fast waagrecht sein. Halten
Sie zwischendurch ein Wasserindikator-
papier an die Mündung des Reagenzglases.
Erhitzen Sie vorsichtig weiter, bis eine
deutliche Veränderung zu beobachten ist.

V5 Der „Nylonseiltrick" [B14] 1g 1,6-Diamino-
hexan wird in 10 ml verd. Natronlauge
gelöst und in einem Becherglas (50 ml) vorsichtig mit einer Lösung von 1 ml Sebacin-
säuredichlorid in 10 ml Heptan überschichtet. Aus der Grenzfläche wird das Produkt
mit einer Pinzette herausgezogen und auf
einen Glasstab oder ein Becherglas auf-
gewickelt. (Abzug).

A2 Formulieren Sie die Polykondensationsreaktion von Benzol-1,4-dicarbonsäure
und Ethan-1,2-diol. Zeichnen Sie einen
Ausschnitt aus der Molekülkette des Poly-
esters.

A3 But-2-en-1,4-disäure (z.B. Maleinsäure)
kann mit Ethan-1,2-diol zu einem Polymer
reagieren. Die entstandenen Polymer-
moleküle können in einer weiteren
Reaktion vernetzt werden. Formulieren Sie
jeweils die Reaktionen zu den Polymeren
und bestimmen Sie die Reaktionstypen.

A4 Aus Bisphenol A und Phosgen wird ein
Polycarbonat hergestellt. Formulieren Sie
die Polykondensationsreaktion.

$$HO-\!\!\!\!\bigcirc\!\!\!\!-\underset{\underset{CH_3}{|}}{\overset{\overset{CH_3}{|}}{C}}-\!\!\!\!\bigcirc\!\!\!\!-OH \qquad \underset{Cl}{\overset{O}{\underset{\diagup}{C}}}\!\!\diagdown Cl$$

Bisphenol A   Phosgen

3.2 Exkurs Kunststoffe im Alltag

Wenn ein Kunststoff hergestellt wird, der bestimmte Eigenschaften aufweisen soll, so stellt dies in der Regel für die Fertigung kein unlösbares Problem dar. Z. B. kann ein Kunststoff u. a. eine hohe Lichtdurchlässigkeit und gleichzeitig eine hohe Biegsamkeit besitzen, wie dies bei Plexiglasplatten der Fall ist. Leichte Verpackungen für Nahrungsmittel, die auch eine Frischhaltefunktion der Ware mit einschließen, sind für uns selbstverständlich. Kunststoffe können nach verschiedenen Wünschen gefertigt werden. Für die Weiterverarbeitung zu den Endprodukten können Kunststoffe in Formen gegossen werden. Damit sind die Produktionskosten und der Energieaufwand entsprechend niedrig.

Einsatzbereiche. Die sich daraus ergebenden Einsatzbereiche für Kunststoffe sind entsprechend vielfältig [B1]. Etwa ein Viertel der Kunststoffproduktion wird für die *Bauindustrie* benötigt. Dies ist begründet durch die im Vergleich zu anderen Werkstoffen meist lange Haltbarkeit, Korrosionsbeständigkeit und die mechanischen Eigenschaften. Die Werkstoffe sind einfach in der Handhabung und helfen durch ihre Dämmeigenschaften auch Energie zu sparen. Übertroffen wird dieser Bereich nur noch vom Einsatz der Kunststoffe in der *Verpackungsindustrie*. Man findet hier vor allem die Massenkunststoffe Polyethen (PE), Polypropen (PP), Polystyrol (PS) und Polyvinylchlorid (PVC). Z. B. bestehen Getränkeverpackungen aus sogenannten Verbundfolien. In diese Behälter werden Milch, Fruchtsaft, aber auch Wasser oder Wein abgefüllt [B2]. Ein weiterer wichtiger Einsatzbereich ist die Elektroindustrie, in der Kunststoffe als elektrische Isolatoren verwendet werden.

A1 Sammeln Sie Verpackungen aus Kunststoff und stellen Sie fest, um welche Kunststoffsorte es sich handelt. Gibt es bestimmte Kunststoffe, die vorwiegend für bestimmte Produkte eingesetzt werden? Suchen Sie nach entsprechenden Gründen.

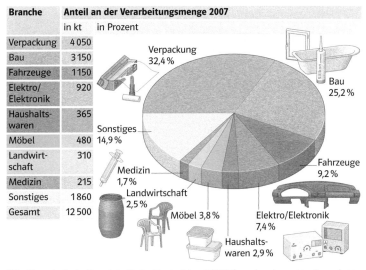

Branche	Anteil an der Verarbeitungsmenge 2007	
	in kt	in Prozent
Verpackung	4 050	
Bau	3 150	
Fahrzeuge	1 150	
Elektro/ Elektronik	920	
Haushalts- waren	365	
Möbel	480	
Landwirt- schaft	310	
Medizin	215	
Sonstiges	1 860	
Gesamt	12 500	

Verpackung 32,4 %
Bau 25,2 %
Fahrzeuge 9,2 %
Elektro/Elektronik 7,4 %
Haushalts- waren 2,9 %
Möbel 3,8 %
Landwirtschaft 2,5 %
Medizin 1,7 %
Sonstiges 14,9 %

B1 Verarbeitete Kunststoffe in Deutschland (2007) nach relevanten Branchen

Automobilindustrie. Aufgrund ihrer Fähigkeit, Schall zu absorbieren, ihrer Leichtigkeit (geringen Dichte) und ihrer dennoch großen Belastbarkeit finden Kunststoffe in der Automobilindustrie immer häufiger Verwendung. In Fahrzeugen haben sie mittlerweile einen Massenanteil von fast 20 % erreicht. Aus PP (Polypropen), dem meist verwendeten Kunststoff, bestehen z. B. Stoßdämpfer, Radkappen, Behälter für Bremsflüssigkeit, Benzintank und Armaturenbrett. Häufige Fasermaterialien für die Innenausstattung sind Polyacrylnitril (PAN), Polyurethane (PU) und Polyamide (PA). Diese werden auch zu Airbags verarbeitet [B3]. Häufigster Kunststoff für Karosserieteile ist das Copolymer ABS (Acrylnitril-Butadien-Styrol-Copolymer), aus dem z. B. auch Kunststoffsteine für Baukästen gefertigt werden.

B3 Airbag im Auto

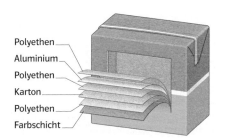

Polyethen
Aluminium
Polyethen
Karton
Polyethen
Farbschicht

B2 Getränkeverpackungen bestehen aus Verbundfolien

3.3 Thermoplaste, Duroplaste und Elastomere

	Polymerisate	Polyaddukte	Polykondensate
Thermoplaste (fadenförmige Makromoleküle nicht vernetzt)	Polyethen PE Polypropen PP Polystyrol PS Polyvinylchlorid PVC	lineare Polyur- ethane	Polyamide Polyester Polycarbonate
Duroplaste (stark vernetzte Makromoleküle)		vernetzte Polyurethane Epoxidharze	Phenolharze Melaminharze Polyesterharze Silikone
Elastomere wenig vernetzte Makromoleküle)	Synthesekautschuk	vernetzte Polyurethane	Silikonkautschuk

B1 Einteilung wichtiger Kunststoffe nach ihrer Synthese und ihren Eigenschaften

B2 Thermoplaste. Verhalten beim Erwärmen

Amorph von griech. amorphos gestaltlos;

Kunststoffe lassen sich beispielsweise nach der Art ihrer Synthese einteilen. Allerdings ist es für den Verbraucher sinnvoller, eine Einteilung nach den Eigenschaften der Kunststoffe vorzunehmen. Entscheidend für den jeweiligen Einsatzbereich der Kunststoffe sind Temperaturbeständigkeit, Verformbarkeit und Elastizität. Aufgrund dieser Unterscheidungsmerkmale ergeben sich die drei Kunststoffgruppen Thermoplaste, Duroplaste und Elastomere [B1].

Thermoplaste. Typische Beispiele aus der Gruppe der Thermoplaste sind Kunststoffe wie Polyethen (PE) oder Polypropen (PP), die für Verpackungen, in der Autoindustrie oder der Elektrotechnik eingesetzt werden. Ihre besondere Eigenschaft ist, dass sie beim Erwärmen weich und verformbar werden [B2]. Kühlen sie wieder ab, behalten sie die Form, in die der flüssige Kunststoff gebracht wurde. Für Stoffe mit sehr langen Molekülen (10^{-6} bis 10^{-3} mm), die linear oder verzweigt gebaut sind, lässt sich allerdings keine definierte Schmelztemperatur angeben. Dies zeigt, dass Thermoplaste sich aufgrund der unterschiedlichen Längen der Makromoleküle wie Gemische verhalten. So kann auch lediglich eine mittlere molare Masse angegeben werden. Sie liegt bei den meisten Thermoplasten zwischen 10^4 und 10^6 g/mol.

Als Thermoplaste werden Kunststoffe bezeichnet, die beim Erwärmen verformbar werden.

Der Zusammenhalt der Makromoleküle beruht auf Van-der-Waals- Wechselwirkungen. Diese zwischenmolekularen Kräfte können besonders gut wirksam werden, wenn die Moleküle parallel ausgerichtet sind. Solche Bereiche nennt man geordnet oder kristallin. Liegen die Moleküle verknäult vor, können die zwischenmolekularen Kräfte weniger gut wirksam werden. Dieser Zustand wird ungeordnet oder amorph genannt.

V1 Halten Sie ein Stück eines thermoplastischen Kunststoffs (PE, PP oder PS z.B. aus Verpackungsbechern, aber nicht PVC!) mit einer Tiegelzange etwa 5 cm über ein Blech, das Sie mit einer rauschenden Brennerflamme erhitzen. Beenden Sie das Erwärmen, sobald eine deutliche Formveränderung eintritt (spätestens nach 3 min).

A1 Welches Basiskonzept spielt bei der Einteilung der Kunststoffe in Thermoplaste, Duroplaste und Elastomere die entscheidende Rolle? Begründen Sie.

Makromolekulare Stoffe			Niedermolekulare Stoffe	
Elastomere (wenig vernetzte Makromoleküle)	**Thermoplaste** (fadenförmige Makromoleküle, nicht vernetzt)	**Duroplaste** (stark vernetzte Makromoleküle)	z.B. Wasser	
	Zersetzung			Temperatur in °C
	Schmelze zähflüssig		Dampf	
	Erweichungs-bereich			⋯ 100 (Siedetemperatur)
Gebrauchsbereich			Flüssigkeit	
gummi-elastischer Zustand	hornartig, lederartig oder gummielastisch	glasartig-spröder Zustand		⋯ 0 (Schmelztemperatur)
Glastemperatur			Kristall (Eis)	
spröder Zustand				

Die **Glastemperatur** ist eigentlich ein Temperaturbereich in dem amorphe oder teilkristalline Polymere vom hartelastischen oder glasigen Zustand in den flüssigen oder gummielastischen Zustand übergehen. Dabei ändern sich verschiedene Größen, wie z.B. die Härte, drastisch

B3 Einteilung von Thermoplasten, Duroplasten und Elastomeren nach ihrem Gebrauchsbereich

Duroplaste. Werden Kunststoffe benötigt, die auch bei höheren Temperaturen noch beständig sind, werden **Duroplaste** verwendet. Zu ihnen gehören u.a. Kunstharze (Epoxide, Polyurethane) sowie der erste industriell gefertigte Kunststoff, der unter dem Namen *Bakelit* bekannt ist [B4].
Bei Zimmertemperatur sind Duroplaste hart und spröde. Die engmaschig vernetzten Makromoleküle entstehen durch die Verknüpfung von mehr als zwei Bindungsstellen pro Monomer. Die Bestandteile des Molekülnetzes können sich nur wenig bewegen. Sie erweichen demnach nicht beim Erwärmen, sondern zersetzen sich lediglich, denn eine Energiezufuhr über den Zersetzungstemperaturbereich hinaus führt zur Spaltung von Atombindungen [B3]. Daher können Gegenstände, die aus Duroplasten hergestellt sind, thermisch nicht mehr verändert werden, wenn sie ihre endgültige Form erhalten haben.

Als Duroplaste werden Kunststoffe bezeichnet, die sich nicht verformen lassen. Bei Temperaturerhöhung zersetzen sie sich, ohne zu erweichen

Elastomere. Elastomere sind künstliche oder natürliche Polymere, aus denen Gummi hergestellt werden kann. Sie werden unter dem Begriff *Kautschuk* zusammengefasst. Der aus Latex gewonnene Gummi wird als Naturkautschuk bezeichnet. Elastomere sind bei Zimmertemperatur elastisch, d.h., sie sind mechanisch verformbar, nehmen ihre Form aber anschließend wieder ein [B3, B5]. Bei niedrigen Temperaturen werden sie hart und spröde. Bei höheren Temperaturen können sie nicht geschmolzen werden. Stattdessen tritt ab einer bestimmten Temperatur Zersetzung ein. In Lösungsmitteln sind sie nicht löslich, können aber quellen.

B4 Duroplaste sind spröde

B5 Elastomere sind gummielastisch

Elastomere bestehen aus weitmaschig vernetzten Makromolekülen, die verknäult vorliegen. Durch das Einwirken einer äußeren Kraft können die Moleküle aneinander abgleiten und sich strecken. Nach Beendigung der Krafteinwirkung kehren die Moleküle in den verknäulten Zustand zurück.

Als Elastomere werden Kunststoffe bezeichnet, die bei mechanischer Belastung ihre Form verändern. Anschließend kehren sie aber wieder in den ursprünglichen Zustand zurück.

Copolymere Lässt man zwei oder mehr unterschiedliche Monomere miteinander reagieren, erhält man Copolymere

B6 Produkte aus Copolymeren als beliebtes Spielzeug

A2 Geben Sie eine schlüssige Begründung, warum unter den Duroplasten i. d. R. keine Polymerisate zu finden sind [B1].

A3 Copolymere gehören zu sehr wichtigen technischen Kunststoffen. Z. B. wird ein solcher Kunststoff aus Acrylnitril (Kap. 3.1, B1), Buta-1,3-dien und Styrol (Kap. 3.1, B1) gefertigt (ABS-Kunststoff). Sie dienen als Ausgangsmaterial für die Herstellung bekannter Spielbausteine [B6]. Diese Kunststoffe werden ebenfalls für Staubsaugergehäuse und für Karosserieteile verwendet. Leiten Sie die Eigenschaften dieses Kunststoffs ab und geben Sie an, welcher Kunststoffgruppe er folglich zuzurechnen ist.

A4 Werden manche Elastomere sehr stark gedehnt, lässt sich diese Formveränderung durch schnelles Abkühlen („Abschrecken") fixieren. Beim Erwärmen nehmen sie wieder die ursprüngliche Form an. Erläutern Sie die Vorgänge beim „Einfrieren" des gedehnten Zustandes.

A5 Aufgrund ihrer unterschiedlichen Eigenschaften werden Thermoplaste, Duroplaste und Elastomere in verschiedenen Bereichen eingesetzt. Suchen Sie nach sinnvollen Einsatzmöglichen dieser Kunststoffgruppen!

A6 Die Eigenschaften von Kunststoffen lassen sich durch Beimischungen beeinflussen. So werden harte Thermoplaste wie PVC durch Zugabe von langkettigen Estern wie z. B. Phthalsäureoctylester als Weichmachern flexibel. Erklären Sie dies auf der Molekülebene und beachten Sie dabei, dass es zu keiner chemischen Reaktion kommt.

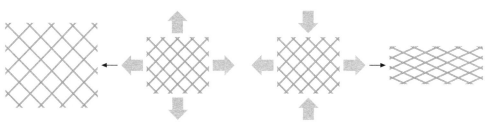

B7 Elastomere sind wie ein Einkaufsnetz leicht elastisch verformbar

3.4 Exkurs Verarbeitung von Kunststoffen

Die Polymerisate, Polyaddukte und Polykondensate stellen bis auf wenige Ausnahmen „Rohstoffe" dar. Die Weiterverarbeitung hängt von der jeweiligen Struktur der Makromoleküle ab.

Thermoplaste. Alle Verfahren [B1] zur Verarbeitung von Thermoplasten beginnen mit dem Aufschmelzen des Kunststoffgranulats im Extruder. Das Granulat selbst wird zuvor mit Zusatzstoffen versetzt. Anschließend wird es wieder aufgeschmolzen und tritt durch eine formgebende Düse aus. Durch sofortiges Abkühlen wird die gewünschte Form beibehalten.

Beim *Extrudieren* [B2] werden durch die entsprechende Düse Rohre und Schläuche erzeugt. Auf diese Weise werden auch Fensterprofile hergestellt. Kupferdrähte können bei kontinuierlicher Führung durch die Mitte der Ringdüse ummantelt werden.

Als *Spritzgießen* [B3] bezeichnet man das diskontinuierliche Extrudieren. Dem Extruder als „Spritzeinheit" ist eine „Schließeinheit" nachgeschaltet. Das Spritzgießen eignet sich zur Herstellung von Massenartikeln oder komplizierten Formteilen wie z. B. Schraubverschlüssen, Schüsseln oder Spielfiguren. Wird ein extrudiertes Schlauchstück mithilfe von Druckluft aufgeblasen, spricht man von *Hohlkörperblasen* [B4]. Durch vorgefertige Formen entstehen so Flaschen, Kanister und Fässer. Ähnlich ist es beim *Folienblasen* [B5].

Die Kunststoffschmelze wird durch eine Düse zu einem dünnwandigen Schlauch geformt, der anschließend aufgeblasen wird. Diese Folien werden zu Beuteln verarbeitet. Sie lassen sich auch zu Folien aufschneiden. Beim *Pressen* [B6] wird der plastifizierte Kunststoff in ein Werkzeug gespritzt, das daraufhin schließt. Unter hohem Druck wird dann das Werkstück geformt. Mit diesem Verfahren werden häufig Teile hergestellt, die mit Matten oder Vliesen verstärkt werden.

Duroplaste. Die Duroplaste sind weder wärmeformbar noch schweißbar, sondern lassen sich nur noch wie z. B. Holz bearbeiten. Duroplastische Formteile werden daher aus unvernetzten Vorprodukten, denen nach Bedarf Füll- oder Farbstoffe zugesetzt sind, hergestellt. Diese Materialien werden in eine Form gebracht und reagieren dort durch Wärme oder Zusatz eines Katalysators zum duroplastischen Kunststoff: Sie „härten aus". Dabei können Fasern oder Metallteile mit dem Kunststoff verbunden werden, wie z. B. bei Autokarosserieteilen erforderlich.

Elastomere. Ähnlich den Duroplasten sind die Elastomere im Fließbereich sehr dünnflüssig. Außerdem muss bei der Verarbeitung Überhitzung vermieden werden, um ein vorzeitiges Ausvulkanisieren zu verhindern. Daher eignet sich für Elastomere ein Spritzgussverfahren bei 80 °C. Das Pulver wird dabei im Wasserbad erhitzt und anschließend in die entsprechende Form gegossen.

Extrudieren von lat. extrudere, heraustreiben

Vulkanisieren Quervernetzung langkettiger Moleküle

B2   Extrusion

B3   Spritzgießen

B4   Hohlkörperblasen

B5   Folienblasen

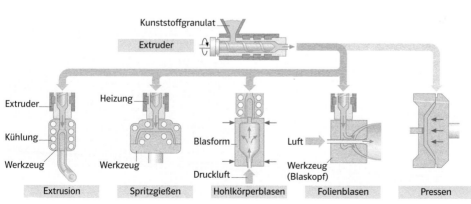

Kunststoffgranulat
Extruder

Extruder
Kühlung
Werkzeug
Heizung
Werkzeug
Blasform
Druckluft
Luft
Werkzeug
(Blaskopf)

Extrusion   Spritzgießen   Hohlkörperblasen   Folienblasen   Pressen

B1   Verarbeitungsverfahren thermoplastischer Kunststoffe

B6   Pressen

3.5 Silikone

Silane sind Silicium-Wasserstoff-Verbindungen, die gesättigten Kohlenwasserstoffen analog sind. So entspricht das Monosilan SiH_4 dem Methan CH_4

Siloxane sind Verbindungen aus Silicium-, Sauerstoff- und Wasserstoffatomen. Der einfachste Vertreter hat die Formel $H_3Si-O-SiH_3$. Längere Ketten, die abwechselnd Silicium- und Sauerstoffatome enthalten, sind möglich

Silikone bestehen aus langen Molekülen, deren Rückgrat aus abwechselnd angeordneten Silicium- und Sauerstoffatomen aufgebaut ist. An die Siliciumatome sind zudem organische Reste, oft Methylgruppen, gebunden

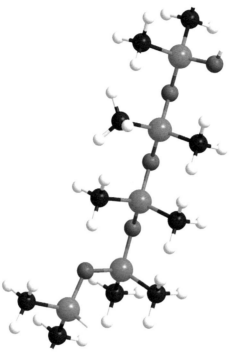

B1 Struktur eines linearen Silikonpolymers

Zur Herstellung von Kunststoffen eignen sich nicht nur Kohlenstoffverbindungen, sondern auch Siliciumverbindungen. Dabei handelt es sich um Silicium-Sauerstoff-Verbindungen, die mit verschiedenen organischen Resten verknüpft sind. Charakteristisch für den Aufbau dieser Makromoleküle ist die Si–O–Si-Gruppe.

Eigenschaften. Je nach Kettenlänge, Anzahl der Verzweigungen und Art der gebunden Kohlenstoffgruppen sind Silikone flüssig, zähflüssig oder fest. Ihre besondere Bedeutung liegt darin, dass sie sowohl wärmebeständig, säurebeständig wie auch wasserabstoßend (hydrophob) sind. Weiterhin dienen sie als elektrische Isolatoren.

Herstellung. Silicium und Monochlormethan sind die Ausgangsstoffe für die großtechnische Herstellung von Silikonpolymeren [B1]. Für die Synthese werden in einem ersten Schritt die Ausgangsstoffe mithilfe von Kupfer als Katalysator zur Reaktion gebracht. Es entsteht hauptsächlich Dichlordimethylsilan.

$$Si + 2\ CH_3Cl \longrightarrow (CH_3)_2SiCl_2$$

Im zweiten Schritt werden durch Hydrolyse die Chloratome abgespalten. Es bilden sich in einer stark exothermen Reaktion Methylsilanole.

$$(CH_3)_2SiCl_2 + 2\ H_2O \longrightarrow (CH_3)_2Si(OH)_2 + 2\ HCl$$

Durch Polykondensation entstehen schließlich in einem letzten Schritt Polysiloxane, die zur Stoffklasse der Silikone gehören [B2]: Während die Silikonöle und Silikonharze bereits nach der Kondensationsreaktion der Siloxanmonomere fertig sind, müssen die Makromoleküle für die Herstellung von Silikonkautschuk noch miteinander vernetzt werden (Vulkanisation).

$$n\ HO-\underset{\underset{H}{\overset{\displaystyle H-\overset{H}{\underset{H}{C}}-H}{|}}{\overset{|}{Si}}-OH \longrightarrow HO-\left[\ \underset{\underset{H}{\overset{\displaystyle H-\overset{H}{\underset{H}{C}}-H}{|}}{\overset{|}{Si}}-\overline{\underline{O}}\ \right]_n H\ +\ (n-1)\ H_2O$$

Dimethylsilanol · Polydimethylsiloxan (ein Silikon)

B2 Synthese von Polydimethylsiloxan

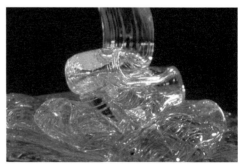

B3 Silikon

Verwendung. Die Eigenschaften der Silikone [B3] lassen einen sehr großen Anwendungsbereich zu. Besonders werden diese Kunststoffe in der Medizin eingesetzt, da sie nicht gesundheitsschädlich sind. Z. B. bestehen Brustimplantate aus Silikongel, welches in einen Silikonbeutel gefüllt wird. Auch Herzklappen oder Herzschrittmacher werden aus diesem Kunststoff hergestellt. Weiterhin kann Silikon zur Erstellung von Negativabdrücken in der Zahnmedizin verwendet werden.

Grundsätzlich lassen sich Silikonöle, Silikonkautschuke und Silikonharze unterscheiden. *Silikonöle* sind klare, hydrophobe, geruchsfreie, viskose Flüssigkeiten. In der Technik finden Silikonöle als Antischaummittel, Trennmittel oder Hydrauliköl Verwendung. Silikone dienen als Massageöle oder als Gleitmittel für Spritzen und werden als Bestandteil von Emulsionen bei Hautcremes verwendet. Silikone dienen auch als Schmiermittel, wenn Apparaturen stark schwankenden Temperaturen ausgesetzt sind.

Silikonkautschuke sind in einem großen Temperaturbereich (−60 bis +200 °C) sehr elastisch. Als Fugenmaterial sind sie aus dem Bauwesen bekannt. Silikonelastomerschläuche werden in der Medizin bei Bluttransfusionen eingesetzt. Aufgrund seiner Hitzebeständigkeit wird dieses Material als elastische Kuchenform [B4] verwendet.

Oft werden Gleitschirme mit einer Schicht aus Silikonkautschuk überzogen, um das Material UV-beständiger und luftundurchlässig zu machen. Die Möglichkeit, das Wasser der Körperzellen durch Silikone zu ersetzen, verwendet man bei der Plastination. Allerdings ist diese Methode, ehemals lebende Körper oder Körperteile zu konservieren, großer Kritik ausgesetzt.

Die vernetzten Polymethylsiloxane der *Silikonharze* sind je nach Zusammensetzung der Molekülreste spröde bis elastisch sowie veränderlich in ihrer Wärmebeständigkeit. Auch als Bestandteil von Laminaten finden Silikonharze Verwendung. In der Bauindustrie werden sie häufig eingesetzt, um Wände wasserabweisend zu machen und gleichzeitig durch guten Luftaustausch gegen Schimmelbildung zu schützen. Neben Anstrichfarben werden sie auch als Lacke verwendet. Biologische Präparate werden auch mit Silikon überzogen, um dem Vorgang der Verwesung entgegenzuwirken.

Siloxane und Silikone zeichnen sich durch Si — O — Si-Gruppen aus. Sie besitzen einen großen Anwendungsbereich. Man kann entsprechend Silikonöle, Silikonkautschuke und Silikonharze unterscheiden.

A1 Stellen Sie die Synthese von Polymethylphenylsiloxan mithilfe einer Reaktionsgleichung dar.

A2 Begründen Sie, weshalb Silikone eine Zwischenstellung zwischen anorganischen und organischen Verbindungen einnehmen.

B4 Backform aus Silikonkautschuk

3.6 Carbonfasern

Pyrolyse von griech. pyr, Feuer und lysis, Auflösung. Chemische Reaktion die bei hohen Temperaturen und unter Sauerstoffausschluss geführt wird (500–900 °C). Die hohe Temperatur führt zu Bindungsbrüchen in großen Molekülen

B2 Carbonfaser (ø 6 μm) im Vergleich zu Menschenhaar (ø 50 μm)

B4 Carbonfasergewebe

In Zukunft werden carbonfaserverstärkte Kunststoffe vor allem aufgrund ihrer geringen Dichte immer mehr an Bedeutung gewinnen. Carbonfasern sind im Vergleich zu einem menschlichen Haar nur etwa 1/10-mal so dick. Zur Herstellung werden verschiedene kohlenstoffhaltige Ausgangsmaterialien verwendet.

Herstellung. Zunächst müssen organische Verbindungen durch sehr hohe Temperaturen gespalten werden. Die in diesen Verbindungen enthaltenen Kohlenstoffatome ordnen sich in der Pyrolysereaktion graphitartig an. In Abhängigkeit vom Ausgangsmaterial entstehen Carbonfasern mit verschiedenen Eigenschaften. Noch ist der Herstellungsprozess ziemlich aufwendig und dementsprechend teuer. Europaweit gibt es derzeit nur in Wiesbaden einen Betrieb, der diese Hochleistungsfasern herstellt. Das Ausgangsmaterial, aus dem großtechnisch Carbonfasern gewonnen werden, ist Polyacrylnitril. Es wird bei bis zu 2 500 °C kontrolliert verkohlt [B2]. Dabei entstehen feinste Fasern, die anschlie-

B1 Polyacrylnitril

ßend zu Bändern aneinandergelegt werden. Sie werden mit Kunstharz fixiert und dann im Hochtemperaturofen gebacken. Die meist auf Spulen gewickelten Fasern können anschließend zu Textilien verwoben werden [B4]. Kürzere Carbonfasern werden anderen Kunststoffen beigemischt.

Eigenschaften. Trotz ihrer geringen Dicke sind diese Fasern fünfmal so zugfest wie Stahl und wesentlich korrosionsbeständiger. Der carbonfaserverstärkte Kunststoff ist um gut ein Drittel leichter als Aluminium. Diese Eigenschaften werden vorwiegend im Flugzeugbau ausgenutzt. Durch die Leichtigkeit (geringe Dichte) kann der Energieverbrauch bis zu 20 % gesenkt werden.

Die Korrosionsbeständigkeit lässt größere Wartungsintervalle zu. Daneben zeigen sich die Carbonfasern als hochelastisch. Sie sind lange haltbar und brechen kaum. Außerdem sind Carbonfasern elektrisch leitfähig.

B3 Großtechnische Herstellung von Carbonfasern: Polyacrylnitril (links), Pyrolyse (Mitte), Carbonfasern (rechts)

Verwendung. Bereits seit langer Zeit werden carbonfaserverstärkte Kunststoffe in der Luft- und Raumfahrt eingesetzt. Derzeit ist ein neuer Jumbojet in Planung, der aufgrund der Verwendung von carbonfaserverstärktem Kunststoff nur 50 % des Gewichts eines Jumbojets aus den 60er-Jahren haben soll. Daneben ist es vor allem die Automobilindustrie, die sich die Vorteile der Leichtigkeit des Materials zunutze machen möchte. Mittlerweile werden auch Autofelgen mit Carbonfasern versetzt. Damit erhält man eine 50 %ige Gewichtsreduzierung gegenüber herkömmlichen Leichtmetallfelgen. Dies bedeutet letztendlich einen verminderten Kohlenstoffdioxidausstoß und eine Verringerung der Umweltproblematik durch einen geringeren Benzinverbrauch.

Durch das wachsende Interesse an alternativen Energieträgern ist auch die Nachfrage nach carbonfaserverstärktem Kunststoff bei den Betreibern der Windenergieanlagen gestiegen. Die immer größer werdenden Rotorblätter könnten ohne den leichten Kunststoff nicht gebaut und eingesetzt werden.

Im Hochleistungssport wird ebenfalls mit diesem Material gearbeitet. Einer der ersten Einsatzbereiche war die Herstellung von Tennisschlägern aus Carbonfasern. Daneben erkannte man in der Formel 1 und im Radsport bald ihre Bedeutung. Im Vergleich zu herkömmlichen Tischtennisschlägern, z. B. aus Holz, wird das Gewicht des Schlägers durch die Verwendung von Carbonfasern als Material um mehr als 20 % reduziert. Weitere Vorteile sind, dass der Alterungsprozess des Materials hier sehr spät und langsam einsetzt. Damit reduziert sich die Bruchempfindlichkeit. So kann sich ein Ski mit Graphitfasern dem Untergrund stets gut anpassen, ohne den Kontakt zu verlieren.

Trotz der vielen Vorteile und der stets wachsenden Einsatzbereiche gibt es derzeit noch einen entscheidenden Nachteil. Bauteile aus carbonfaserverstärkten Kunststoffen werden durch mechanische Fehlbelastung nicht

B5 Aufgrund ihrer Leichtigkeit werden Carbonfasern im Hochleistungssport eingesetzt

deformiert wie etwa Metalle, sondern zersplittern. Dadurch ergeben sich scharfe Bruchkanten, die zu schweren Verletzungen führen können. Der beim Splittern von Carbonfasern auftretende Kohlefaserstaub kann leicht eingeatmet werden und ist krebserregend.

Aufgrund geringer Dichte, hoher Festigkeit und großer Biegsamkeit gewinnen die Carbonfasern als neue Werkstoffe in vielen Gebieten an Bedeutung.

A1 In B1 ist die Formel von Polyacrylnitril zu sehen. Zeichnen Sie die Strukturformel eines Moleküls Acrylnitril.

3.7 Kunststoffabfall

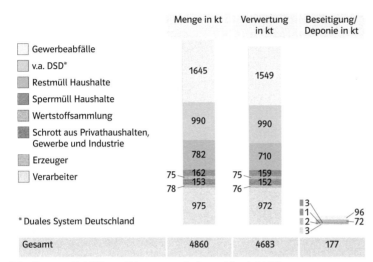

	Menge in kt	Verwertung in kt	Beseitigung/ Deponie in kt
Gewerbeabfälle			
v.a. DSD*	1645	1549	
Restmüll Haushalte			
Sperrmüll Haushalte	990	990	
Wertstoffsammlung	782	710	
Schrott aus Privathaushalten, Gewerbe und Industrie	75 162	75 159	
Erzeuger	78 153	76 152	
Verarbeiter	975	972	3 1 96 2 72 3
Gesamt	4860	4683	177

* Duales System Deutschland

B1 Kunststoffabfälle und Verwertung in Deutschland (2007)

Mit der Entdeckung der Kunststoffe als Werkstoffe stieg ihre Zahl stark an. Ebenso stark stieg der daraus resultierende Kunststoffabfall [B1]. Zwar nehmen Kunststoffe aufgrund ihrer geringen Dichte im Abfallaufkommen von der Masse her nur einen geringen Teil ein (Massenanteil 8 %, Volumenanteil 20 %), aber durch ihre Langlebigkeit fehlen ausreichende Deponiermöglichkeiten.

Somit muss als erstes über die Vermeidung von Kunststoffabfall nachgedacht werden. Neben einer *werkstofflichen Verwertung* und einer *rohstofflichen Verwertung* sollte zum anderen auch die Möglichkeit der *energetischen Verwertung* eingeplant werden [B3].

Vermeidung. Um Kunststoffabfälle zu vermeiden, sollte man beispielsweise Verpackungen mehrfach nutzen. Auch die Rückbesinnung auf Naturmaterialien hilft, weniger Kunststoffmengen produzieren zu müssen und damit auch Kunststoffabfall zu vermeiden.

Stoffliche Verwertung. Man unterscheidet die werkstoffliche und die rohstoffliche Verwertung.
Bei der werkstofflichen Verwertung werden sortenreine, nicht oder nur gering verschmutzte Abfälle von Thermoplasten zerkleinert und wiederaufgeschmolzen. Durch diese Regranulierung, zu der auch Neuware gemischt werden kann, entstehen neue Kunststoffe. Allerdings sind bei gebrauchten Kunststoffen die Makromoleküle meist so geschädigt, dass ein neues Produkt nicht mehr die gleichen Eigenschaften aufweist.

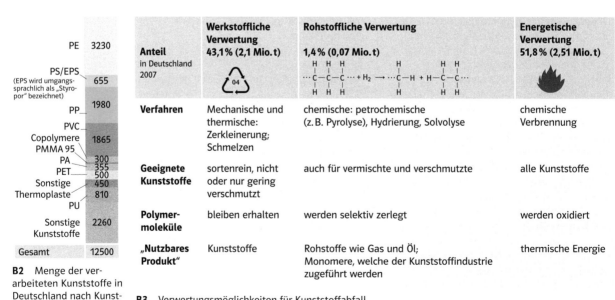

PE	3230
PS/EPS (EPS wird umgangssprachlich als „Styropor" bezeichnet)	655
PP	1980
PVC Copolymere PMMA 95	1865
PA	300
PET	355
Sonstige Thermoplaste	500 450 810
PU	
Sonstige Kunststoffe	2260
Gesamt	12500

B2 Menge der verarbeiteten Kunststoffe in Deutschland nach Kunststoffarten in kt (2007)

Anteil in Deutschland 2007	Werkstoffliche Verwertung 43,1 % (2,1 Mio. t)	Rohstoffliche Verwertung 1,4 % (0,07 Mio. t)	Energetische Verwertung 51,8 % (2,51 Mio. t)
Verfahren	Mechanische und thermische: Zerkleinerung; Schmelzen	chemische: petrochemische (z. B. Pyrolyse), Hydrierung, Solvolyse	chemische Verbrennung
Geeignete Kunststoffe	sortenrein, nicht oder nur gering verschmutzt	auch für vermischte und verschmutzte	alle Kunststoffe
Polymer-moleküle	bleiben erhalten	werden selektiv zerlegt	werden oxidiert
„Nutzbares Produkt"	Kunststoffe	Rohstoffe wie Gas und Öl; Monomere, welche der Kunststoffindustrie zugeführt werden	thermische Energie

Für die rohstoffliche Verwertung:
$$\cdots \overset{H}{\underset{H}{C}} - \overset{H}{\underset{H}{C}} - \overset{H}{\underset{H}{C}} \cdots + H_2 \longrightarrow \cdots \overset{H}{\underset{H}{C}} - H + H - \overset{H}{\underset{H}{C}} - \overset{H}{\underset{H}{C}} \cdots$$

B3 Verwertungsmöglichkeiten für Kunststoffabfall

Ein weiterer Nachteil liegt in dem hohen Sammelaufwand, dem Sortieren, Reinigen und Vorbereiten für die Weiterverarbeitung der Altkunststoffe. Im Endergebnis sind die Produkte so oft teurer als neue Kunststoffe, aber qualitativ minderwertig.
Duroplaste lassen sich nur im „Partikelrecycling" werkstofflich wiederverwerten. Sie werden dazu zerkleinert oder aufgemahlen und Neuprodukten als Füllstoff zugesetzt. Schaumstoffe können durch Klebpressen unter Zugabe eines Binders zu Platten oder Formkörpern verpresst werden.

Vermischte Altkunststoffe lassen sich nur schlecht werkstofflich verwerten. Sie lassen sich besser rohstofflich verwerten. Darunter wird die Umwandlung der makromolekularen Stoffe in niedermolekulare, d.h. in Monomere oder in Stoffgemische aus Alkanen, Alkenen oder Aromaten verstanden. Diese Verwertungsprodukte können entweder wieder zur Erzeugung von Monomeren dienen oder in anderen Syntheseprozessen eingesetzt werden. Dabei werden im Wesentlichen drei Verfahrenswege unterschieden: die petrochemischen Verfahren wie Pyrolyse [B4] oder die Hydrierung, die zu erdölartigen Produkten führen, die solvolytischen Verfahren, in denen vorwiegend Polykondensate und Polyaddukte in Monomere gespalten werden, und die Nutzung der Altkunststoffe in Hochöfen als Ersatz für Schweröl zur Reduktion von Eisenerz.

Verbrennung. Kunststoffabfall, der nicht ökonomisch verwertet werden kann, kann allerdings zur Energieerzeugung eingesetzt werden. Da die meisten Kunststoffe einen ähnlich hohen Heizwert wie Heizöl oder Kohle haben, kann die bei der Verbrennung frei werdende Energie zum Betrieb von Heizkraftwerken eingesetzt oder zur Stromerzeugung genutzt werden. In Hausmüllverbrennungsanlagen (MVA) erhöht die Zugabe von Kunststoffabfall den Heizwert des Brennmaterials. Da bei der Verbrennung von Kunststoffen auch Schadstoffe freigesetzt werden, muss weitestgehend bei der energetischen Nutzung die Absorption der Schad-

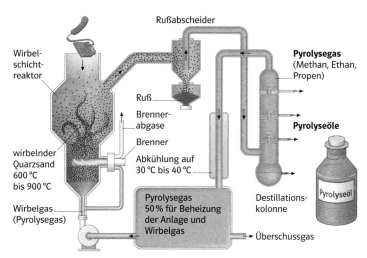

B4 Schema einer Pyrolyseanlage zur Verwertung von Kunststoffen

stoffe aus den Verbrennungsgasen sichergestellt werden. Dies geschieht durch moderne Filteranlagen, die z.B. das bei der Verbrennung aus PVC entstehende Hydrogenchlorid absorbieren. Bei der Verbrennung von PVC entstehen auch die hochgiftigen und cancerogenen Dioxine, z.B. TCDD [B5]. Die Massenkonzentration der Dioxine im Abgas kann auf $0,3\,ng/m^3$ begrenzt werden.

V1 Legen Sie saubere Verpackungen von Joghurt, Quark usw. etwa 10 min lang in einen auf 120 °C vorgeheizten Ofen (Trockenschrank). Zur Unterscheidung: Verpackungen aus PS verlieren bei 100 °C ihre Form, während solche aus PP auch bei kurzzeitigem Erhitzen auf 140 °C noch formstabil bleiben.

A1 Eine Möglichkeit Kunststoffabfälle sortenrein zu trennen, ist das Schwimm-Sink-Verfahren. Entwickeln Sie einen Ablaufplan zur Trennung der Kunststoffe PE, PS, PVC. Beachten Sie dabei folgende Dichten:
$\varrho(PE) = 0,91$ bis $0,96\,g/cm^3$,
$\varrho(PS) = 1,05\,g/cm^3$,
$\varrho(PVC) = 1,38$ bis $1,40\,g/cm^3$.

A2 Zeichnen Sie ein Diagramm, aus dem der Anteil der beseitigten und verwerteten Kunststoffabfälle hervorgeht [B1].

B5 2,3,7,8-Tetrachlordibenzodioxin (TCDD)

3.8 Praktikum Herstellung von Kunststoffen

B1 Epoxidharze finden z. B. Verwendung als Bindemittel, Lacke oder Zwei-komponenten-Klebstoff

B2 Alleskleber

V1 **Härtung eines Epoxidharzklebers [B1]**
Geräte, Materialien, Chemikalien: Aluminium-dose eines Teelichts, Holzstab, Zweikomponen-ten-Klebstoff auf Epoxidharzbasis
Durchführung: (Abzug, Schutzhandschuhe, Schutzbrille) Geben Sie Harz (Binder) und Härter des Zweikomponenten-Klebstoffs im richtigen Mengenverhältnis in die Aluminium-dose (i. d. R. gleiche Volumina, siehe Vorschrift auf der Verpackung). Verrühren Sie die Mischung sorgfältig mit dem Holzstab, bis keine Schlieren mehr zu sehen sind. Über-lassen Sie den Versuchsansatz dann sich selbst (Abzug).

V2 **Ein Alleskleber [B2]**
Geräte, Materialien, Chemikalien: Reagenz-glas, Glasstab, Polystyrolgranulat (oder kleine Polystyrolhartschaum-Stücke), Essigsäure-ethylester
Durchführung: (Abzug!) Geben Sie in ein Reagenzglas 1 bis 2 ml Essigsäureethylester. Lösen Sie darin so viel Polystyrolgranulat, bis sich ein zäher Brei bildet. Führen Sie mit diesem Klebeversuche durch.

V2 **Folien aus PVC [B3]**
Geräte, Materialien, Chemikalien: Becherglas (100 ml), Holzstab, Heizplatte, Bügeleisen, Aluminiumfolie, PVC-Pulver, Phthalsäure-dioctylester (Dioctylphthalat, DOP)

Durchführung: (Abzug!)
a) Streuen Sie PVC-Pulver auf eine mit Alu-miniumfolie abgedeckte 150 bis 160 °C heiße Heizplatte. Decken Sie das Pulver mit einem weiteren Stück Aluminiumfolie ab und drücken Sie es mit einer Metallplatte (Bügeleisen) fest an. Lösen Sie den entstandenen Kunststofffilm vorsichtig von der Aluminiumfolie.
b) Wiegen Sie in das Becherglas je etwa 5 g PVC-Pulver und DOP ein und verrühren Sie das Gemisch sorgfältig, z. B. mit einem Holzstab. Gießen Sie die erhaltene Flüssigkeit vorsichtig auf eine mit Aluminiumfolie abgedeckte, 110 °C heiße Heizplatte und verfahren Sie wie in (a) beschrieben. Ziehen Sie die entstandene Folie von der Aluminiumfolie ab.

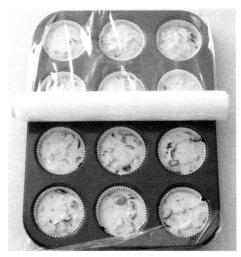

B3 PVC-Folie

3.9 Impulse Biologisch abbaubare Kunststoffe

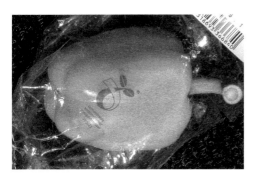

B1 Verpackung aus kompostierbarer Folie

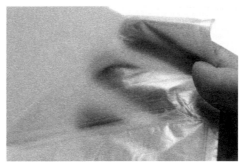

B2 Biokunststoff

Zunächst war es das Anliegen der Industrie, einen Stoff zu haben, der unzerbrechlich, korrosionsbeständig und möglichst lange haltbar ist. Gerade diese Eigenschaften sind es aber auch, die nach Gebrauch des Kunststoffs, z. B. für Joghurtbecher, Probleme bereiten. Demnach wird es immer wichtiger Kunststoffe zu finden, die nach ihrer Zweckerfüllung biologisch abbaubar sind.

Abbaubare Kunststoffe. Zu den biologisch abbaubaren Kunststoffen gehören z. B. Polyhydroxybuttersäure und Polymilchsäure (Polylactid, PLA). So können z. B. Pflanzen in Pflanzentöpfen in die Erde gegeben werden. Die Töpfe verrotten dann langsam. Mulchfolie (aus Maisstärke) kann ebenfalls vom Bauern mit umgegraben werden. Kunststoffe, wie z. B. Verpackungsfolien, die vollständig biologisch abbaubar sind, werden nach einem strengen Testverfahren mit einem entsprechenden Zeichen versehen [B1].

Herstellung. PLA sind Kunststoffe mit thermoplastischen Eigenschaften. Das Monomer, die Milchsäure, wird durch Fermentation aus Stärke oder Zuckern wie Glucose oder Maltose gewonnen. Ein mögliches Herstellungsverfahren ist die *Polykondensation*. Auch das Verfahren der *Polymerisation* kann angewandt werden. Dazu müssen zunächst cyclische Milchsäuredimere (Lactidmoleküle) hergestellt werden. In diesen ringförmigen Molekülen liegen zwei Esterbindungen vor. Durch Ringöffnungspolymerisation entsteht dann die Polymilchsäure.

Abbau. Der Abbau der Polymilchsäuremoleküle erfolgt durch hydrolytische Spaltung der Esterbindungen. Die zunächst entstehenden Abbauprodukte werden dann von Mikroorganismen zu Wasser und Kohlenstoffdioxid zersetzt.

V1 **Synthese von Polymilchsäure**
Geräte und Chemikalien: Becherglas (50 ml), Trockenschrank, Milchsäure ($w = 90\,\%$).
Durchführung: Geben Sie 10 g Milchsäure in ein Becherglas und stellen Sie es ca. 24 Stunden in den 200 °C heißen Trockenschrank. Die Produktschmelze können Sie gleich in Formen gießen. Sie können die abgekühlte Masse aber auch durch Erhitzen auf etwa 150 °C wieder verflüssigen und weiterverarbeiten.

A1 Stellen Sie die Reaktionen von
a) 3-Hydroxybuttersäuremonomeren [B5] zu einem Polyhydroxybuttersäuremolekül,
b) Milchsäuremonomeren [B4] zu Polymilchsäure mit Strukturformeln dar. Handelt es sich jeweils um eine Polymerisation, Polyaddition oder Polykondensation?

A2 Zeichnen Sie die Strukturformel des cyclischen Milchsäuredimers.

A3 Notieren Sie eine Reaktionsgleichung zum Abbau der Polymilchsäuremoleküle durch hydrolytische Spaltung.

A4 Recherchieren Sie die Einsatzbereiche von Polymilchsäure und gestalten Sie ein Plakat zu diesem Thema.

B4 Strukturformel Milchsäure

B5 Strukturformel 3-Hydroxybuttersäure

3.10 Durchblick Zusammenfassung und Übung

Die Einteilung der Kunststoffe kann nach folgenden Kriterien erfolgen:

Thermoplast
Kunststoffe, die durch Erwärmung in Form gebracht werden können, nennt man Thermoplaste. Beim Abkühlen behalten sie ihre Form bei.

Polymerisation
Liegen bei einem Monomer keine funktionellen Gruppen vor, wohl aber eine Doppelbindung, so lassen sich die Monomere in einer Polymerisationsreaktion zu einem Polymer verbinden. Wird diese Reaktion mit der Bildung eines Radikals eingeleitet, spricht man von der radikalischen Polymerisation.

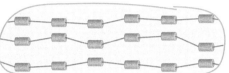

Duroplast
Duroplaste lassen sich nicht durch Temperaturerhöhung verformen und sind bei höheren Temperaturen noch beständig.

Polyaddition
Für eine Polyadditionsreaktion müssen zwei verschiedene Monomere vorliegen, die jeweils mindestens zwei funktionelle Gruppen bzw. Mehrfachbindungen besitzen. Unter Protonenübertragung werden dann Bindungen geknüpft. Wie bei der Polymerisation werden auch bei der Polyaddition keine weiteren Reaktionsprodukte gebildet.

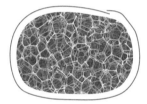

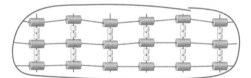

Elastomer
Kunststoffe, die bei mechanischer Belastung ihre Form verändern, anschließend aber wieder in die Ausgangsform zurückkehren, werden als Elastomere bezeichnet.

Polykondensation
Bei einer Polykondensation werden Monomere verknüpft, die mindestens zwei funktionelle Gruppen besitzen. Bei dieser Reaktion kommt es zur Abspaltung kleinerer Moleküle, wie z. B. von Wassermolekülen.

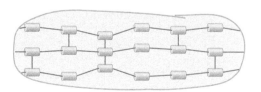

Einheiten	2 Monomere:		1 Monomer:	
Reaktion von	Dialkohol + Disäure	Diamin + Disäure	Hydroxycarbonsäure	Aminocarbonsäure
Ergebnis	Polyester	Polyamid	Polyester	Polyamid
Beispiel		Nylon	Polymilchsäure	Perlon

B1 Übersicht über verschiedene Polyester und Polyamide

B2 Monomer: Ethen

Monomer

Zur Herstellung von Polymeren werden kleine Moleküleinheiten aneinandergehängt. Diese Einheiten werden als Monomere bezeichnet.

Repetiereinheit

Die Atomfolge in einem Makromolekül, die immer wiederkehrt und mit der sich dann das Makromolekül vollständig beschreiben lässt, wird als Repetiereinheit bezeichnet. Sie ergibt sich aus dem Monomer bzw. den Monomeren.

Polymer

Als Polymere werden Kunststoffe bezeichnet, die aus einzelnen, gleichartigen Molekülen aufgebaut sind. Diese Makromoleküle werden durch Polymerisation, Polyaddition oder Polykondensation gebildet.

Silikone

Silikone und Siloxane sind Kunststoffe, die als charakteristische Gruppe Si–O–Si enthalten. Je nachdem, welcher organische Rest beteiligt ist, lassen sich Silikonharze, -öle oder -kautschuke unterscheiden.

Carbonfasern

Carbonfasern oder Graphitfasern sind Faserbündel, die aus Graphit hergestellt werden. Sie zeichnen sich durch große Festigkeit, Biegsamkeit und eine geringe Dichte aus.

Kunststoffabfall

Die großen Mengen an anfallendem Kunststoff müssen möglichst nach ihrer Sortierung entsorgt werden. Dazu eignet sich das Verbrennen oder Einschmelzen und anschließendes Wiederverwerten. Die Vermeidung von überflüssigem Kunststoffabfall ist dabei wünschenswert.

A1 Zeichnen Sie ein Dimethylsiloxan-Monomer und die entsprechende Repetiereinheit des Polymers.

A2 Schreiben Sie möglichst alle Kunststoffe auf, mit denen Sie an einem Tag in Berührung kommen. Schätzen Sie ihre Verwendungsdauer und die Möglichkeit ihrer Wiederverwertung ab.

A3 Fasern aus aromatischen Polyamiden (Aramidfasern) wie z. B. Poly-1,4-phenylenterephthalamid (Kevlar®) sind extrem reißfest. Kevlarschnüre werden z. B. bei Hochleistungslenkdrachen, Kevlarfasern als Verstärkungsfasern im Flugzeugbau verwendet. Die Makromoleküle sind „kettensteif", ihre Struktur ist durch die aromatischen Ringe und die Amidgruppen festgelegt. Wird die Polymerschmelze beim Verspinnen durch eine Düse gedrückt, ordnen sich die stäbchenförmigen Makromoleküle wie Baumstämme beim Flößen vor einer Schleuse parallel an [B4].
a) Erklären Sie die große Festigkeit der Aramidfasern.
b) Formulieren Sie den ersten Schritt der Polykondensationsreaktion zwischen 1,4-Diaminobenzol (Phenylendiamin) und Benzol-1,4-dicarbonsäure (Terephthalsäure).
c) Erklären Sie die Kettensteifheit der Aramidmoleküle.

B3 Repetiereinheit von Polyethylen

B4 Zu Aufgabe 3

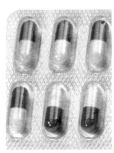

B5 Blisterverpackung zu A5

A4 Das Material des Stoßfängers eines PKWs wird einer neuen Kunststoffklasse zugeordnet: thermoplastische Elastomere.
a) Geben Sie Eigenschaften an, die dieser Kunststoff besitzen muss.
b) Skizzieren Sie einen Ausschnitt aus der Molekülstruktur eines thermoplastischen Elastomeren.

A5 Erklären Sie auf Teilchenebene, warum Metalle gute Wärmeleiter sind, Kunststoffe dagegen nicht. Ordnen Sie carbonfaserverstärkte Kunststoffe hinsichtlich ihrer Wärmeleitfähigkeit ein.

A6 Durchdrückverpackungen für Medikamente und Blisterverpackungen [B5] für kleinteilige Produkte werden aus PVC-Folien hergestellt.
a) Nennen Sie Eigenschaften der PVC-Folie, die hier ausgenutzt werden.
b) Beschreiben und erläutern Sie die Reaktionsschritte bei der Herstellung von PVC.

A7 Ungesättige Polyesterharze (z. B. Palatal®) sind meist Mischkondensate von gesättigten und ungesättigten Dicarbonsäuren mit zweiwertigen Alkoholen. Die Harze werden in einer polymerisierbaren Verbindung (meist Styrol [B6]) aufgelöst, und nach Zusatz eines Polymerisationsstarters (Peroxid) erfolgt eine als Pfropfpolymerisation bezeichnete Reaktion des Styrols mit dem ungesättigten Polyester. Das Produkt ist z. B. als Gießharz bekannt.
a) Zeichnen Sie einen Ausschnitt des Mischkondensats aus Maleinsäure (Buten-1,4-disäure) und Ethan-1,2-diol als Strukturformel.
b) Zeichnen Sie einen Ausschnitt des Pfropfpolymers, welches durch Reaktion mit Styrol entsteht.

B6 Styrol

B7 Isopren

A8 Keramikfüllungen in Zähnen und Brackets für Zahnspangen werden mit der sog. Adhäsivtechnik festgeklebt. Als Kleber verwendet man einen als Composite (Komposit) bezeichneten Zementierkunststoff, der allerdings auf dem Zahnschmelz nicht gut haftet. Deshalb behandelt man den glatten Zahnschmelz mit einem Ätzgel, das Phosphorsäure enthält. So entsteht eine raue Ober-

B8 Frau, die Kautschukmilch in einem Gefäß auffängt, zu A9

fläche. Auf diese trägt man ein dünnflüssiges Bonding-Material auf und bestrahlt es mit blauem Licht. Dann wird das zähflüssige Composite-Material aufgetragen und die Keramikfüllung bzw. das Bracket eingesetzt. Anschließend wird wieder mit blauem Licht bestrahlt.
a) Das Bonding- und das Composite-Material enthalten Startermoleküle, die durch blaues Licht gespalten werden können. Nennen Sie (ohne Angabe einer Formel) die Art von Teilchen, die bei der Bestrahlung gebildet werden und eine Polymerisation starten können.
b) Sowohl das Bonding- als auch das Composite-Material enthalten z. B. Ester der Methacrylsäure (2-Methylpropensäure). Diese reagieren zu einem Polymer. Zeichnen Sie die Strukturformel des Monomers und einen Ausschnitt der Strukturformel des Polymers mit drei Repetiereinheiten. (Schreiben Sie „R" für den organischen Rest in der Estergruppe).

A9 Naturkautschuke sind Polyisoprene (Formel des Isoprenmoleküls siehe B7). Im hauptsächlich gewonnenen Hevea-Kautschuk liegen diese in der *Z*-Konfiguration vor, im Guttapercha, einem anderen Naturkautschuk, dagegen in der *E*-Konfiguration. Zeichnen Sie einen Ausschnitt aus der Molekülkette eines Guttaperchamoleküls.

4   Fette und Tenside

Pflanzliche und tierische Fette sind nicht nur wichtige Nahrungsbestandteile, sie sind auch als nachwachsende Rohstoffe von großer Bedeutung, besonders für die Herstellung waschaktiver Substanzen, der Tenside.

Nährwerte durch-schnittlich in 100 g	
Brennwert	385 kJ/ 91 kcal
Eiweiß	3,2 g
Kohlehydrate davon Zucker	14,2 g 14,2 g
Fett davon gesättigte Fettsäuren	2,4 g 1,7 g
Ballaststoffe	0,1 g
Natrium	0,04 g
Bei +8 °C mind. haltbar bis siehe Deckeldruck	

▬▬ Ob flüssige Fette eine Alternative zu Treibstoffen aus Erdöl sein können, wird zurzeit sehr kontrovers diskutiert.

▬▬ Fette gehören wie Proteine und Kohlenhydrate zu den Nährstoffen. Man kennt diese Begriffe z. B. von den Nährwerttabellen auf Lebensmittelverpackungen.

▬▬ Fett wird im tierischen Organismus als Bau- und Brennstoff verwendet. Wird mit der Nahrung aufgenommenes Fett nicht zur Energiegewinnung benötigt, so speichert es der Körper als Vorratsstoff.

▬▬ Um nach dem Essen Fett von den Händen zu entfernen, wäscht man sie mit Wasser und einem Stoff, der aus Fett gewonnen wurde: mit Seife. Seife ist das älteste künstlich hergestellte „Waschmittel".

4.1 Aufbau und Eigenschaften der Fette

B1 Molekülmodelle von Stearinsäure (links) und Ölsäure (rechts)

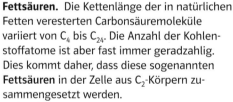

Glycerinmolekül   Fettmolekül   3 Fettsäuremoleküle   Fettsäurerest · Glycerinrest · Fettsäurerest · Fettsäurerest

B3 Aufbau eines Fettmoleküls. Rechts: Aufbauschema

B2 CARL WILHELM SCHEELE. Geboren 1742 in Stralsund (damals zu Schweden gehörig), gestorben 1786 in Köping (Schweden)

Triacyl- von griech. tris, dreimal und lat. acidus, sauer

Aufbau eines Fettes. 1783 erhitzte der schwedische Chemiker CARL WILHELM SCHEELE [B2] Olivenöl zusammen mit Bleioxid. Er erhielt dabei eine süß schmeckende Flüssigkeit, der er den Namen „Ölsüß" gab und die wir unter der Bezeichnung *Glycerin* kennen. 40 Jahre später erkannte der Franzose MICHEL CHEVREUL, dass Fette *Ester aus Glycerin und Fettsäuren* sind.

Bei 97% der natürlich vorkommenden Fette sind alle drei Hydroxylgruppen des Glycerinmoleküls mit Carbonsäuren verestert [B3, B4]. Solche Fette werden als **Triacylglycerine** oder **Triglyceride** bezeichnet, manchmal nennt man sie auch *Neutralfette*.

Fettsäuren. Die Kettenlänge der in natürlichen Fetten veresterten Carbonsäuremoleküle variiert von C_4 bis C_{24}. Die Anzahl der Kohlenstoffatome ist aber fast immer geradzahlig. Dies kommt daher, dass diese sogenannten **Fettsäuren** in der Zelle aus C_2-Körpern zusammengesetzt werden.

Nicht alle benötigten Fettsäuren können von Tieren selbst hergestellt werden. Fettsäuren, die der Körper aufnehmen muss, werden als **essenzielle Fettsäuren** bezeichnet. Dies sind oft **ungesättigte Fettsäuren**, also Fettsäuren mit einer oder mehreren Doppelbindungen im Fettsäurerest des Moleküls. B8 gibt einen Überblick über wichtige Fettsäuren.

Schmelztemperaturbereich. Fette werden nach ihrem Aggregatzustand bei Zimmertemperatur eingeteilt. Man unterscheidet feste, halbfeste und flüssige Fette, letztere werden auch *fette Öle* genannt.

B4 Fettmolekül, Kalottenmodell

Natürliche Fette [B5] sind keine Reinstoffe, sondern je nach Herkunft ganz verschieden zusammengesetzte Gemische aus unterschiedlichen Triglyceriden. Dies zeigt sich auch bei der Bestimmung der Schmelztemperatur: Ein Fett hat keine scharfe Schmelztemperatur, sondern einen *Schmelztemperaturbereich* [B6]. Es gelten folgende Zusammenhänge zwischen der Molekülstruktur und der Höhe des Schmelztemperaturbereichs:

Je langkettiger die Fettsäurereste in den Fettmolekülen sind, desto höher liegt der Schmelztemperaturbereich des Fettes.

Je mehr C=C-Doppelbindungen in den Fettmolekülen vorkommen, desto niedriger ist der Schmelztemperaturbereich des Fettes.

B5 Einige Speisefette und -öle

Während die erste Regel leicht durch die mit der Zunahme der Moleküloberfläche wachsenden Van-der-Waals-Kräfte zu erklären ist, ist der Einfluss von Doppelbindungen auf das Schmelzverhalten nicht so offensichtlich. Betrachtet man Kalottenmodelle des Stearinsäure- und des Ölsäuremoleküls [B1], dann fällt auf, dass das Ölsäuremolekül an der Doppelbindung einen „Knick" aufweist. Die Kohlenstoffatomkette ist hier in *Z*-Stellung fixiert, um die Doppelbindung herrscht also keine freie Drehbarkeit. Fettmoleküle mit vielen ungesättigten Fettsäureresten können sich nicht so eng aneinanderlagern wie Fettmoleküle mit gesättigten, linear gebauten Alkylresten. Die Packung der Moleküle im Molekülgitter, im festen Aggregatzustand also, ist bei gesättigten Fetten dichter und damit sind die zwischenmolekularen Kräfte hier höher. Es erfordert mehr thermische Energie, diese höheren Anziehungskräfte zu überwinden.

Löslichkeit. Fette sind, wie von Estern dieser Molekülgröße zu erwarten, in Lösungsmitteln mit Dipolmolekülen, wie Ethanol und Wasser, wenig bis fast gar nicht löslich. Dafür lösen sich Fette gut in lipophilen Lösungsmitteln [V1].

Fett	Temperaturangaben in °C
Kokosfett	23 bis 28
Olivenöl	−3 bis 0
Sonnenblumenöl	−18 bis −11
Leinöl	−20 bis −16

B6 Schmelztemperaturbereiche einiger Fette

V1 Nehmen Sie drei Reagenzgläser. Geben Sie in das erste einige Milliliter Wasser, in das zweite die gleiche Menge Ethanol und in das dritte die gleiche Menge Heptan. Nun fügen Sie überall etwas Speiseöl hinzu, verschließen die Reagenzgläser mit Stopfen und schütteln sie einmal.

A1 Zeichnen Sie die Strukturformel eines Fettmoleküls, das zwei randständige Buttersäure- und einen Ölsäurerest enthält.

A2 Zum Entfernen von Fettflecken aus Kleidungsstücken verwendet man „Fleckbenzin". Chemische Reinigungen benützen z. B. Tetrachlorethen als Reinigungsflüssigkeit. Warum wird kein Wasser zur Fleckentfernung verwendet? Achten Sie bei Ihrer Antwort auf die korrekte Verwendung der Fachbegriffe [B7].

Stoffebene	Teilchenebene
hydrophil/lipophob	Dipolmolekül/polar
hydrophob/lipophil	unpolar

B7 Begriffe der Stoff- und Teilchenebene

	Name (Trivialname)	Halbstrukturformel Formel
gesättigte Fettsäuren	Butansäure (Buttersäure)	$CH_3-CH_2-CH_2-COOH$ C_3H_7COOH
	Dodecansäure (Laurinsäure)	$CH_3-(CH_2)_{10}-COOH$ $C_{11}H_{23}COOH$
	Tetradecansäure (Myristinsäure)	$CH_3-(CH_2)_{12}-COOH$ $C_{13}H_{27}COOH$
	Hexadecansäure (Palmitinsäure)	$CH_3-(CH_2)_{14}-COOH$ $C_{15}H_{31}COOH$
	Octadecansäure (Stearinsäure)	$CH_3-(CH_2)_{16}-COOH$ $C_{17}H_{35}COOH$
ungesättigte Fettsäuren	Octadec-(*Z*)-9-ensäure (Ölsäure)	$CH_3-(CH_2)_7\overset{10}{C}H=\overset{9}{C}H-(CH_2)_7-COOH$ $C_{17}H_{33}COOH$
	Octadeca-(*Z,Z*)-9,12-diensäure (Linolsäure)	$CH_3-(CH_2)_4\overset{13}{C}H=\overset{12}{C}H-CH_2-\overset{10}{C}H=\overset{9}{C}H-(CH_2)_7-COOH$ $C_{17}H_{31}COOH$

B8 Ausgewählte Fettsäuren

4.2 Bedeutung der Fette als Nahrungsmittel

Die für die Aufrechterhaltung des Stoffwechsels notwendige Energie gewinnt der menschliche Organismus aus der Oxidation von Biomolekülen. Als „Brennstoff" kommen Fette, Proteine und Kohlenhydrate infrage. Am raschesten kann der Körper bestimmte Kohlenhydrate, allen voran Glucose, verwerten, am energiereichsten ist hingegen Fett [B1]. Das macht Fett zum idealen Speicherstoff für Zeiten des Nahrungsmangels.

Fett als Speicherstoff. Fettgewebe wird bei zu reichlicher Ernährung in der Unterhaut und an den inneren Organen angelegt. Dadurch ist seine rasche Verfügbarkeit gewährleistet und außerdem wirkt das Fett so noch als Wärmeisolator und „Stoßdämpfer". Der Fettansatz erfolgt beim Mann bevorzugt am Bauch, bei der Frau an Hüfte, Gesäß, Oberschenkel und Brust. Die Zusammensetzung dieses *Depotfettes* hängt von der verdauten Nahrung ab.

Fett als Baustoff. Fett hat bei normalgewichtigen Männern einen ungefähren Anteil von 18 % am Körpergewicht, bei Frauen beträgt der Anteil etwa 28 %. Dieses Bau- oder Polsterfett sitzt z.B. an den Nieren und in den Augenhöhlen, aber auch in der Unterhaut von Fußsohlen, Gesäß und Wangen. Es wird erst bei langem Nahrungsmangel abgebaut, was u.a. zu hohlen Wangen und eingesunkenen Augen führt.

Fett als Stoffwechselbaustein. Fett wird im Körper nicht nur abgebaut, es ist auch Ausgangsstoff zahlreicher Synthesen. So werden etwa die **Prostaglandine**, eine Gruppe von Hormonen, die nicht von Drüsen, sondern in bestimmten Geweben gebildet werden, aus essenziellen Fettsäuren synthetisiert. Man kennt mittlerweile mehr als ein Dutzend dieser Gewebshormone. Ihre Wirkung ist sehr vielfältig und reicht von der Regulation der Salzausscheidung durch die Nieren bis zur Auslösung von Wehen.

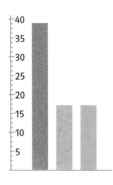

- ■ Fett
- ■ Eiweiß
- ■ Kohlenhydrate

B1 Brennwerte der Nährstoffe (kJ/g)

A1 Ein 70 kg schwerer Mann braucht in Ruhe etwa 8400 kJ pro Tag. Bei großer körperlicher Anstrengung kann sich der Energiebedarf mehr als verdoppeln. Angenommen, ein steinzeitlicher Jäger verbrauchte pro Tag etwa 15 000 kJ. Nach fünf Tagen ohne nennenswerte Nahrungszufuhr gelingt es seiner Jagdgruppe, einen Hirsch zu erlegen [B2]. Berechnen Sie,
a) wie viel körpereigene Substanz in dieser Zeit abgebaut worden wäre, wenn der „Brennstoffvorrat" aus Stärke bestanden hätte,
b) wie groß der tatsächliche Substanzverlust durch Fettabbau wäre.

A2 Für die nacheiszeitlichen Höhlenmenschen (vor ca. 10 000 Jahren) war es günstig, die Jagdbeute möglichst rasch aufzuessen.
a) Nennen Sie die Gründe für dieses Verhalten.
b) Erläutern Sie, welche Probleme ein solches „steinzeitliches Ernährungsverhalten" für Menschen der Gegenwart mit sich bringen kann.

B2 Steinzeitliche Jagdbeute (Höhlenmalerei von Lascaux, Südfrankreich)

Fettverdauung. Die Verdauung der Fette erfolgt größtenteils im Dünndarm. Die fettspaltenden Enzyme, die **Lipasen**, katalysieren im leicht basischen Dünndarmmilieu die hydrolytische Spaltung der Esterbindungen in den Fettmolekülen [B3]. Für eine rasche und vollständige Hydrolyse der Fettmoleküle ist es notwendig, dass das Fett möglichst innig mit dem wässrigen Verdauungssaft vermengt wird. Dies wird zum einen durch die rhythmischen Kontraktionen des Dünndarms und zum anderen durch die Wirkung des Gallensaftes erreicht, dessen Inhaltsstoffe das Nahrungsfett emulgieren. Die fein verteilten Fetttröpfchen bieten den Lipasen eine große Angriffsfläche.

Wie wichtig der Gallensaft für die Fettverdauung ist, wird deutlich, wenn der Abfluss der Galle aus der Gallenblase z. B. durch Gallensteine behindert ist. Dann bleibt das Nahrungsfett weitestgehend unverdaut und wirkt als „Gleitmittel" im Darmkanal. Es kommt zu Durchfällen.

Die Produkte der Fetthydrolyse gelangen durch die Darmschleimhaut in die Lymphe und ins Blut.

Fettverzehr. Im Januar 2008 wurden die Ergebnisse der ersten gesamtdeutschen Verzehrstudie vorgestellt. 20 000 Bürger zwischen 14 und 80 Jahren waren u. a. zu ihren Essgewohnheiten befragt worden. Die Ergebnisse dieser Studie waren wenig erfreulich, aber eigentlich nicht überraschend: Die Deutschen essen im Durchschnitt zu süß, zu salzig, zu fett und vor allem zu viel. Welche Ernährungsratschläge lassen sich daraus ableiten? Wie steht es z. B. mit der altbekannten Empfehlung, möglichst fettarme Speisen zu sich zu nehmen? Als Energielieferant kann Fett ganz durch Kohlenhydrate ersetzt werden.

$$
\begin{array}{c}
H \\
| \\
H-C-\underline{O}-\overset{\overset{O}{\|}}{C}-C_{15}H_{31} \\
| \\
H-C-\underline{O}-\overset{\overset{O}{\|}}{C}-C_{17}H_{35} \quad + \ 3\,H_2O \ \xrightarrow{\text{Lipase}} \\
| \\
H-C-\underline{O}-\overset{\overset{O}{\|}}{C}-C_{17}H_{33} \\
| \\
H
\end{array}
$$

Fettmolekül

$$
\begin{array}{c}
H \\
| \\
H-C-\underline{O}-H \\
| \\
H-C-\underline{O}-H \quad + \\
| \\
H-C-\underline{O}-H \\
| \\
H
\end{array}
$$

Glycerinmolekül

$C_{15}H_{31}COOH$ Palmitinsäure

$C_{17}H_{35}COOH$ Stearinsäure

$C_{17}H_{33}COOH$ Ölsäure

B3 Fettabbau im Dünndarm

2,27 g Kohlenhydrat entsprechen im Brennwert einem Gramm Fett. Eine völlig fettfreie Kost würde allerdings zu einem Mangel an essenziellen Fettsäuren und fettlöslichen Vitaminen führen. Letztere können nur zusammen mit Fett resorbiert werden.

Neuere Studien belegen außerdem, dass der Verzicht auf Fett bei manchen Menschen mit einer „Kohlenhydratmast" kompensiert wurde. Diese führt aber ebenfalls zu Übergewicht, da der Organismus überschüssige Kohlenhydrate zu Fett umbaut, und begünstigt außerdem die Entstehung von Diabetes.

So wichtig es ist, beim Essen Maß zu halten, so wichtig ist es auch, nicht in einen übertriebenen Schlankheitskult zu verfallen. Dass mager nicht gleich gesund ist, bewies auf tragische Weise der Tod des brasilianischen Models Ana Carolina Reston, die 2006 mit nur 21 Jahren an Magersucht starb.

Lipase von griech. lipos, Fett

B4 Gallseife

A3 Rizinusöl gehört zu einer Gruppe pflanzlicher Fette, die der Mensch kaum verdauen kann. Erläutern Sie, welche Auswirkungen die Einnahme von Rizinusöl hat.

A4 Gallseife [B4] enthält Gallenkonzentrat von Schlachttieren. Recherchieren und erläutern Sie den Verwendungszweck von Gallseife.

4.3 Margarine und Fetthärtung

Margarine. Butter, ein Fett, das heute in Europa in überreichem Maße zur Verfügung steht, war Mitte des 19. Jahrhunderts für weite Bevölkerungsteile unerschwinglich.

Die in den Fabriken arbeitenden Menschen hatten oft keine Zeit für warme Mahlzeiten. Mit Butter bestrichene Brote wären ein nahrhaftes und dabei einfach und rasch zu bereitendes Mahl gewesen.

Sein hoher Nährwert und seine vergleichsweise gute Haltbarkeit machten das Butterbrot außerdem zur idealen Marschverpflegung für die Infanterie.

Vielleicht war dies der Grund dafür, dass Napoleon III. [B2] 1864 einen Wettbewerb ausrief, mit dem Ziel, einen schmackhaften, aber gleichzeitig billigen und haltbaren Ersatz für die Mangelware Butter zu finden. 1869 gelang es dem französischen Wissenschaftler HIPPOLYTE MÈGE-MOURIÉS tatsächlich, durch Vermengen von Rinderfett, Magermilch und etwas gehäckseltem Kuheuter ein streichbares Speisefett herzustellen. Wegen seines perlartigen Glanzes nannte der Erfinder sein Werk *Margarine*, angelehnt an das griechische Wort *margaron*, das Perle bedeutet. Napoleon III. allerdings konnte das neue Lebensmittel nicht lange genießen, denn schon 1870, kurz nach Ausbruch des Deutsch-Französischen Krieges, geriet er bei Sedan in preußische Gefangenschaft. 1873 starb er im englischen Exil.

B1 Margarine

Fetthärtung. Margarine gibt es auch heute noch [B1], allerdings hat sich die Rezeptur grundlegend geändert [B3]. Ausgangsstoff sind in der Regel nicht mehr tierische Fette, sondern pflanzliche Öle. Pflanzenöl aber eignet sich nicht sonderlich dafür, auf eine Scheibe Brot gestrichen zu werden. Es muss erst *gehärtet* werden. Dazu werden flüssige Pflanzenfette unter Druck bei einer Temperatur von etwa 180 °C in Gegenwart von fein verteiltem Nickel, das als Katalysator wirkt, mit Wasserstoff zur Reaktion gebracht. Unter diesen Bedingungen werden die ungesättigten Fettsäurereste hydriert, d.h., an die Doppelbindungen werden Wasserstoffatome addiert [V1]. Dadurch steigt der Schmelztemperaturbereich des Fettes.

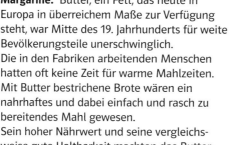

Zutaten
15 g Kokosfett, 1 Esslöffel Olivenöl, 1 Teelöffel fettarme Milch, 1 Teelöffel Eigelb, 1 Prise Salz, 1 ungebrauchtes Becherglas, 1 Schüssel mit eisgekühltem Wasser

Zubereitung
Geben Sie in das Becherglas etwa 15 g Kokosfett und erwärmen Sie es über kleiner Flamme, bis es geschmolzen ist. Nehmen Sie das Becherglas von der Flamme und geben Sie unter Rühren einen Esslöffel Olivenöl zu. Stellen Sie das Becherglas in die Schüssel mit Eiswasser und fügen Sie unter ständigem Rühren Milch und Eigelb zu und je nach Geschmack eine Prise Salz. Rühren Sie kräftig, bis die „Masse" steif ist. Prüfen Sie Streichfähigkeit und Geschmack auf einer Brötchenhälfte.
Hinweis: Die hergestellte Margarine ist nicht steril und muss bald verzehrt werden.

B3 Rezept zur Herstellung von Margarine

Mit dieser als *Fetthärtung* bezeichnete Methode, die der deutsche Chemiker W. NORMANN 1902 entwickelte, gewinnt man heute üblicherweise die für die Margarineherstellung benötigten festen Fette. Weil aber gerade die ungesättigten Fettsäuren für die Ernährung besonders wertvoll sind, wählt man die Reaktionsbedingungen so, dass nur ein Teil der Doppelbindungen hydriert wird.

V1 In ein hohes Reagenzglas gibt man etwa 0,5 ml entionisiertes Wasser, das man langsam mit 1,5 ml konzentrierter Schwefelsäure versetzt. Die noch heiße Säure wird mit etwa dem gleichen Volumen Pflanzenöl (z. B. Olivenöl) überschichtet. Nun gibt man vorsichtig (Schutzbrille und Gummihandschuhe) eine Spatelspitze Zinkpulver ins Reagenzglas. Nach dem Ende der Wasserstoffentwicklung kühlt man das Glas mit kaltem Wasser und beobachtet dabei den Überstand.

A1 Formulieren Sie die vollständige Hydrierung eines Fettes, das einen Ölsäure- und zwei Linolsäurereste enthält, mit Strukturformeln. Benennen Sie die Fettsäurereste, die bei dieser Fetthärtung entstehen.

B2 CHARLES LOUIS NAPOLÉON BONAPARTE (1808 – 1873), Neffe des berühmten NAPOLÉON I.

4.4 Impulse Butter oder Margarine?

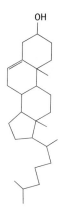

B1 Cholesterin
(Cholesterol),
ein cyclischer Alkohol,
wurde 1775 erstmals aus
Gallensteinen isoliert

Sowohl Margarine als auch Butter bestehen zu etwa 80 Prozent aus Fett. Welches der beiden Streichfette das bessere ist, an dieser Frage scheiden sich die Geister. Nachfolgend sind einige Argumente dazu aufgelistet.

Was ist Ihre Meinung zu diesen Aussagen?

1. *Margarine enthält üblicherweise nur Fett pflanzlichen Ursprungs und ist damit „natürlich" cholesterinfrei. Cholesterin [B1] ist in fast allen tierischen Fetten, also auch im Milchfett und damit in Milch- und Milchprodukten vorhanden. 100 g Butter enthalten etwa 240 mg Cholesterin. Der Tagesbedarf eines Erwachsenen an Cholesterin beträgt etwa 300 mg, es ist u. a. Ausgangsstoff für die Bildung von Vitamin D.*

2. *Ein zu hoher Cholesterinspiegel kann zur Ablagerung von Cholesterin an den Innenseiten der Blutgefäße führen (Arterienverkalkung). Das Risiko von Herz-Kreislauf-Erkrankungen steigt.*
   Bedenklicher als die Aufnahme von Cholesterin aus der Nahrung scheint aber die Wirkung gesättigter langkettiger Fettsäuren zu sein, denn sie regen den Organismus an, selbst Cholesterin zu produzieren.

3. *Pflanzliche Öle sind reich an Omega-3-Fettsäuren. Das sind bestimmte mehrfach ungesättigte Fettsäuren, z. B. Linolensäure. Diese hält die Arterienwände elastisch und schützt so möglicherweise vor Arteriosklerose.*

4. *Margarine ist deutlich preisgünstiger als Butter.*

5. *Durch die Fetthärtung werden gerade die Bestandteile, die pflanzliches Öl so wertvoll machen, zerstört. Ungesättigte Fettsäurereste werden zu gesättigten hydriert, die im Pflanzenfett gelösten Vitamine A und D werden unwirksam gemacht. Essenzielle Fettsäuren, Vitamine und auch Carotin (das der Margarine die gelbe Farbe verleiht) werden der Margarine zugesetzt (Margarine ist übrigens das einzige Lebensmittel, das mit Vitamin D angereichert werden darf). Wenn man die Fette nur teilweise hydriert, kann es zur Bildung von E-konfigurierten Doppelbindungen in den Fettsäureresten kommen. Solche „trans-Fettsäuren" bewirken eine Erhöhung des Cholesterinspiegels.*

6. *Butter hat hohe Anteile an gesättigten Fettsäureresten, aber diese sind kurzkettig und dadurch leichter abbaubar. Allerdings können diese Fette auch von Bakterien leicht abgebaut werden, sodass Butter schneller als Margarine ranzig wird. Daher findet man Butter in Kühlregalen von Lebensmittelgeschäften, während Margarine oft ungekühlt gelagert wird.*

7. *Bei der Fetthärtung wird fein verteiltes Nickel als Katalysator verwendet. Spuren dieses Metalls können in das Fett gelangen. Nickel steht im Verdacht, Krebs auszulösen und Allergien hervorzurufen.*

Cholesterin von griech. Chole, die Galle und stereos, fest

4.5 Fette als Energieträger und nachwachsende Rohstoffe

B1 ELSBETT-Motor

Fett als Brennstoff. Fett kann nicht nur im tierischen und menschlichen Organismus als „Brennstoff" dienen. Noch bis zur Mitte des 19. Jahrhunderts wurde in Öllampen [B3] fast ausschließlich Fett, z. B. Waltran, verbrannt. Nach und nach wurde es dann durch das aus Erdöl gewonnene Petroleum ersetzt. Dass Fett brennbar ist, wird leider immer wieder durch Fettbrände unter Beweis gestellt. Diese entstehen z. B. dann, wenn in der Küche Fett überhitzt wird und sich entzündet [B2]. Auf keinen Fall darf versucht werden, einen Fettbrand mit Wasser zu löschen. Gießt man nämlich Wasser auf brennendes Fett, so sinkt das Wasser aufgrund seiner größeren Dichte sofort unter das Fett und kann deshalb die Flammen nicht ersticken. Das Fett in der Pfanne hat eine Temperatur von weit über 100 °C, daher verdampft das Wasser explosionsartig und schleudert brennendes Fett in einer Stichflamme in die Höhe.

Fett als Treibstoff. Wegen seiner Brennbarkeit könnte Pflanzenöl eine Alternative zu aus Erdöl hergestelltem Dieselkraftstoff sein. Darum wird in Mitteleuropa in den letzten Jahren vermehrt Raps angebaut, diese Pflanze erscheint als Öllieferant besonders vielversprechend. Optimistische Prognosen sehen manchen heute noch um seine Existenz kämpfenden Landwirt schon als „Rapsöl-Scheich" von morgen.

Pflanzenöl als Dieselersatz. Die heutigen Dieselmotoren wurden speziell für den Betrieb mit Dieseltreibstoff konstruiert. Rapsöl hat aber einen höheren Siedetemperaturbereich, eine höhere Viskosität und eine höhere Entzündungstemperatur als Diesel [V1]. Daher kann *Naturdiesel*, also chemisch unbehandeltes Pflanzenöl, nicht einfach in Dieselfahrzeugen als Treibstoff verwendet werden. Der fränkische Ingenieur LUDWIG ELSBETT baute in den 1970er Jahren einen Motor, der problemlos mit Naturdiesel läuft [B1]. Dieser Motor steht heute im Museum. Will man ein modernes Dieselauto mit Pflanzenöl betreiben, dann muss entweder der Motor an den Treibstoff, oder der Treibstoff an den Motor angepasst werden.

Umrüstung von Dieselfahrzeugen. Bei der Umrüstung eines Seriendiesels auf Pflanzenölbetrieb werden gewöhnlich die Treibstoffleitungen, der Treibstofffilter und die Einspritzanlage modifiziert. Vor allem für den Winterbetrieb empfiehlt sich der Einbau einer Treibstoffvorheizung, damit das Rapsöl nicht „versulzt", was die Treibstoffzufuhr unterbrechen würde.
Mit dem Umbau erlischt allerdings die Motorgarantie des Fahrzeugherstellers. Oft sind es daher Dieselfahrzeuge, deren Garantiezeit bereits abgelaufen ist, die von Werkstätten oder Hobbymechanikern für den Pflanzenölbetrieb umgerüstet werden. Die benötigten Umbauteile sind inzwischen für fast alle Automodelle erhältlich.

Umesterung von Rapsöl. Rapsöl kann mit Methanol bei einer Temperatur von 50 bis 80 °C und der Mitwirkung alkalischer Katalysatoren zur Reaktion gebracht werden [B5]. Bei dieser *Umesterung* entsteht aus dem Pflanzenöl der Alkohol Glycerin, den man abtrennt, und ein Gemisch verschiedener Fettsäuremethylester. Dieses Gemisch wird als *Rapsölmethylester* (*RME*) bezeichnet. Unter *Biodiesel* [B4] versteht man ganz allgemein einen Treibstoff aus umgeestertem pflanzlichem (oder tierischem) Fett.

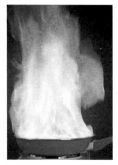

B2 Fettbrand

B3 Öllampe

Biodiesel hat ganz ähnliche Eigenschaften wie mineralischer Diesel. Trotzdem sind nur wenige Automobilproduzenten bereit, ihre Dieselmodelle für den Betrieb mit diesem Kraftstoff freizugeben. Begründet wird dies z. B. damit, dass Biodiesel bestimmte Gummidichtungen angreifen könnte und eine geringere Schmierwirkung als Diesel hat. Selbst die Zumischung von Biodiesel zum Mineraldiesel wird von einigen Automobilsachverständigen als problematisch angesehen.

Industriechemikalien aus Fetten. Manche Chemiker meinen, dass Fette eigentlich zu schade dafür sind, in Motoren verbrannt zu werden. Tatsächlich werden Fette auch zur Herstellung einer ganzen Reihe von Industrieprodukten verwendet [B6].

B4 Zapfsäule für Biodiesel

$$H_2C-\underline{O}-\overset{\overset{O}{\|}}{C}-R \qquad H_2C-\underline{O}H \qquad H_3C-\underline{O}-\overset{\overset{O}{\|}}{C}-R$$
$$HC-\underline{O}-\overset{\overset{O}{\|}}{C}-R' + 3\,H_3C-\underline{O}H \xrightarrow{\text{NaOH}} HC-\underline{O}H + H_3C-\underline{O}-\overset{\overset{O}{\|}}{C}-R'$$
$$H_2C-\underline{O}-\overset{\overset{O}{\|}}{C}-R'' \qquad H_2C-\underline{O}H \qquad H_3C-\underline{O}-\overset{\overset{O}{\|}}{C}-R''$$

Rapsöl   Methanol   Glycerin   Rapsölmethylester

B5 Umesterung von Pflanzenöl

V1 Im Abzug arbeiten! Man gibt in drei Porzellanschalen jeweils etwas Diesel, Rapsöl oder Rapsölmethylester. Mit dem Bunsenbrenner versucht man die drei Flüssigkeiten zu entzünden. Vorsicht! Brennstoffvorräte zur Seite stellen! Durch Überstülpen eines großen Becherglases können die stark rußenden Flammen gelöscht werden.

A1 Diskutieren Sie, wie zutreffend die Bezeichnung „Biodiesel" für RME ist.

A2 Recherchieren und erläutern Sie, wie Methanol industriell hergestellt wird.

A3 Kann man brennendes Benzin oder brennenden Alkohol mit Wasser löschen? Begründen Sie Ihre Antwort.

Rohstoffe Sammelbegriff für unbearbeitete Grundstoffe mineralischer, pflanzlicher oder tierischer Herkunft

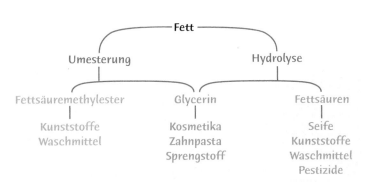

B6 Fett als Industrierohstoff (Übersicht)

B1 Raps

B2 Ölpalme

B3 Öllein

B4 Sonnenblume

Die Diskussionen um Fördergelder für die Produktion nachwachsender Rohstoffe und um Steuerbefreiungen für Biotreibstoffe werfen immer wieder die Frage nach Sinn oder Unsinn von Biosprit als Treibstoff auf.

Was ist Ihre Meinung zu den nachfolgend aufgelisteten Argumenten? Diskutieren Sie darüber in der Klasse.

1. *Die Verbrennung von Rapsöl ist CO_2-neutral. Es wird nur so viel Kohlenstoffdioxid freigesetzt, wie die Pflanze vorher durch die Fotosynthese gebunden hat. Der Treibhauseffekt wird, anders als bei der Verbrennung fossiler Treibstoffe, nicht erhöht.*

2. *Pflanzenöl ist ein Lebensmittel. Dass es bei uns als Automobiltreibstoff verwendet wird, während andernorts Menschen hungern, ist ethisch bedenklich.
Die erhöhte Nachfrage nach Pflanzenöl hat die Preise für Speiseöl in manchen Ländern in die Höhe getrieben. Ernährungsexperten sprechen bereits von einer „Konkurrenz von Tank und Teller".*

3. *Naturdiesel und Biodiesel enthalten kein krebserregendes Benzol. Außerdem sind sie, anders als mineralischer Diesel, schwefelfrei. Daher enthalten die Abgase kein Schwefeldioxid. Dies wäre zum einen umweltschädlich und würde zum anderen den Oxidationskatalysator des Motors „vergiften".*

4. *Anbau, Düngung, Schädlingsbekämpfung, maschinelle Ernte und Verarbeitung von Raps erfordern einen hohen Energieaufwand. Um einen Liter Rapsölmethylester zu gewinnen, muss mehr als ein halber Liter Dieselkraftstoff aufgewendet werden.*

5. *Rapsöl und Rapsölmethylester sind biologisch abbaubar. Sie können ohne besondere Sicherheitsvorkehrungen gelagert und transportiert werden. Ihre Verwendung ist auch in Wasserschutzgebieten problemlos möglich.*

6. *Deutschland verbraucht pro Jahr über 50 Mio. Tonnen Diesel und chemisch verwandtes Heizöl. Im Inland stehen nicht genügend landwirtschaftlich nutzbare Flächen zur Verfügung, um eine entsprechende Menge an Pflanzenöl zu produzieren. Es müsste also Pflanzenöl importiert werden, wenn man ganz auf Biodiesel umsteigen wollte. In vielen asiatischen Ländern, z. B. in Malaysia, hat man Ölpalmen angepflanzt, um Palmöl zu exportieren. Dafür wurde großflächig Regenwald abgeholzt.*

7. *Raps benötigt für sein Wachstum viel Stickstoff, der der Pflanze durch Düngen zugeführt werden muss. Ein nicht unbeträchtlicher Teil des Stickstoffdüngers kann allerdings nicht von den Rapspflanzen aufgenommen werden, da ihn Mikroorganismen im Boden in Lachgas (N_2O) umwandeln. Das Distickstoffmonooxid entweicht in die Atmosphäre und wirkt hier als Treibhausgas. Fatalerweise ist der Treibhauseffekt von Lachgas fast 300-mal so groß wie der von Kohlenstoffdioxid.*

8. *Auf stillgelegten Äckern können Ölpflanzen ([B1] bis [B4]) angebaut werden. Der damit erzielte Erlös kann teilweise auf die gezahlte Stilllegungsprämie angerechnet werden. So würden Subventionszahlungen gesenkt, und die Landwirte erhielten trotzdem mehr Geld.*

9. *Mit der Stilllegung von Ackerflächen sollte nicht nur der Überproduktion von Lebensmitteln und dem damit verbundenen Preisverfall begegnet werden. Die Brachflächen waren auch als Rückzugsräume für wildlebende Pflanzen- und Tierarten gedacht, um zum Erhalt der Artenvielfalt beizutragen.*

4.7 Exkurs **Das Auto von morgen**

Bioethanol und Pflanzenöl könnten die Ära der Benzin- und Dieselfahrzeuge verlängern, aber was kommt danach?

Wasserstoffautos. Wasserstoff gilt bei Fachleuten als der Energieträger der Zukunft. Bei der Verbrennung von Wasserstoff entsteht im Idealfall nur Wasser, es gibt also keine Luftverschmutzung und kein CO_2. Erdgasbetriebene Autos baut man schon lange, ihre Technik gilt als ausgereift. Was spricht also dagegen, solche Autos mit dem Gas Wasserstoff zu betanken? Tatsächlich gibt es bereits Automotoren, die mit Wasserstoff laufen, ja sogar solche, bei denen einfach zwischen Benzin- und Wasserstoffbetrieb umgeschaltet werden kann [B1, links]. Leider ist der Brennwert von Wasserstoff viel geringer als der von Erdgas. Die Gastanks für Wasserstoff müssten also sehr groß sein, wenn eine Reichweite von mehreren Hundert Kilometern angestrebt wird. Weniger Platz brauchen Tanks für flüssigen Wasserstoff, die dann allerdings gut isoliert sein müssen, um den Treibstoff unter −253 °C zu halten. Man nimmt an, dass der Aufbau eines Tankstellennetzes für flüssigen Wasserstoff [B2] allein in Deutschland viele Milliarden Euro kosten würde. Wasserstoff wird heute zum größten Teil aus Erdgas hergestellt. Besser wäre die Wasserstoffgewinnung mithilfe regenerativer Energien. Geplant ist die Elektrolyse von Wasser mit Strom aus Fotovoltaikanlagen, die am besten in sonnenreichen Ländern stehen sollen. Möglicherweise werden in wenigen Jahrzehnten die Pipelines in Saudi-Arabien nicht mehr Erdöl oder Erdgas transportieren, sondern Wasserstoff.

Elektroautos. Ein Elektromotor besitzt keine Kolben oder Ventile, die innere Reibung ist daher wesentlich niedriger als bei einem Verbrennungsmotor. Der daraus resultierende hohe Wirkungsgrad würde den Elektromotor zu einem idealen Fahrzeugantrieb machen, wäre da nicht das Problem der Bereitstellung des für den Betrieb notwendigen elektrischen Stromes. Mit der Entwicklung der Lithium-Ionen-Batterie, die bereits in Laptops und Handys erfolgreich Dienst tut, scheint nun ein genügend leistungsfähiger Akku gefunden zu sein, um einen Antrieb für alltagstaugliche Elektroautos [B1, Mitte] zu ermöglichen. Wenn alle benzin- und dieselbetriebenen Pkws in Deutschland durch Elektroautos ersetzt würden, müssten wohl zusätzliche Kraftwerke gebaut werden, um den Mehrbedarf an Strom zu decken. Hybridfahrzeuge, also Automobile, die wahlweise von einem Elektro- oder einem Verbrennungsmotor angetrieben werden, könnten eine Zwischenlösung beim Übergang vom Benzin- zum Elektroauto sein.

Brennstoffzellenautos. Anstatt die elektrische Energie, die im Elektroauto benötigt wird, in einem wiederaufladbaren Akku mit sich zu führen, könnte sie auch gleich an Bord des Fahrzeugs produziert werden. Besonders geeignet dafür ist die Brennstoffzelle [B3]. In Brennstoffzellen wird chemische Energie in einer „kalten Verbrennung" von Wasserstoff fast ohne Verlust in Form von thermischer Energie direkt in nutzbare elektrische Energie umgewandelt. Daher hat diese Antriebsform einen besonders hohen Wirkungsgrad. Prototypen von Brennstoffzellenautos gibt es bereits [B1, rechts].

B2 Zapfsäule für flüssigen Wasserstoff

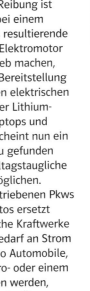

B3 Brennstoffzelle

B1 Wasserstoffauto (links), Elektroauto (Mitte), Brennstoffzellenauto (rechts)

4.8 Verseifung von Fetten

B1 Seife

$$
\begin{array}{l}
\text{H}-\text{C}-\underline{\text{O}}-\overset{\overset{\displaystyle O}{\|}}{\text{C}}-\text{C}_{15}\text{H}_{31} \\
\text{H}-\text{C}-\underline{\text{O}}-\overset{\overset{\displaystyle O}{\|}}{\text{C}}-\text{C}_{17}\text{H}_{35} \;+\; 3\,\text{Na}^+\text{OH}^- \;\longrightarrow \\
\text{H}-\text{C}-\underline{\text{O}}-\overset{\overset{\displaystyle O}{\|}}{\text{C}}-\text{C}_{17}\text{H}_{33}
\end{array}
\qquad
\begin{array}{ll}
\text{H}-\text{C}-\underline{\text{O}}-\text{H} & \text{C}_{15}\text{H}_{31}\text{COO}^-\text{Na}^+ \\
\text{H}-\text{C}-\underline{\text{O}}-\text{H} \;+\; & \text{C}_{17}\text{H}_{35}\text{COO}^-\text{Na}^+ \\
\text{H}-\text{C}-\underline{\text{O}}-\text{H} & \text{C}_{17}\text{H}_{33}\text{COO}^-\text{Na}^+
\end{array}
$$

Fett   Lauge   Glycerin   Seifen (Alkalisalze der Fettsäuren)

B2   Beispiel für eine Verseifung

Alkalische Fetthydrolyse. Fette lassen sich, wie alle Ester, hydrolysieren. Von großer wirtschaftlicher Bedeutung ist die alkalische Hydrolyse. Dabei werden Fette pflanzlicher oder tierischer Herkunft mit Alkalilauge zur Reaktion gebracht. Es entstehen Glycerin und die Alkalisalze der Fettsäuren [V1, B2]. Diese Salze dienen wegen ihres Emulgationsvermögens als waschaktive Stoffe und werden **Seifen** genannt.

Das allgemeine Schema dieser als **Verseifung** bezeichneten Reaktion lautet:

Fett + Lauge $\longrightarrow$ Glycerin + Seifen

Da Fette immer Mischungen verschiedenster Glyceride sind, erhält man bei einer Verseifung stets ein unterschiedlich zusammengesetztes Gemisch aus Alkalisalzen. Nach der Abtrennung des glycerinhaltigen Laugenwassers und u. U. dem Zusatz von Duft- und Farbstoffen kommt dieses Salzgemisch unter der Bezeichnung *Seife* in den Handel [B1].

Das Verkochen von Fett mit Natronlauge führt zu festen *Kernseifen* (Natronseifen). Verwendet man Kalilauge zum Seifensieden, so erhält man weiche *Schmierseifen* (Kaliseifen) [V2]. Jedes Jahr werden weltweit etwa 10 Mio. Tonnen Seife produziert.

Die alkalische Hydrolyse eines Fettes bezeichnet man als Verseifung. Die dabei entstehenden Alkalisalze der Fettsäuren nennt man Seifen.

Der Begriff **Verseifung** bezeichnete ursprünglich nur die bei der Seifenherstellung durchgeführte alkalische Hydrolyse von Fetten.
Mittlerweile wird in vielen Veröffentlichungen dieses Fachwort aber für *hydrolytische Spaltungen aller Art* verwendet

Weitere Möglichkeiten der Fettspaltung. Die Hydrolyse von Fetten kann auch ohne Zusatz von Lauge erfolgen.

Behandelt man Fett im Druckkessel mit 170 °C heißem Wasserdampf, so erhält man am Ende der mehrstündigen Reaktion eine Lösung von Glycerin in Wasser, auf der die unlöslichen Fettsäuren schwimmen.

Bei wesentlich niedrigeren Temperaturen verläuft die Fetthydrolyse mithilfe des Enzyms Lipase, das aus Rizinussamen isoliert werden kann.

Auch die Bauchspeicheldrüse vieler Wirbeltiere produziert Lipase für die Fettverdauung im Dünndarm (Kap. 4.2).

V1 Füllen Sie ein Reagenzglas etwa zur Hälfte mit Wasser. Nun geben Sie einige Milliliter Olivenöl oder ein anderes Speiseöl zu, verschließen das Glas mit einem Stopfen und schütteln es einmal. Stopfen mit dem Daumen sichern! Beobachten Sie nun, wie sich das Öl wieder auf dem Wasser absetzt. Dann pipettieren Sie einige Tropfen Natronlauge ($c = 1\,\text{mol/l}$) in das Reagenzglas (Schutzbrille!), verschließen es, schütteln wieder und beobachten erneut.

V2 Führen Sie erst mit Kernseife und dann mit Schmierseife eine Flammenfärbung durch. Betrachten Sie die Flammen beim zweiten Versuch durch ein blaues Cobalt- oder Neophanglas.

4.9 Amphiphile Eigenschaften von Seife

Die Eigenschaften der Seifen resultieren weitestgehend aus dem Aufbau der *Seifen-anionen* (vgl. auch Struktur-Eigenschafts-Konzept).

Bau der Seifenanionen. Wenn man den Aufbau von Fettsäureanionen, z. B. des Stearations [B2], betrachtet, dann erkennt man, dass diese gewissermaßen aus einem polaren „Kopf", nämlich der Carboxylatgruppe, und einem unpolaren „Schwanz", dem Alkylrest, bestehen. Diese Strukturmerkmale des Seifenanions führen auf der Stoffebene dazu, dass Seife sowohl hydrophil als auch lipophil ist. Man sagt auch: Seifen sind **amphiphil**.

Seifenanionen weisen ein polares und ein unpolares Ende auf. Daher sind Seifen amphiphil.

Wasser und Seife. Wenn man Natriumstearat in Wasser löst, erfolgt eine Hydratation der Natriumionen. Auch die polaren Carboxylatgruppen der Stearationen erhalten Hydrathüllen, während die unpolaren Alkylreste sich so anordnen, dass sie möglichst wenig Kontakt zu den polaren Wassermolekülen haben. Dies führt dazu, dass an der Wasseroberfläche eine einlagige Schicht aus Stearationen entsteht, deren polare „Köpfe" ins Wasser tauchen, während die unpolaren „Schwänze" in die Luft ragen [B3]. Die *Oberflächenspannung* des Wassers wird dadurch vermindert [V1, V2]. Innerhalb der Lösung lagern sich die Seifenanionen zu größeren Verbänden, den **Micellen**, zusammen, deren zum Wasser gekehrte Oberflächen von den polaren Carboxylatgruppen gebildet werden [B3].

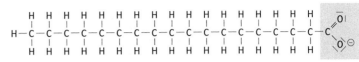

☐ unpolarer Molekülteil: Alkylrest

▨ polarer Molekülteil: Carboxylatgruppe

B2 Seifenanion (Stearation)

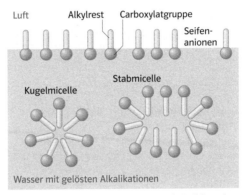

B3 Seifenlösung – Seifenanionen als Teilchen dargestellt

Das Vorliegen größerer Gebilde in der Lösung kann durch den Tyndall-Effekt nachgewiesen werden: Schickt man einen Lichtstrahl durch eine Seifenlösung, so wird das Licht an den Micellen gestreut [B1]. Der Tyndall-Effekt tritt auf, wenn in einer Lösung Teilchen oder Teilchenverbände mit einer Größe von 1 bis 1000 nm vorliegen. Solche Lösungen nennt man **kolloidale Lösungen** oder **Kolloide**.

B4 Wasserberg

B5 Büroklammern „schwimmen" auf Wasser

V1 Füllen Sie ein Glas randvoll mit Wasser. Nun tropfen Sie mit einer Pipette weiteres Wasser dazu, sodass sich ein Wasserberg bildet [B4]. Stechen Sie mit einer Nadel in den Wasserberg. Tauchen Sie die Nadel nun in etwas Flüssigseife und stechen Sie mit ihr nochmals in den Wasserberg.

V2 Füllen Sie ein kleines Gefäß zur Hälfte mit Wasser. Legen Sie mithilfe einer Pinzette vorsichtig eine Rasierklinge oder eine Büroklammer auf die Wasseroberfläche [B5]. Tropfen Sie nun etwas Seifenlösung hinzu.

amphiphil von griech. amphi, beides und griech. philos, der Freund

Micelle Verkleinerungsform von lat. mica, das Körnchen

Kolloid von griech. kolla, der Leim und griech. eidos, die Form, das Aussehen

B1 Tyndall-Effekt bei einer Seifenlösung (rechts)

4.10 Seife, ein Tensid

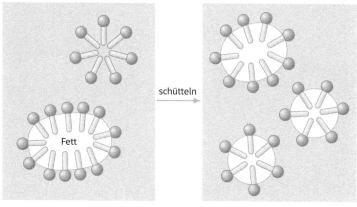

B1 Dispersion von Fett – Seifenanionen als Teilchen dargestellt

Tenside von lat. tensio, die Spannung

Detergenzien von lat. detergeo, ich spüle ab

Dispersion von lat. dispersio, die Zerstreuung. Mischung zweier (oder mehrerer) ineinander unlöslicher Stoffe, wobei der eine Stoff im anderen fein verteilt ist. Z.B. Emulsion, Suspension, Kolloid

Grenzflächenaktivität von Tensiden. Die Wasserstoffbrücken zwischen den Wassermolekülen sind der Grund dafür, dass Wasser an der Grenzfläche zu Luft eine Oberflächenspannung aufbaut. Auch an der Grenzfläche zu anderen Stoffen, z.B. Öl, entsteht eine Oberflächenspannung [B3, V1], man verwendet für sie aber gewöhnlich den Begriff **Grenzflächenspannung**.
Seifen und andere amphiphile Stoffe setzen diese Grenzflächenspannung herab, man sagt, sie sind **grenzflächenaktiv**. Solche Stoffe nennt man **Tenside** (oder *Detergenzien*).

Tenside sind Stoffe, die die Grenzflächenspannung herabsetzen.

Dispergiervermögen. Große Bedeutung haben Tenside als waschaktive Substanzen. Mithilfe von Seife kann Fett in Wasser dispergiert werden [B1, V2]. Dabei lagern sich Seifenanionen so um ein Fetttröpfchen, dass die unpolaren Alkylreste zum Fett zeigen und die polaren Carboxylatgruppen zum Wasser. Beim Schütteln zerfallen große Fettmicellen in kleinere, wobei weitere Seifenanionen angelagert werden. Die kleinen Micellen können besser im Wasser schweben. Fett und andere hydrophobe Stoffe werden so in dem hydrophilen Lösungsmittel Wasser fein verteilt, wodurch sie sich leichter ausspülen lassen. Die Waschwirkung von Tensiden hat natürlich auch ihre Grenzen [V3].

Netzwirkung. Ein Wassertropfen nähert sich auf hydrophobem Untergrund möglichst der Kugelform an [B2], die Kontaktfläche zwischen Wasser und Untergrund ist klein. Beim Wäschewaschen ist es aber von Vorteil, wenn das Kleidungsstück ganz von Wasser benetzt wird. Durch Tenside wird die Grenzflächenspannung des Waschwassers erniedrigt und seine *Benetzungsfähigkeit* damit erhöht. Es kann besser zwischen die Textilfasern dringen [V4], Schmutz wird leichter ausgewaschen.

V1 Füllen Sie ein enghalsiges Glasgefäß, (z.B. kleiner Messkolben, kleines Reagenzglas) bis zum Rand mit Öl, das mit Sudanrot angefärbt wurde. Stellen Sie dieses Gefäß nun vorsichtig in ein Becherglas mit etwas Wasser. Im Becherglas sollte sich nur so viel Wasser befinden, dass die Öffnung des dünnhalsigen Glases gut bedeckt wird [B3]. Nun tropfen Sie etwas konzentrierte Seifenlösung direkt über der Öffnung des mit Öl gefüllten Gefäßes ins Wasser.

V2 Füllen Sie zwei Reagenzgläser zur Hälfte mit Wasser und geben sie jeweils 10 Tropfen eines Speiseöls dazu. Geben Sie in beide Gläser noch etwas konzentrierte Seifenlösung. Verkorken Sie eines der Gläser und schütteln Sie es kräftig. Stellen Sie die beiden Reagenzgläser in einen Reagenzglasständer und beobachten Sie sie.

B2 Wassertropfen auf hydrophobem Gewebe

B3 Grenzflächenspannung einmal anders

B4 Interferenzfarben an Seifenblasen

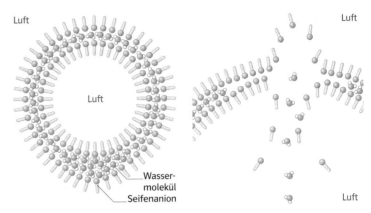

Luft

Luft

Luft

Luft

Wasser-
molekül
Seifenanion

B5 Eine Seifenblase platzt – Seifenanionen und Wassermoleküle als Teilchen dargestellt

Seifenschaum besteht aus Seifenblasen.
Die Haut einer Seifenblase ist aus zwei Lagen von Seifenanionen aufgebaut, die mit ihren polaren „Köpfen" zueinander zeigen. Dazwischen ist ein dünner Wasserfilm mit hydratisierten Alkalikationen, der die beiden negativ geladenen Ionenlagen aneinander bindet [B5, links]. Das Wasser sinkt langsam nach unten, wodurch die Haut der Seifenblase oben immer dünner wird. Dabei ändert sich laufend die Interferenz der an der Blasenoberfläche reflektierten Lichtwellen, was zur Bildung irisierender Farbschlieren führt [B4]. Schließlich ist so viel des als „Kitt" wirkenden Wassers abgeflossen, dass sich die „Köpfe" der Seifenanionen gegenseitig abstoßen. Die Seifenblase platzt [B5, rechts]. Für die Waschwirkung eines Tensides ist die Schaumbildung unerheblich.

V3 **a)** Füllen Sie zwei Reagenzgläser halb mit konzentrierter Seifenlösung. Geben Sie in das eine Glas etwas Butter oder Margarine und in das andere etwas Kerzenwachs (Paraffin). Versuchen Sie durch kräftiges Schütteln die Feststoffe zu suspendieren.
b) Geben Sie in zwei Reagenzgläser jeweils drei Zentimeter hoch Waschbenzin oder Heptan. Nun versetzen Sie wieder je eines der Gläser mit einem kleinen Stückchen Butter bzw. Wachs. Versuchen Sie durch kräftiges Schütteln die Feststoffe in Lösung zu bringen.

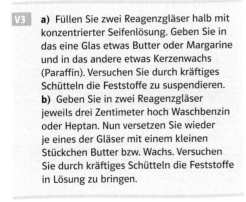

V4 Geben Sie mit einer Pasteurpipette Wassertropfen auf eine eingefettete Glasplatte oder einen Nylonstrumpf. Wiederholen Sie den Versuch mit einer Seifenlösung

A1 Leitet Seifenlösung den elektrischen Strom? Äußern Sie eine begründete Vermutung und überprüfen Sie diese dann experimentell.

A2 Tetrachlormethan ist eine süßlich riechende, giftige, wasserklare Flüssigkeit mit einer Dichte von $\varrho = 1{,}59\,\text{g/cm}^3$. In ein Becherglas gießt man 50 ml Tetrachlormethan und 50 ml Wasser. Nun gibt man noch etwas Seife in das Becherglas. Erläutern Sie, wie sich die Seifenanionen an der Grenzfläche zwischen den beiden Flüssigkeiten anordnen werden.

A3 Heptan hat eine kleinere Oberflächenspannung als Wasser. Erläutern Sie diesen Befund.

A4 Beschreiben Sie die Vorgänge, die auf der Teilchenebene ablaufen, wenn man einen Fettfleck mit Seifenlösung bzw. mit Fleckbenzin aus einem Kleidungsstück entfernt.

Interferenz Überlagerung von (Licht)wellen

Oberflächenspannung
Im Inneren einer Flüssigkeit ist jedes Teilchen auf allen Seiten von Nachbarteilchen der gleichen Art umgeben. Anziehungskräfte von den Nachbarteilchen wirken von allen Richtungen und heben sich daher gegenseitig auf. Bei den Teilchen an der Oberfläche fehlen nach außen Nachbarteilchen der gleichen Art. Deshalb wirkt auf diese Teilchen eine Kraft, die ins Innere der Flüssigkeit gerichtet ist. Diese Kraft wirkt einer Oberflächenvergrößerung entgegen. Flüssigkeitströpfchen nähern sich der Kugelform an, da eine Kugel der geometrische Körper ist, der bei gegebenem Volumen die kleinste Oberfläche besitzt

4.11 Nachteile von Seifen

Seife dient heutzutage kaum noch als Waschmittel für Textilien. Dafür weist sie zu viele Nachteile auf.

Alkalische Reaktion. Wässrige Seifenlösungen reagieren alkalisch [V1]. Seifenanionen sind Basen, die im Rahmen einer Gleichgewichtsreaktion von Wassermolekülen Protonen aufnehmen können:

$$R-COO^-(aq) + H_2O \rightleftharpoons R-COOH(s) + OH^-(aq)$$

Wegen der so entstehenden Hydroxidionen brennt Seifenlauge in den Augen und kann die Haut, aber auch empfindliche Textilien wie Wolle oder Seide, schädigen [B2].

Wasserhärteempfindlichkeit. Leitungswasser enthält mehr oder weniger große Mengen an Calcium- und Magnesiumionen. Mit mehrwertigen Metallionen bilden Seifenanionen aber schwer lösliche *Metallseifen*, z. B. die *Kalkseife* [V2, B1].

$$2\ R-COO^-(aq) + Ca^{2+}(aq) \longrightarrow (R-COO)_2Ca(s)$$
$$\text{Kalkseife}$$

Je mehr Erdalkalimetallionen das Waschwasser enthält, je härter es also ist, desto mehr Metallseifen können entstehen. So geht nicht nur Seife für den Waschvorgang verloren, sondern die Kalkseife lagert sich auch leicht auf den Textilien ab. Dadurch werden die Stoffe grau und brüchig, das Gewebe verfilzt [B3].
Beim Waschen mit *weichem Wasser*, z. B. Regenwasser, wird die Bildung von Kalkseife vermieden.

Säureempfindlichkeit. In saurer Lösung entstehen aus Seife schwer lösliche Fettsäuren, die ausfallen [V3]:

$$R-COO^-(aq) + H_3O^+(aq) \longrightarrow R-COOH(s) + H_2O$$

Jedes protonierte Seifenanion ist für den Waschvorgang verloren.

B1 Wasserhärte und Waschwirkung

B2 Seifenlauge schädigt Wollgewebe (links vor, rechts nach dem Waschen)

V1 Tropfen Sie zu etwas Seifenlösung Phenolphthaleinlösung.

V2 Geben Sie in vier Reagenzgläser jeweils etwa drei Zentimeter hoch Seifenlösung. Tropfen Sie etwas Calciumchloridlösung in das erste Glas, etwas Magnesiumchloridlösung in das zweite Glas und etwas Kochsalzlösung in das dritte. Das vierte Glas soll als Vergleichslösung dienen. Beobachten Sie die Niederschlagsbildung. Nun werden alle vier Gläser mit Stopfen verschlossen und zweimal geschüttelt. Vergleichen Sie die Schaumbildung.

V3 Versetzen Sie eine Seifenlösung mit etwas verdünnter Essigsäure.

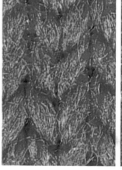

B3 Ablagerung von Kalkseife (links vor, rechts nach dem Waschen in hartem Wasser)

4.12 Alkylbenzolsulfonate

ABS in Waschmitteln. Seit 1950 verdrängen Tenside, die nicht aus Fetten hergestellt werden, die Seife mehr und mehr aus den Waschmitteln. Zu den wichtigsten dieser *synthetischen Tenside* gehören die **Alkylbenzolsulfonate (ABS)**. Das sind amphiphile Salze, deren organische Anionen aus einem unpolaren und einem polaren Teil bestehen [B2]. Von der Waschwirkung her sind Alkylbenzolsulfonate mindestens so gut wie Seifen, im Gegensatz zu diesen sind sie aber weder säureempfindlich, noch reagiert ihre Lösung alkalisch. ABS sind zwar nicht ganz so empfindlich gegenüber hartem Wasser wie Seife, trotzdem enthalten ABS-haltige Waschmittel immer *Wasserenthärter*. Das sind Verbindungen, die Erdalkaliionen binden. Früher waren dies Phosphate, die aber zu Gewässerbelastungen durch verstärktes Algenwachstum führten. Seit 1991 sind Waschmittel in Deutschland phosphatfrei. Als Wasserenthärter dienen nun meist Zeolithe (*Natriumaluminiumsilicate*), die als ökologisch unbedenklich gelten.

Biologische Abbaubarkeit von ABS. Ein früher Vertreter der Alkylbenzolsulfonate ist das *Tetrapropylenbenzolsulfonat* (TBS) [B2, links]. Wie alle verzweigten ABS ist es nur schwer biologisch abbaubar. Daher durchlief es unverändert die Kläranlagen und gelangte in Flüsse, wo es für Schaumberge sorgte [B1]. Lineare Alkylbenzolsulfonate [B2, rechts] werden gut von Bakterien abgebaut.

Synthese von linearen ABS. Alkylbenzolsulfonate lassen sich (noch) günstig herstellen. Die Ausgangsstoffe, Benzol und langkettige Alkene, stammen meist aus Erdöl. Die Synthese verläuft wie in B3 dargestellt.

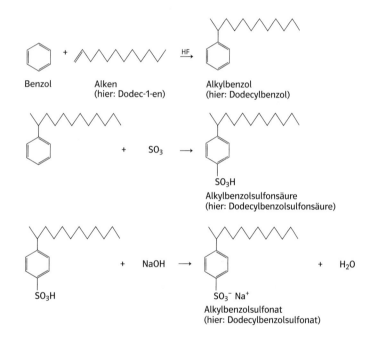

B2 Alkylbenzolsulfonate

Verzweigtes ABS
(hier: Tetrapropylenbenzolsulfonat)

Unpolarer Rest

Polare Sulfonatgruppe

Lineares ABS

Benzol

Alken
(hier: Dodec-1-en)

Alkylbenzol
(hier: Dodecylbenzol)

Alkylbenzolsulfonsäure
(hier: Dodecylbenzolsulfonsäure)

Alkylbenzolsulfonat
(hier: Dodecylbenzolsulfonat)

B3 Synthese eines linearen Alkylbenzolsulfonats

A1 Vergleichen Sie Seifen und ABS nach folgenden Kriterien: allgemeine Formel, polare Gruppe, unpolarer Rest, pH-Wert der wässrigen Lösung, Säureempfindlichkeit, Wasserhärteempfindlichkeit, biologische Abbaubarkeit, Ausgangsstoffe.

A2 Beschreiben Sie die in B2 dargestellte Synthese von linearen ABS mit Ihren eigenen Worten.

B1 Schaumberge auf einem Fluss

4.13 Exkurs Inhaltsstoffe von Waschmitteln

Tensidklasse	Beispiele
Fettalkoholsulfate (FAS, auch Fettalkoholpoly-glykolsulfate genannt)	$H_3C(-CH_2)_n-O-SO_3^-Na^+$ $11 \le n \le 15$
Fettalkoholethersulfate (FES)	$H_3C(-CH_2)_n-O(-CH_2-CH_2-O)_m-SO_3^-Na^+$ $11 \le n \le 17 \qquad 3 \le m \le 15$
Fettalkoholethoxylate (FAEO, auch Fettalkohol-polyglykolether genannt)	$H_3C(-CH_2)_n-O(-CH_2-CH_2-O)_m-H$ $11 \le n \le 17 \qquad 3 \le m \le 15$

B1 Wichtige synthetische Tenside

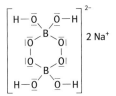

B2 Natriumperoxoborat

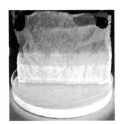

B3 Gewebe mit optischen Aufhellern im UV-Licht

B4 Verkapselte Enzyme (Enzymprills) für Waschmittel

B5 Kalkablagerungen auf Heizstäben (links) und auf einer Mischdüse (rechts)

Ein modernes Waschmittel ist eine Komposition aus vielerlei Inhaltsstoffen. Der Anteil der Tenside an der Gesamtmasse beträgt dabei höchstens 50 Prozent.

Tenside. Man unterscheidet *ionogene* und *nichtionogene Tenside*. *Aniontenside* gehören zu den ionogenen Tensiden, ihr waschaktives Teilchen ist ein Anion. Wichtige Beispiele sind die linearen Alkylbenzolsulfonate (LAS) (Kap. 4.12), die *Fettalkoholsulfate* (FAS) und die *Fettalkoholethersulfate* (FES) [B1]. Die beiden letztgenannten Tenside können aus Fetten hergestellt werden. Die nichtionogenen Tenside, z. B. die *Fettalkoholethoxylate* (FAEO) [B1] gewinnen zunehmend an Bedeutung, weil sie wasserhärteunempfindlich sind.

Gerüststoffe (Builder) sind nach den Tensiden die wichtigsten Waschmittelbestandteile. Sie haben mehrere Aufgaben. Erstens binden sie die im Leitungswasser vorkommenden Calcium- und Magnesiumionen. Dadurch wird zum einen das Wasser weicher und zum anderen wird verhindert, dass sich Kalk auf den Heizstäben der Waschmaschine ablagert [B5], was den Verbrauch an elektrischer Energie erhöhen würde. Zweitens unterstützen sie die Schmutzablösung durch die Tenside und drittens sorgen sie dafür, dass der Schmutz sich nicht wieder auf der Faser absetzt. Das jahrzehntelang als Builder verwendete *Pentanatriumtriphosphat* wird heute durch Gemische aus Zeolithen, Polycarboxylaten und Soda ersetzt. Auch Kombinationen aus Schichtsilicaten und Citraten kommen zum Einsatz.

Bleichmittel zerstören farbige Verschmutzungen wie Obst- oder Rotweinflecken und Stockflecken oxidativ. Aber auch Mikroorganismen werden abgetötet, was der Wäschehygiene zugutekommt. Als Bleichmittel wird häufig *Natriumperborat* (genauer: Natriumperoxoborat [B2]) eingesetzt. Es setzt beim Waschvorgang Wasserstoffperoxid frei, das unter Sauerstoffabspaltung zerfällt. Alternativ wird auch *Natriumpercarbonat* eingesetzt, wodurch eine mögliche Umweltbelastung durch Bor vermieden wird. Die Vorsilbe „Per" in manchen Waschmittelnamen wies früher oft auf ein Bleichmittel hin.

Optische Aufheller (Weißtöner) sind Farbstoffe, die Licht im UV-Bereich absorbieren und als blaue Fluoreszenz wieder abgeben [B3]. Dadurch wird der nach mehrmaligem Tragen und Waschen entstehende Gelbstich weißer Wäsche („Gilb") kompensiert, ja sogar überkompensiert („weißer als Weiß"). Bei empfindlichen Menschen können optische Aufheller allerdings zu Hautirritationen führen.

Seife. Der Zusatz von Seife erfolgt nicht, um die Waschwirkung zu erhöhen, sondern weil die bei höheren Temperaturen starke Schaumbildung der synthetischen Tenside unterbunden werden soll. Auch bestimmte Silikone werden als Schaumregulatoren eingesetzt.

Enzyme. Proteinhaltige Verschmutzungen, z. B. Blutflecke oder Eigelb, lassen sich nur schwer auswaschen. Eiweiß abbauende Enzyme [B4], die Proteasen, unterstützen den Reinigungsvorgang in „biologisch aktiven" Waschmitteln. Diese und andere Enzyme werden großtechnisch aus Bakterienkulturen gewonnen.

4.14 Praktikum Geheimtinten

V1 **Waschmittel und lipophiles Lösungsmittel**

Geräte, Materialien, Chemikalien: 2 Reagenzgläser, 2 Gummistopfen, Spatel, Watte, Filterpapier, Wattestäbchen, 2 kleine Stücke Baumwollstoff (z. B. von einer Mullbinde), weiße Wachskerze, Feuerzeug, Heptan, Waschmittel, Leitungswasser.

Durchführung: Machen Sie mit einer brennenden Wachskerze zunächst je einen kleinen Wachsfleck auf die beiden Stoffstücke. Vorsicht! Das Heptan dabei wegstellen. Nun geben Sie die beiden Textilien jeweils in eines der Reagenzgläser und fügen zum einen etwas Wasser und Waschmittel und zum anderen etwas Heptan hinzu. Verschließen Sie die Reagenzgläser und schütteln Sie sie. Nun tauchen Sie in das Reagenzglas mit der Waschmittellösung ein Wattestäbchen und schreiben damit ein Wort auf ein Stück Filterpapier. Dieser Vorgang wird beim Reagenzglas mit dem Heptan wiederholt. Man lässt die Filterpapiere trocknen, sodass die Schrift unsichtbar wird. Dann werden beide Filterpapiere mit einem wassergetränkten Wattebausch befeuchtet. Heben Sie etwas von der Wachslösung für V4 auf!

V2 **Waschmittel erzeugt Färbung (1)**

Geräte, Materialien, Chemikalien: 2 Reagenzgläser, 2 Gummistopfen, Watte, Filterpapier, Wattestäbchen, Phenolphthaleinlösung, Leitungswasser, Essig, Waschmittel (mit Seife oder Soda).

Durchführung: Mit der Phenolphthaleinlösung als „Geheimtinte" und einem Wattestäbchen als Stift schreiben Sie eine kurze Mitteilung für Ihren Banknachbarn auf ein Stück Filterpapier. Wenn der Alkohol verdunstet und die Schrift unsichtbar geworden ist, reichen Sie das Filterpapier an den Adressaten weiter. Um die vom Nachbarn erhaltene Nachricht sichtbar zu machen, stellen Sie sich eine Waschpulverlösung her. Damit tränken Sie einen Wattebausch, mit dem Sie dann das Filterpapier betupfen.
Die sichtbar gemachte Schrift verschwindet wieder, wenn man einen zweiten Wattebausch mit Essig tränkt und damit über das Blatt wischt.

V3 **Waschmittel erzeugt Färbung (2)**

Geräte, Materialien, Chemikalien: Reagenzglas, Gummistopfen, Watte, Filterpapier, Wattestäbchen, Kaliumiodid, entionisiertes Wasser, Waschmittel mit Bleichmittel.

Durchführung: Die „unsichtbare Tinte" ist diesmal eine konzentrierte Lösung von Kaliumiodid in Wasser. Heben Sie etwas von dieser Lösung für V4 auf!
Sichtbar machen lässt sich das mit dieser Lösung Geschriebene wieder mittels einer Waschmittellösung, die Bleichmittel enthält [B2].
Sollte die Schrift nur schwach hervortreten, so können Sie versuchen, sie durch Betupfen mit einer Stärkelösung zu verstärken.

V4 **„Mehrfarbige" Geheimschrift**

Geräte, Materialien, Chemikalien: Filterpapier, Wattestäbchen, Wachslösung von V1, Phenolphthaleinlösung, Kaliumiodidlösung von V3.

Durchführung: Fassen Sie die „Rezepte" der drei Geheimtinten in einer Tabelle nach dem Muster von B1 zusammen.
Schreiben Sie mit den drei unsichtbaren Tinten eine „mehrfarbige" Nachricht an einen Mitschüler, die dieser dann zu Hause entwickeln und lesen soll.

B2 Waschmittel für die Entwicklerlösung

Schreibflüssigkeit	Entwicklerlösung	Tintenfarbe
Wachslösung		
		rot
	Waschmittellösung mit Bleichmittel	

B1 Übersicht „Geheimtinten"

A1 Erläutern Sie die Vorgänge, auf denen die „Geheimschriften" beruhen.

A2 Mit einer Waschmittellösung wurde eine Nachricht geschrieben, die im Schwarzlicht einer Discothek sichtbar wird. Was sagt dies über das Waschmittel aus?

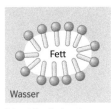

B1 Micelle in einer Öl-Wasser-Emulsion

Fette

sind Glycerintriester (Triglyceride) langkettiger Carbonsäuren (Fettsäuren).

Naturdiesel

ist chemisch unbehandeltes Pflanzenöl, das für die Verbrennung in Motoren bestimmt ist.

Biodiesel

ist mit Methanol umgeestertes pflanzliches (oder tierisches) Fett (z. B. **R**apsöl**m**ethyl**e**ster, RME). Seine Eigenschaften ähneln denen von mineralischem Diesel.

Verseifung

im engeren Sinne nennt man die alkalische Hydrolyse eines Fettes. Die dabei entstehenden Alkalisalze der Fettsäuren heißen Seifen.

Tenside

sind grenzflächenaktive Stoffe. Alle Tenside sind amphiphil, da sie aus Teilchen bestehen, die polare und unpolare Bereiche aufweisen. Tenside können hydrophobe Stoffe, z. B. Fette, in Wasser dispergieren. Deshalb werden sie als Waschsubstanzen verwendet.

A1 Wie viele verschiedene Fettmoleküle könnten aus Glycerin, Ölsäure und Palmitinsäure hergestellt werden? Stellen Sie eine dieser Fettsynthesen mit Strukturformeln dar.

A2 Ein Streichholz kann als Modell für ein Seifenanion dienen. Legen Sie aus Streichhölzern das zweidimensionale Bild einer Kugelmicelle in Wasser und einer kleinen Seifenblase.

A3 Tungöl (chinesisches Holzöl) wird zur Herstellung von Lacken verwendet. Seine Glycerinmoleküle sind zu über 75 % mit Octadeca-(Z,E,E)-9,11,13-triensäure (Eläostearinsäure) verestert. Zeichnen Sie die Strukturformel dieser Fettsäure.

A4 Welche der nachfolgend aufgelisteten Verbindungen sind Tenside? Begründen Sie jeweils Ihre Entscheidung. Ordnen Sie die Verbindungen ihrer jeweiligen Verbindungsklasse zu.
a) $CH_3(-CH_2)_{16}-COOCH_3$
b) $CH_3(-CH_2)_{16}-COO^-K^+$
c) $CH_3(-CH_2)_{17}-OSO_3^-Na^+$

A5 In der Schwerelosigkeit nehmen sowohl ein Wassertropfen als auch ein Quecksilbertropfen die Kugelform an. Erklären Sie diese Beobachtung.

A6 Venezuela und Kanada sind reich an Ölsand. Der Erdölanteil der Ölsande beträgt bis zu 18 Prozent. Machen Sie zwei Vorschläge, wie man das Erdöl aus dem Ölsand herauswaschen könnte.

B2 Bildung bzw. Hydrolyse eines Fettes

Glycerin + Fettsäure ⇌ Fett (Veresterung / Hydrolyse) + 3 H₂O

	Seife	Alkybenzolsulfonat
Allgemeine Formel		
pH-Bereich der wässrigen Lösung	alkalisch	annähernd neutral
Säureempfindlichkeit	groß	keine
Härteempfindlichkeit	groß	mittel
Biologische Abbaubarkeit	sehr gut	bei linearem ABS gut
Ausgangsstoff	Fette	Erdöl (und Erdgas)

☐ unpolarer Rest   ▨ polare Gruppe

B3 Vergleich von Seife und Alkylbenzolsufonat

5 Kohlenhydrate und Stereoisomerie

Glucose in Früchten, Saccharose in Zuckerrüben, Stärke in Kartoffeln – Kohlenhydrate sind in unseren Lebensmitteln in mannigfaltiger Form vorhanden.

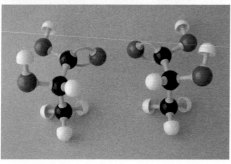

■■■ Bei der Stoffklasse der Kohlenhydrate handelt es sich mit um die größte und wichtigste Naturstoffgruppe, die in erster Linie in Pflanzen, aufgrund der Fotosynthese, äußerst weit verbreitet ist.

■■■ Glucosemoleküle sind imstande, sich zu größeren Einheiten zu verbinden. So entstehen etwa Biopolymere wie Stärke oder Cellulose.

■■■ Im Bereich der Biomoleküle, gibt es verschiedene Arten der Isomerie. Trotz gleicher Summenformel für eine Verbindung sind Moleküle mit ganz unterschiedlichen Eigenschaften möglich, obwohl sie scheinbar nur geringfügige Unterschiede in ihrer Konfiguration aufweisen.
So kommen Moleküle vor, die sich nicht mit ihrem Spiegelbild zur Deckung bringen lassen, genauso wie die linke Hand nicht deckungsgleich mit der rechten Hand ist.

5.1 Exkurs Konformationsisomerie

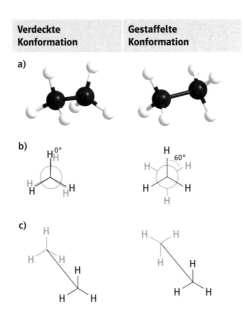

Verdeckte Konformation	Gestaffelte Konformation

a)

b)

c)

B2 Die zwei wichtigsten Konformere des Ethanmoleküls: a) Kugel-Stab-Modelle, b) Newman-Projektionen, c) Sägebock-Projektionen

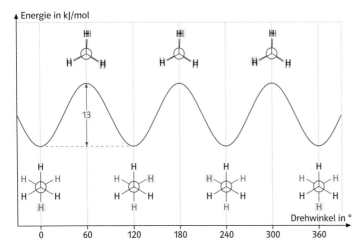

B1 Energie der Ethan-Konformere in Abhängigkeit vom Torsionswinkel

Konformere des Ethans. Baut man ein Kugel-Stab- oder Kalottenmodell des Ethanmoleküls, so stellt man fest, dass sich die beiden CH_3-Gruppen gegeneinander verdrehen lassen. Die Modelle veranschaulichen die Tatsache, dass bei Zimmertemperatur eine freie Drehbarkeit um die C–C-Bindungsachse gegeben ist. Die bei dieser Drehung gegebenen räumlichen Anordnungen der Atome werden Konformationen eines Moleküls genannt.

Die durch Drehung um Einfachbindungen möglichen räumlichen Anordnungen der Atome eines Moleküls werden als Konformationen bezeichnet.

Es sind allerdings nicht alle Stellungen der CH_3-Gruppen zueinander energetisch völlig gleichwertig. Unter den unendlich vielen Konformationen befinden sich zwei besondere: die **gestaffelte** und die **verdeckte** Anordnung [B1]. Diese beiden Konformationen lassen sich besonders deutlich erkennen, wenn man das Molekül in der **Newman-Projektion** [B1b] darstellt. Dabei projiziert man das Molekül entlang der C—C-Bindungsachse in eine Ebene. Das vordere, d.h. dem Betrachter nähere Kohlenstoffatom wird durch einen Punkt (hier schwarz), das hintere durch einen Kreis (hier rot) dargestellt.

Beim Verdrehen der CH_3-Gruppen gegeneinander, der **Torsion**, ändert sich die Entfernung zwischen den Wasserstoffatomen der beiden Gruppen und damit das Ausmaß ihrer Wechselwirkungen. Die verschiedenen Konformationen entsprechen daher verschiedenen Energiezuständen des Moleküls. In der gestaffelten Form besitzt das Molekül die geringste, in der verdeckten Form die höchste Energie. Die Energiedifferenz zwischen diesen beiden Extremwerten beträgt allerdings nur 13 kJ/mol. Sie wird bereits durch die Bewegungsenergie der Moleküle aufgebracht, sodass eine ständige Rotation stattfindet. Größere Anteile der energieärmeren, gestaffelten Form liegen daher erst bei sehr tiefen Temperaturen vor.

Konformere des Cyclohexans. Der Cyclohexanring ist nicht eben gebaut, da die vier Bindungen der Kohlenstoffatome jeweils nahezu tetraedrisch angeordnet sind. Trotz Anordnung der Kohlenstoffatome in einem Sechsring ist die Drehbarkeit um die C—C-Bindungsachse noch eingeschränkt möglich. Bei der Drehung verändert sich die Stellung benachbarter CH_2-Gruppen zueinander.

In der **Sesselform** [B3, links] sind alle Wasserstoffatome gestaffelt angeordnet. Sie ist deshalb die energieärmste Konformation des Cyclohexanmoleküls. Diese liegt bei Zimmertemperatur am häufigsten vor. Klappt das eine Molekülende hoch, so entsteht die **Wannenform** [B3, rechts]. Für die acht Wasserstoffatome des „Wannenbodens" ergibt sich die ungünstige verdeckte Anordnung.

Die Sessel- und die Wannenform sind die beiden wichtigsten Konformationsisomere (Konformere) des Cyclohexanmoleküls.

Möchte man bei der Darstellung des Cyclohexanmoleküls auf keine bestimmte Konformation abheben, kann man in der Regel den aus Kohlenstoffatomen gebildeten Ring als regelmäßiges Sechseck zeichnen [B4].

Sesselform	Wannenform
a)	

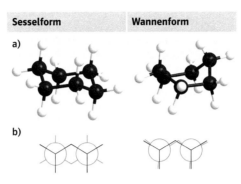

b)

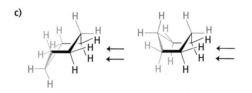

Die in der Sägebock-Projektion blau dargestellten H-Atome werden in der Newman-Projektion nicht dargestellt

c)

Blickrichtung, um zur Newman-Projektion zu gelangen

B3 Die zwei wichtigsten Konformere des Cyclohexanmoleküls: a) Kugel-Stab-Modelle, b) Newman-Projektionen, c) Sägebock-Projektionen

B4 Cyclohexanmolekül ohne Angabe der Konformation: mit Darstellung der Wasserstoffatome (links), ohne Darstellung der Wasserstoffatome (rechts)

V1 Bauen Sie ein Kugel-Stab-Modell des Ethanmoleküls und beschreiben Sie die räumliche Umgebung jeweils eines Kohlenstoffatoms. Was folgt daraus für die Bindungswinkel?

V2 Bauen Sie das Kugel-Stab-Modell eines Cyclohexanmoleküls. Richten Sie die Atome so aus, dass Sie die Sesselform vor sich haben und anschließend die Wannenform.

A1 Erläutern Sie, was man unter den Konformationen eines Moleküls versteht.

A2 Nutzen Sie eine Software, mit der 3D-Moleküle dargestellt werden.
a) Modellieren Sie ein Ethanmolekül und stellen Sie dies zunächst in der verdeckten und dann in der gestaffelten Konformation dar. **b)** Wiederholen Sie V2 mithilfe der Software.

5.2 Chiralität als Voraussetzung für Spiegelbildisomerie

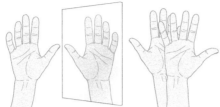

B2 Linke und rechte Hand als Modell für eine Bild-Spiegelbild-Beziehung

Chiralität im Alltag. Ein Paar Hände stehen zueinander in einer Bild-Spiegelbild-Beziehung. Sie sind nicht deckungsgleich [B2]. Können Objekt und Spiegelbild nicht zur Deckung gebracht werden, so handelt es sich um ein **chirales** Objekt.

Zu den vielen chiralen Objekten [B3, links], mit denen wir tagtäglich zu tun haben, gehören z. B. ein paar Schuhe, Schrauben, Wendeltreppen. Chirale Objekte besitzen keinerlei Symmetrieelemente, wie z. B. Spiegelebenen.

Auf der anderen Seite gibt es auch viele **achirale** Gegenstände [B3, rechts] – also solche, die sich mit ihrem Spiegelbild zur Deckung bringen lassen – wie eine Gabel, einen Kamm oder ein Wasserglas.

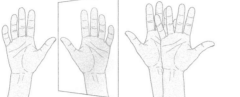

B4 Tetradermodell von CHBrClI (links) und Spiegelbild (rechts) sind verschieden

Objekte, die mit ihrem Spiegelbild nicht zur Deckung gebracht werden können, sind chiral.

Chirale und achirale Moleküle. Baut man mehrere Modelle von Bromchloriodmethan (CHBrClI) [B4] und vergleicht sie miteinander, kann man eine Entdeckung machen. Man kann die Modelle drehen und wenden, stets ist festzustellen, dass sich zwei Typen nicht zur Deckung bringen lassen und daher nicht identisch sind. Beide Moleküle stehen zueinander wie Bild und Spiegelbild. Sie sind **chiral**. Die Überführung des einen in das andere Molekül ist nur durch eine andere räumliche Anordnung von Substituenten möglich. Beide Molekülmodelle verkörpern zwei isomere Bromchloriodmethanverbindungen. Es handelt sich dabei um **Stereoisomere** (räumliche Isomere).

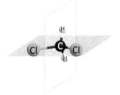

B1 Spiegelebenen bei Dichlormethan. Das Molekül ist daher achiral

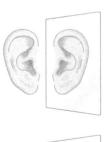

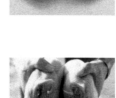

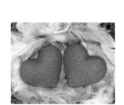

B3 Chirale (links) und achirale (rechts) Objekte

chiral

Spiegelebene

achiral

B5 Beispiele für chirale und achirale Moleküle

Stereoisomere sind Isomere, deren Atome zwar in derselben Reihenfolge miteinander verknüpft sind (sie haben also die gleiche Konstitution), sich aber deutlich in der räumlichen Anordnung (Konfiguration) voneinander unterscheiden.

Weitere Beispiele chiraler und achiraler Moleküle sind in B5 dargestellt.
Alle gezeigten chiralen Moleküle, wie auch das CHBrClI-Molekül, enthalten ein Atom mit *vier verschiedenen Substituenten*.
Im einfachsten Fall liegt in der organischen Chemie Chiralität vor, wenn in einem Molekül ein **Kohlenstoffatom** vier verschiedene Substituenten trägt. Man bezeichnet dieses **Kohlenstoffatom** als **asymmetrisches Kohlenstoffatom** oder **Chiralitätszentrum**. Zentren dieser Art werden häufig mit einem Stern „*" gekennzeichnet [B6].

Spiegelebene

B6 Asymmetrische C-Atome werden oft mit einem Stern gekennzeichnet

Kohlenstoffatome mit vier verschiedenen Substituenten werden asymmetrische Kohlenstoffatome genannt und als „C*" gekennzeichnet. Sie sind Chiralitätszentren der Moleküle.

Moleküle mit genau einem Chiralitätszentrum sind *immer chiral*. Dies gilt aber nicht notwendigerweise auch für Strukturen mit mehreren Chiralitätszentren.

Viele chirale Objekte, wie beispielsweise Wendeltreppen, haben keine Chiralitätszentren. Dies gilt auch für viele chirale Moleküle. Das einzige Kriterium für Chiralität ist ja, dass sich Bild und Spiegelbild *nicht* zur Deckung bringen lassen.

A1 Geben Sie an, welche der folgenden Verbindungen chiral sind:
a) 2-Methylheptan   b) 3-Methylheptan
c) 4-Methylheptan   d) 1,1-Dibrompropan
e) 1,2-Dibrompropan   f) 1,3-Dibrompropan.

A2 Geben Sie an, ob folgende Dinge aus dem täglichen Leben chiral oder achiral sind: Tasse, Propeller, Kühlschrank, Fußball, Messer.

A3 Geben Sie bei folgenden Molekülpaaren an, ob es sich um Stereoisomere, Konstitutionsisomere oder identische Moleküle handelt.
a)
$$CH_3CH_2CH_2CH \quad\quad CH_3CH_2CHCH_2CH_3$$

b)

c)

A4 Die Abbildung 7 zeigt ein Stereoisomer des 1,2-Dibromcyclobutans.
Zeichnen Sie alle weiteren Stereoisomere des 1,2-Dibromcyclobutans und geben Sie an, ob diese Stereoisomere chiral oder achiral sind. Begründen Sie kurz.

Bei Stereoisomeren ist die Stellung der Atome oder Atomgruppen im Raum wesentlich. Um einen perspektivischen Eindruck eines Moleküls zu vermitteln, werden die Bindungen zu Substituenten, die vom Betrachter weg weisen, als strichlierter Keil (ıııı·) dargestellt. Bindungen zu Substituenten, die auf den Betrachter hin weisen, stellt man als ausgefüllten Keil (►) dar

B7 1,2-Dibromcyclobutan

Enantiomere von griech.
enantios, entgegengesetzt

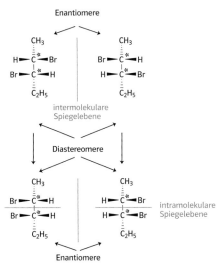

B8 Die Stereoisomere von 2,3-Dibrompentan in Keil-Strich-Schreibweise

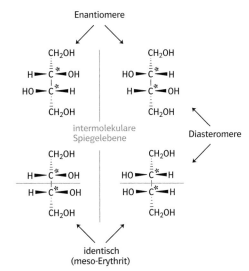

B9 Strukturen von Erythrit (Butan-1,2,3,4-tetrol) in Keil-Strich-Darstellung

Spiegelbildisomere sind Stereoisomere, die sich wie Bild und Spiegelbild verhalten und daher nicht miteinander zur Deckung gebracht werden können. Solche Moleküle sind chiral und werden auch **Enantiomere** genannt.

Moleküle, die sich mit ihrem Spiegelbild nicht decken, nennt man Enantiomere oder Spiegelbildisomere.

Diastereomere [B8] sind ebenfalls Stereoisomere. Sie verhalten sich aber, im Gegensatz zu Enantiomeren, nicht wie Bild und Spiegelbild.

Diastereomere sind Konfigurationsisomere, die keine Enantiomere sind.

Verbindungen mit mehreren Chiralitätszentren. Besitzt ein Molekül n Chiralitätszentren, so können maximal 2^n Stereoisomere vorkommen; bei zwei Chiralitätszentren gibt es also maximal vier Isomere. Beispielsweise gibt es von 2,3-Dibrompentan zwei Paare von Enantiomeren [B8].
Auch das Molekül Erythrit (Butan-1,2,3,4-tetrol) besitzt zwei Chiralitätszentren, doch gibt es nur drei Stereoisomere mit dieser Konstitutionsformel [B9].

Man kann eine Molekülstruktur des Erythrits, unter Beibehaltung der an den C*-Atomen vorliegenden Konfiguration durch Spiegelung in die andere, identische, überführen. Dies ist immer dann möglich, wenn innerhalb des Moleküls eine Spiegelebene verläuft. Neben den beiden enantiomeren Formen des Erythrits gibt es also eine weitere, diastereomere Form, *meso*-Erythrit.

Meso-Verbindungen enthalten Chiralitätszentren. Trotzdem sind ihre Moleküle und deren Spiegelbilder deckungsgleich.

A5 Stellen Sie die Strukturformeln aller Isomere mit der Summenformel $C_3H_6Br_2$ auf und benennen Sie die Verbindungen. Geben Sie eventuelle Enantiomerenpaare an.

5.3 Exkurs Übersicht – Arten von Isomerie

Unter Isomerie versteht man ganz allgemein die Erscheinung, dass Moleküle bei gleicher Summenformel unterschiedliche Strukturformeln besitzen. Isomere sind daher verschiedene Substanzen mit unterschiedlichen chemischen und physikalischen Eigenschaften (Ausnahme: Konformationsisomere).

Konstitutionsisomerie. Moleküle, die bei gleicher Summenformel *unterschiedliche Atomverknüpfungen* haben, werden *Konstitutionsisomere* genannt.

- *Funktionelle Isomere* besitzen unterschiedliche funktionelle Gruppen.
- *Skelettisomere* haben ein unterschiedlich verknüpftes Grundgerüst bei gleichen funktionellen Gruppen.
- Bei *Stellungsisomeren* liegen die gleichen funktionellen Gruppen an unterschiedlichen Positionen.
- *Tautomerie* liegt vor, wenn sich zwei Konstitutionsisomere reversibel ineinander umlagern können, indem Molekülteile, bevorzugt Protonen, ihren Platz wechseln.
- *Valenzisomere* unterscheiden sich in der Anzahl und/oder Position von Einfach- und Mehrfachbindungen.

Stereoisomerie. Moleküle, die bei gleicher Summenformel und gleicher Verknüpfung der Atome (Konstitution) dennoch *Unterschiede in der räumlichen Anordnung* der Atome (Konfiguration) zeigen, werden *Stereoisomere* genannt.

- *Geometrische Isomere* (*E-Z*-Isomere) zeigen eine unterschiedliche Lage von Atomen oder Atomgruppen an Doppelbindungen und Ringen. *E-Z*-Isomere sind Diastereomere.
- *Spiegelbildisomere* treten immer bei Molekülen mit mindestens einem Chiralitätszentrum auf. Die Isomere verhalten sich dann wie Bild und Spiegelbild zueinander.
- *Konformationsisomere* liegen vor, wenn durch Drehung um eine oder mehrere Einfachbindung(en) – ohne dabei Bindungen zu lösen – Atome oder Atomgruppen unterschiedliche räumliche Positionen einnehmen können.

Konstitutionsisomerie (Strukturisomerie)

Funktionelle Isomere

Ethanol   Dimethylether

Skelettisomerie (Gerüstisomerie)

Butan   Isobutan

Stellungsisomerie (Positionsisomerie)

Propan-1-ol   Propan-2-ol

Tautomerie (Protonenisomerie)

Ethanal   Ethenol

Valenzisomerie (Bindungsisomerie)

Cyclopropen   Propadien

Propin

Stereoisomerie (Raumisomerie)

Geometrische Isomerie (E-Z-Isomerie)

(*Z*)-Chlorethen   (*E*)-Chlorethen

Spiegelbildisomerie (Konfigurationsisomerie)

L-Milchsäure   D-Milchsäure

Konformationsisomerie (Rotationsisomerie)

Ethan in Sägebockprojektion

verdeckt (eclipsed)   gestaffelt (staggered)

Ethan in Keilstrichformeln

5.4 Optische Aktivität

Enantiomere stimmen in fast allen ihren physikalischen und chemischen Eigenschaften überein und lassen sich nicht mit physikalischen Verfahren wie etwa Destillation trennen. Wichtigstes Unterscheidungsmerkmal ist die Art und Weise, wie sie mit linear polarisiertem Licht wechselwirken.

Linear polarisiertes Licht. Licht kann man als eine elektromagnetische Welle, die transversal, also rechtwinkelig, zur Ausbreitungsrichtung schwingt, verstehen. Dabei kann es in allen möglichen Ebenen im 90°-Winkel zur Ausbreitungsrichtung schwingen. Licht einer Schwingungsebene bezeichnet man als polarisiertes Licht.

Durch ein lineares *Polarisationsfilter* können alle Schwingungsrichtungen bis auf eine geschwächt bzw. ganz absorbiert werden, wodurch man linear polarisiertes Licht erhält. Dieses Licht schwingt also hauptsächlich in einer Ebene, die durch das Polarisationsfilter bestimmt wird [B1].

Licht, dessen Schwingungen vorzugsweise in einer Ebene stattfinden, nennt man linear polarisiertes Licht.

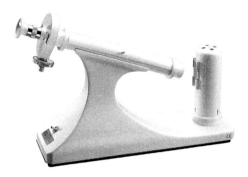

B2 Ein Polarimeter zur Analyse optisch aktiver Substanzen

Erfassung der optischen Aktivität. Mit einem Polarimeter [B2] kann man die optische Aktivität einer Verbindung untersuchen. Als Lichtquelle dient eine Natriumdampflampe, die ausschließlich Licht einer bestimmten Wellenlänge erzeugt, welches durch ein Filter, den **Polarisator**, tritt. Das so erzeugte monochromatische, linear polarisierte Licht wird durch ein zweites, ebenfalls drehbares Filter, den **Analysator**, betrachtet. Haben die beiden Filter die gleiche Orientierung, so kann das polarisierte Licht vollständig austreten und beobachtet werden.
Dreht man den Analysator hingegen so, dass der Analysator senkrecht zum Polarisator steht, wird der Durchtritt des linear polarisierten Lichts verhindert [B3].

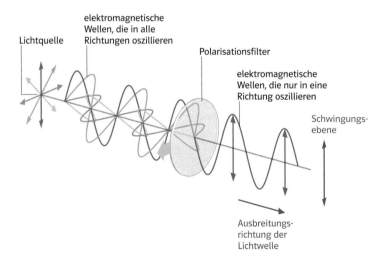

B1 Wirkungsweise eines Polarisationsfilters: Durchlass von Licht mit Vorzugsrichtung

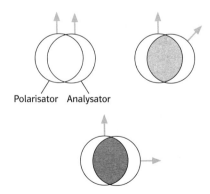

B3 Durchgang von linear polarisiertem Licht durch Polarisator und Analysator bei verschiedenen Analysatororientierungen

Bringt man nun eine Lösung einer optisch aktiven Verbindung in den Strahlengang zwischen Polarisator und Analysator, die im 90°-Winkel zueinander stehen (Referenz- bzw. Nullpunkt), so wird am Analysator eine Aufhellung zu beobachten sein. Die Schwingungsrichtung des polarisierten Lichts stimmt nach dem Durchtritt durch die optisch aktive Lösung nicht mehr mit der Schwingungsrichtung des polarisierten Lichts vor der Testlösung überein. Sie ist um einen bestimmten Winkel gedreht worden.

Diesen entsprechenden **Drehwinkel** α ermittelt man durch erneutes Drehen des Analysators bis zur völligen Löschung des Lichts.

Optisch aktive Substanzen wechselwirken in besonderer Art und Weise mit linear polarisiertem Licht: Sie drehen dessen Schwingungsebene.
Ein Messgerät, mit dem man feststellen kann, ob eine Verbindung optisch aktiv ist, nennt man Polarimeter.

Chiralität ist die geometrische Voraussetzung (im Molekülbau) für optische Aktivität.

Milchsäuren. Das Sauerwerden von Milch ist auf bestimmte Mikroorganismen (verschiedene Lactobazillen und Streptokokken) zurückzuführen, die den in der Milch enthaltenen Milchzucker Lactose zur sogenannten Gärungsmilchsäure umsetzen. Bei dieser Milchsäure handelt es sich um ein Gemisch der beiden enantiomeren Molekülformen. Im menschlichen Körper wird nur (+)-Milchsäure gebildet. Die beiden Milchsäureenantiomere stimmen in vielen Eigenschaften überein: sie schmelzen z.B. beide bei 53°C, doch unter-

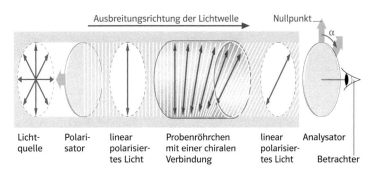

B5 Schematische Darstellung und Funktionsweise eines Polarimeters mit optisch aktiver Substanz in der Messzelle

scheiden sie sich in einer wichtigen Eigenschaft: Beim Gang des linear polarisierten Lichts durch Lösungen der beiden reinen Milchsäureenantiomere wird dessen Schwingungsrichtung um einen bestimmten Winkel gedreht. Bei der (+)-Milchsäure muss der Analysator nach rechts, im Uhrzeigersinn, bei der (–)-Milchsäure nach links, im Gegenuhrzeigersinn, gedreht werden, wobei die Blickrichtung der Richtung des Lichtstrahls entgegengesetzt ist. Beide Milchsäureenantiomere sind somit optisch aktiv.

Die Zeichen (+) und (–) geben die Änderung der Schwingungsrichtung des linear polarisierten Lichts an, (+) steht für rechts herum, also im Uhrzeigersinn, (–) steht für links herum, also entgegen dem Uhrzeigersinn.

A1 Die Probe einer optisch aktiven Lösung liefert bei der Messung in einem Polarimeter einen Drehwinkel von $\alpha = +35°$. Überlegen Sie, wie sich feststellen lässt, dass dieser Drehwinkel richtig bezeichnet worden ist und nicht $\alpha = -145°$ der richtige ist.

A2 „Mit rechtsdrehender Milchsäure", so steht es werbewirksam auf vielen Joghurtprodukten [B5]. Ernährungsbewusste Zeitgenossen greifen dann besonders gerne zu diesen Produkten. Erklären Sie, welche Informationen dieser Aufdruck chemisch gesehen gibt. Recherchieren Sie, ob der Kauf solcher Produkte sinnvoll ist.

B6 Joghurt mit rechtsdrehender Milchsäure

(+)-Milchsäure
rechtsdrehend

(–)-Milchsäure
linksdrehend

B4 Keil-Strich-Formeln der rechts- und linksdrehenden Milchsäure

Exkurs Die spezifische Drehung α_{sp}

Die Fähigkeit, die Schwingungsrichtung des linear polarisierten Lichts zu drehen, ist die Eigenschaft der einzelnen Moleküle einer optisch aktiven Substanz.
Der Wert des gemessenen Drehungswinkels α hängt von der Konzentration β und Struktur des optisch aktiven Moleküls sowie der Länge l der Messzelle ab.

Deswegen wird eine spezifische Drehung α_{sp} ausgerechnet:

$$\alpha_{sp} = \frac{\alpha}{\beta \cdot l}$$

β = Massenkonzentration der Probenlösung in $g \cdot ml^{-1}$; bei Reinstoffen stimmt die Massenkonzentration mit der Dichte überein.

l = Länge des Probenrohrs in dm

Die spezifische Drehung α_{sp} einer optisch aktiven Verbindung hängt dann noch von der Wellenlänge des Lichts, dem Lösungsmittel und der Temperatur ab. Hält man diese Bedingungen fest, so ist die spezifische Drehung eine physikalische Konstante, die für diese Substanz charakteristisch ist, ebenso wie die Schmelz- oder Siedetemperatur. α_{sp} ist in entsprechenden Tabellenwerken verzeichnet,

z. B.:
(+)-Milchsäure: α_{sp} = +3,82 ° $\cdot$ ml $\cdot$ g^{-1} $\cdot$ dm^{-1}
(–)-Milchsäure: α_{sp} = –3,82 ° $\cdot$ ml $\cdot$ g^{-1} $\cdot$ dm^{-1}.

A1 Eine Milchsäurelösung zeigt einen Drehwinkel von α = – 2 °. Die Länge des Polarimeterrohres beträgt l = 2 dm. Berechnen Sie die Massenkonzentration β der Lösung.

A2 Mit 12 g Traubenzucker werden 100 ml einer wässrigen Lösung hergestellt.
a) Die Lösung bewirkt in einem Polarimeterrohr von 5 cm Länge eine Drehung von 3,15 °. Berechnen Sie die spezifische Drehung.
b) Berechnen Sie den zu erwartenden Drehwinkel der Lösung in einem Rohr von 12,5 cm Länge.
c) 10 ml der Ausgangslösung werden auf 30 ml verdünnt und in einem 5-cm-Rohr gemessen. Berechnen Sie den Drehwinkel.

B7 Vor allem die L-(+)-Weinsäure und deren Magnesium-, Kalium- und Calciumsalze findet man in Reben, Blättern und Trauben des Weinstocks

V1 **a)** Legen Sie zwei Polarisationsfilter hintereinander, betrachten Sie durch sie hindurch eine Lichtquelle und drehen Sie eines der beiden Filter, während das andere in unveränderter Position gehalten wird.
b) Betrachten Sie die Spiegelung in einem Fenster durch ein Polarisationsfilter. Drehen Sie die Folie während der Beobachtung.

V2 Zunächst wird eine Stammlösung aus Saccharose hergestellt. Dazu löst man z. B. 70 g (+)-Saccharose in 60 ml heißem, destilliertem Wasser, führt die abgekühlte Lösung in einen 100-ml-Messkolben über und füllt diesen auf 100 ml Lösung auf. Eine Küvette oder ein Polarimeterrohr wird dann luftblasenfrei mit der Saccharoselösung gefüllt und in das Polarimeter gebracht. Der Drehwinkel, einschließlich des Vorzeichens, wird festgestellt. Anschließend wird eine Lösung mit der halben Massenkonzentration hergestellt, indem man z. B. 20 ml der Stammlösung mit dem gleichen Volumen Wasser verdünnt. Entsprechend werden Lösungen mit dem 4. bzw. 8. Teil der Anfangskonzentration bereitet und jeweils der Drehwinkel der Lösungen gemessen.

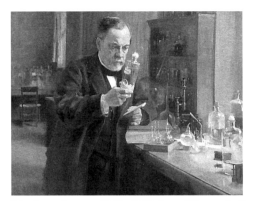

Louis Pasteur (1822 – 1895), franz. Wissenschaftler; Entdecker der Grundlagen der Stereochemie und Pionier im Bereich der Mikrobiologie

Weinsäuren	D-(−)-Weinsäure	L-(+)-Weinsäure	Traubensäure
Tetraedermodelle	a)	b)	Racemat: D- und L-Weinsäure im Stoffmengen-verhältnis 1 : 1
Projektionsformeln nach FISCHER	COOH HO — C* — H H — C* — OH COOH	COOH H — C* — OH HO — C* — H COOH	
Schmelztemperatur (°C)	168	168	210
α_{sp} (° · ml · g^{-1} · dm^{-1})	− 13	+ 13	0
Löslichkeit in Wasser (g/(100 ml)) bei 20 °C	139	139	21
Dichte (g · cm^{-3}) bei 20 °C	1,76	1,76	1,79

B9 Strukturen und Eigenschaften der Weinsäuren

Racemate.

Gemische, die von jedem Enantiomer gleich viele Moleküle aufweisen, sind ebenfalls optisch inaktiv, da die durch die Moleküle des einen Enantiomeres hervorgerufene Wirkung auf das Licht durch die Moleküle des anderen Enantiomers wieder rückgängig gemacht wird. Ein solches Gemisch nennt man Racemat.

Ein Gemisch, welches beide Enantiomere im Verhältnis 1:1 enthält, wird Racemat genannt und durch das Zeichen „±" gekennzeichnet. Racemate bestehen ausschließlich aus chiralen Molekülen. Die racemische Lösung dieser Moleküle ist optisch inaktiv.

Auch die von Louis Pasteur [B8] untersuchte „Weinsäure" stellt ein Racemat, also ein 1:1-Gemisch der chiralen (+)- und (−)-Weinsäure dar. Dieses Racemat wird auch **Traubensäure** (Acidum **racemicum**) genannt und gibt der Erscheinung ihren Namen. Racemische Gemische können sich oftmals deutlich hinsichtlich ihrer Schmelztemperaturen oder Löslichkeiten in Wasser von denen der reinen Enantiomeren unterscheiden [B9].

A3 Zeichnen Sie die Strukturformeln der Moleküle, die sich durch Oxidation vom dreiwertigen Alkohol Propantriol am C-Atom 1 ableiten lassen und kennzeichen Sie die asymmetrischen Kohlenstoffatome. Beurteilen Sie, ob die Moleküle optisch aktiv sind.

A4 Recherchieren und zeichnen Sie die Formeln von Äpfelsäure, Citronensäure und Glykolsäure. Markieren Sie jeweils die Chiralitätszentren.

A5 Neben der (+)- und (−)-Weinsäure gibt es noch eine weitere Weinsäure. Zeichnen Sie die Strukturformel und beurteilen Sie, ob eine wässrige Lösung dieser Weinsäure optisch aktiv ist.

A6 Zeichnen Sie die Formel eines Kaliumsalzes der L-(+)-Weinsäure. Benennen Sie dieses Salz.

5.5 Fischer-Projektionsformeln

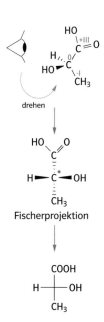

Fischerprojektion

Kurzschreibweise

B1 Erstellung der Fischer-Projektions-formel eines Milchsäure-enantiomers

COOH bei den Molekülmodellen oben rechts:

COOH

H₃C — H / OH

und

COOH

H₃C — H / OH

B2 Milchsäuremolekül mit räumlicher Orientierung der Substituenten (links), zur Verdeutlichung der tetraedrischen Struktur (rechts). In beiden Fällen handelt es sich um das gleiche Enantiomer

Oftmals steht man bei der zeichnerischen Wiedergabe von Molekülen vor dem Problem, eine dreidimensional-räumliche Darstellung in die zweidimensionale Papierebene projizieren zu müssen. Betrachtet man z. B. das Molekülmodell der Milchsäure, so erkennt man sofort, dass das „echte" Molekül nicht eben gebaut ist, sondern dass das asymmetrische Kohlenstoffatom tetraedrisch von vier Substituenten umgeben ist [B2].

Erstellung von Fischer-Projektionsformeln.
Um die räumliche Anordnung der Atome eines Moleküls mit einem oder mehreren asymmetrischen C-Atomen wiedergeben zu können, benutzt man häufig die von EMIL FISCHER [B6] vorgeschlagenen Projektionsformeln [B1]. Diese ermöglichen eine zeichnerische Darstellung des Moleküls in der Ebene.

Bei der Erstellung und Interpretation dieser Formeln müssen einige Regeln beachtet werden [B3]. Unter Berücksichtigung dieser Regeln kann so die Fischer-Projektionsformel z. B. für ein Milchsäure-Enantiomer erstellt werden [B1].

Es muss allerdings beachtet werden, dass die Fischer-Formeln – bei Befolgen der entsprechenden Regeln – Projektionen eines Tetraeders in die Papierebene darstellen, vergleichbar mit der Projektion eines Kugel-Stab-Modells einer tetraedrischen Molekülstruktur mittels eines Tageslichtprojektors. Die Positionen der Substituenten um das Chiralitätszentrum sind hiermit eindeutig festgelegt.

– Die längste C — C-Kette wird beim Zeichnen **vertikal** angeordnet.

– Das **höchst oxidierte** C-Atom steht an der Spitze der längsten C — C-Kette.

– Alle asymmetrischen C-Atome werden (ggf. nach und nach) in die Papierebene gebracht.

– Die Atome, die beim Zeichnen **ober- und unterhalb** eines Chiralitätszentrums angeordnet sind, liegen **hinter** der Papierebene.

– Die Atome, die beim Zeichnen **links und rechts** eines Chiralitätszentrums angeordnet sind, liegen **vor** der Papierebene, dem Betrachter zugewandt.

B3 Regeln zur Erstellung von Fischer-Projektions-formeln

Der D- und L-Deskriptor. In den Molekülmodellen [B4] steht die OH-Gruppe nach entsprechender vertikaler Orientierung der Kohlenstoffatomkette mit dem höchst oxidierten C-Atom an der Spitze, am einzigen C*-Atom einmal rechts und einmal links. Dies hat zu der Unterscheidung der beiden Enantiomere durch die Buchstaben D (von lat. dexter, rechts) und L (von lat. laevus, links) geführt.

A1 Bestimmen Sie die Anzahl der Stereo-isomere von 2,3,4,5,6-Pentahydroxyhexanal. Zeichnen Sie die Strukturformeln in der Fischer-Projektion.

A2 Bauen Sie ein Molekülmodell des Glycerinaldehyds (2,3-Dihydroxypropanal) und zeichnen Sie nach dem Modell die Fischer-Projektion.

A3 Zeichnen Sie stereoisomere Moleküle von Butan-2,3-diol in der Fischer-Projektion. Markieren Sie asymmetrische C-Atome und benennen Sie die Isomere.

Anhand von 2,3-Dihydroxybutanal [B5] lässt sich eine weitere Regel zum Aufstellen und Benennen von Fischer-Projektionsformeln verdeutlichen: Sind mehrere asymmetrisch substituierte C-Atome in einem Molekül vorhanden, so bezieht sich der D/L-Deskriptor auf das asymmetrische C-Atom, das vom *höchst oxidierten* Kohlenstoffatom *am weitesten entfernt* ist.

Da bei vielen anderen Enantiomeren eine entsprechende Konfiguration an einem zu bestimmenden Chiralitätszentrum vorkommt, wird die so bei der Milchsäure getroffene Vereinbarung analog auf diese Verbindungen übertragen. Der D- und L-Deskriptor spielt vor allem neben den Kohlenhydraten bei den Aminosäuren (Kap. 6) eine Rolle.

In der Fischer-Projektionsformel der D-Konfiguration befindet sich die OH-Gruppe des untersten asymmetrischen C-Atoms rechts. In der L-Form befindet sich die OH-Gruppe an dieser Stelle links.

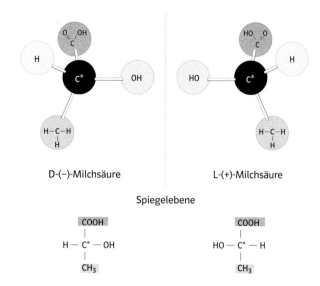

D-(–)-Milchsäure   L-(+)-Milchsäure

Spiegelebene

$$H - C^* - OH \qquad HO - C^* - H$$
(COOH oben, CH₃ unten)

B4 Tetraedermodelle und Fischer-Projektionsformeln der Milchsäure-enantiomere

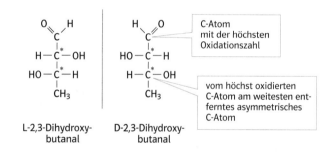

L-2,3-Dihydroxy-butanal   D-2,3-Dihydroxy-butanal

C-Atom mit der höchsten Oxidationszahl

vom höchst oxidierten C-Atom am weitesten entferntes asymmetrisches C-Atom

B5 Ermittlung der Konfiguration bei Molekülen mit mehreren asymmetrisch substituierten Kohlenstoffatomen

A4 Ermitteln Sie die Oxidationszahlen der Kohlenstoffatome eines Milchsäuremoleküls [B4] und eines 2,3-Dihydroxybutanalmoleküls [B5].

A5 Benennen Sie folgende Moleküle und zeichnen Sie jeweils das entsprechende Enantiomer dazu:

(drei Fischer-Projektionsformeln)

A6 Das in B5 abgebildete Enantiomerenpaar des 2,3-Dihydroxybutanals wird auch als D- und L-Threose bezeichnet. Neben diesem gibt es ein weiteres Enantiomerenpaar – die D- und L-Erythrose. Zeichnen Sie die Fischerprojektionsformeln der D- und L-Erythrosemoleküle.

D- und L-Form sind willkürlich festgelegt, während es sich bei der optischen Drehung des linear polarisierten Lichts um eine physikalische Eigenschaft handelt.

Daher lässt sich von den Bezeichnungen „D" und „L" *nicht* auf das Vorzeichen der Drehung des linear polarisierten Lichts schließen. D und L beziehen sich also nur auf die Anordnung der Substituenten in der jeweiligen Fischer-Projektion.

B6 HERMANN EMIL FISCHER (1852–1919)

5.6 Exkurs Weitere Regeln zur Fischer-Projektion

1. In der Papierebene darf eine Formel um **180°** gedreht werden ohne dass dadurch eine andere Konfiguration wiedergegeben wird. Eine Drehung der Projektionsformel um 90° oder 270° ist dagegen nicht zulässig, da sie die Konfiguration des anderen Enantiomers ergibt [B1].

$$CH_3 {-}\!\!\stackrel{\displaystyle H}{\underset{\displaystyle C_2H_5}{|}}\!\!{-} OH \qquad CH_3 {-}\!\!\stackrel{\displaystyle H}{\underset{\displaystyle C_2H_5}{|}}\!\!{-} OH$$

Rotation um 180° =   Rotation um 90° ≠

$$HO {-}\!\!\stackrel{\displaystyle C_2H_5}{\underset{\displaystyle H}{|}}\!\!{-} CH_3 \qquad C_2H_5 {-}\!\!\stackrel{\displaystyle CH_3}{\underset{\displaystyle OH}{|}}\!\!{-} H$$

B1 Die Drehung einer Fischer-Projektionsformel in der Papierebene um 180° ist erlaubt. Die Konfiguration wird dadurch nicht verändert.

2. Bei einer Fischer-Projektionsformel kann ein beliebiger Substituent festgehalten werden, während die anderen im bzw. entgegen dem Uhrzeigersinn gedreht werden. Auch hier wird die Konfiguration nicht geändert [B2].

$$CH_3 {-}\!\!\stackrel{\displaystyle H}{\underset{\displaystyle C_2H_5}{|}}\!\!{-} OH$$

=

$$HO {-}\!\!\stackrel{\displaystyle H}{\underset{\displaystyle CH_3}{|}}\!\!{-} C_2H_5$$

B2 Festhalten eines beliebigen Substituenten und Rotation der anderen ändert die ursprüngliche Konfiguration nicht.

A1 Zeichnen Sie die Keilstrichformeln der unten gezeigten Fischer-Projektionen (a) und (b). Überlegen Sie außerdem, ob es möglich ist, die Verbindung (a) durch Drehung um eine Einfachbindung in (b) zu überführen. Wenn ja, geben Sie die Bindung an und um welchen Winkel gedreht werden muss!

a)
$$H {-}\!\!\stackrel{\displaystyle Cl}{\underset{\displaystyle CH_2CH_3}{|}}\!\!{-} CH_3$$

b)
$$H_3C {-}\!\!\stackrel{\displaystyle H}{\underset{\displaystyle CH_2CH_3}{|}}\!\!{-} Cl$$

A2 Überprüfen Sie, auch durch Bau mit Molekülmodellen, ob die folgenden drei Verbindungen identische Moleküle oder Enantiomere sind.

a)
$$H_3C {-}\!\!\stackrel{\displaystyle H}{\underset{\displaystyle OH}{|}}\!\!{-} C_2H_5$$

b)
$$HO {-}\!\!\stackrel{\displaystyle C_2H_5}{\underset{\displaystyle CH_3}{|}}\!\!{-} H$$

c)
$$H {-}\!\!\stackrel{\displaystyle OH}{\underset{\displaystyle C_2H_5}{|}}\!\!{-} CH_3$$

5.7 Kohlenhydrate im Überblick

Im chemischen Sprachgebrauch werden die Begriffe „Kohlenhydrate", „Zucker" oder „Saccharide" oft gleichbedeutend gebraucht.

Traubenzucker, Rohrzucker oder Stärke gehören zur Stoffklasse der Kohlenhydrate. Diese Bezeichnung steht im Zusammenhang mit der allgemeinen Summenformel der Kohlenhydrate: $C_n(H_2O)_m$. Bei der Benennung der Kohlenhydrate wird häufig die Endung –ose benutzt.

Einteilung. Die Kohlenhydrate können in zwei Gruppen aufgeteilt werden: einfache Kohlenhydrate und zusammengesetzte Kohlenhydrate. Einfache Kohlenhydrate wie Glucose oder Fructose (Fruchtzucker) bestehen nur aus einer Zuckereinheit. Sie werden **Monosaccharide** (Einfachzucker) genannt. Zusammengesetzte Kohlenhydrate können, wie die Saccharose, aus zwei Einheiten bestehen und werden als **Disaccharide** (Zweifachzucker) bezeichnet. **Oligosaccharide** („Wenigzucker") enthalten 3 bis 20 Zuckerbausteine. Verbindungen aus mehr als 20 Monosaccharideinheiten, beispielsweise die Stärke, nennt man **Polysaccharide** (Vielfachzucker). Di-, Oligo- und Polysaccharide können hydrolytisch in ihre Monosaccharid-Untereinheiten zerlegt werden.

Aufbau. Jeder Einfachzucker hat ein Grundgerüst aus Kohlenstoffatomen. Nach der Anzahl der Kohlenstoffatome werden **Triosen** (3), **Tetrosen** (4), **Pentosen** (5), **Hexosen** (6) usw. unterschieden. Des Weiteren unterscheidet man in Zuckermoleküle mit Aldehydgruppe [B2, oben], die **Aldosen** und Zuckermoleküle mit Ketogruppe [B2, unten], die **Ketosen**. Kohlenstoffatome ohne Carbonylgruppe tragen jeweils eine Hydroxylgruppe (OH-Gruppe) und ansonsten Wasserstoffatome. Kohlenhydrate sind formal die Produkte der partiellen Oxidation mehrwertiger Alkohole. Sie können daher als **Polyhydroxyaldehyde** bzw. **Polyhydroxyketone** aufgefasst werden.

Kohlenhydrate erhält man durch Oxidation von mehrwertigen Alkoholen, die an jedem Kohlenstoffatom eine Hydroxylgruppe tragen:

Durch Oxidation am C-Atom 1 entsteht eine Aldose, während man durch Oxidation des C-Atom 2 eine Ketose erhält.

A1 **a)** Formulieren Sie die Strukturformeln der Triosen, die sich vom Glycerin ableiten lassen. **b)** Belegen Sie, dass innerhalb der Triosen Enantiomere auftreten.

A2 Erstellen Sie die Fischer-Projektionsformel einer beliebigen Aldopentose und einer Ketopentose. Bestimmen Sie die Zahl der asymmetrischen Kohlenstoffatome und ermitteln Sie, wie viele Enantiomere vorkommen.

Zucker von ital. zucchero, dieses leitet sich ab von arabisch sukkar und persisch säkar, eigentlich vom altindischen sarkara („Kies, Geröll, Gries")

B2 Aldehydgruppe (oben), Ketogruppe (unten)

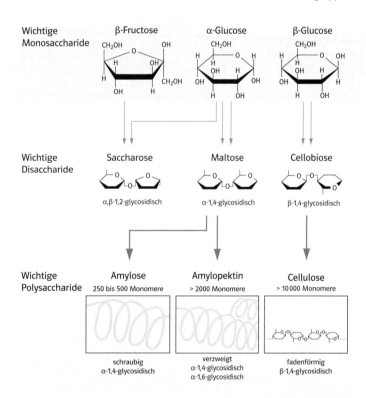

B1 Ausgewählte Mono-, Di- und Polysaccharide. Bei den Disacchariden und Polysacchariden sind die hier weniger wichtigen Details nicht dargestellt

5.8   Monosaccharide

B1 Offenkettige Aldehydform der D-(+)-Glucose

Anordnung der OH-Gruppen bei Glucose Eine „Eselsbrücke", sich die Anordnung der OH-Gruppen besser merken zu können, ist, OH-Gruppen rechts mit „ta" und OH-Gruppen links mit „tü" gleichzusetzen, und sich dann „ta-tü-ta-ta" einzuprägen.

Glucose kommt vor allem in süßen Früchten und im Honig vor. Auch im menschlichen Blut ist Glucose („Blutzuckerspiegel") enthalten und liegt dort mit einem Massenanteil von ca. 0,1% (Normalwert: 80 – 120 mg/dl Blut) vor. Glucose dient der Energieversorgung des menschlichen Körpers und ist daher nicht nur das wichtigste, sondern auch das am häufigsten vorkommende Monosaccharid.
Glucose ist bei Raumtemperatur ein kristalliner Feststoff und dreht die Schwingungsebene linear polarisierten Lichts nach rechts; daher die Schreibweise (+)-Glucose. Sie löst sich sehr gut in Wasser, ist dagegen in unpolaren Lösungsmitteln wie Benzin oder Hexan völlig unlöslich.

Die Summenformel der Glucose lautet $C_6H_{12}O_6$. Wie sieht aber die entsprechende Strukturformel aus?
Das Löslichkeitsverhalten gibt einen Hinweis, dass im Molekül funktionelle Gruppen vorhanden sein müssen, die Wasserstoffbrücken ausbilden können. Außerdem reagiert Glucose mit Essigsäure zu einem Ester und Wasser. Da Ester im Allgemeinen aus einer Säure und Alkohol gebildet werden, müssen im Glucosemolekül OH-Gruppen zu finden sein. Bei vollständiger Veresterung eines Mols Glucose werden fünf Mol Essigsäure gebraucht. Dies deutet auf fünf OH-Gruppen hin.

Typische Nachweisreaktionen auf Glucose sind die Silberspiegelprobe [B2, B3] und die Fehling'sche Probe (S. 10, B4). Die reduzierenden Eigenschaften, die die Glucose bei diesen Reaktionen zeigt, weisen auf das Vorhandensein einer Aldehydgruppe im Molekül hin. Allerdings fällt bei Glucose die Schiff'sche

Probe mit Fuchsinschwefeliger Säure als typische Nachweisreaktion für Aldehyde negativ aus.
Zum Nachweis der Glucose kann auch der in der Medizin übliche Schnelltest mit einem Gluco-Teststreifen durchgeführt werden (Kap. 5.15).

In den Jahren zwischen 1888 und 1891 gelang es EMIL FISCHER, die Struktur des Glucosemoleküls aufzuklären. Das kettenförmige Molekül besitzt vier asymmetrische C-Atome. In mühevoller Arbeit konnte er die Stellung der OH-Gruppen an diesen C*-Atomen ermitteln. B1 zeigt das Glucosemolekül in der Fischer-Projektion. Da die OH-Gruppe am C-Atom 5, es ist das am weitesten von der Aldehydgruppe entfernte C*-Atom, nach rechts zeigt, zählt man die natürlich vorkommende Glucose zur Familie der D-Zucker und schreibt D-(+)-Glucose.

V1 Löslichkeit von Glucose. Geben Sie je eine Spatelspitze Glucose zu 10 ml Wasser bzw. Heptan und erwärmen Sie vorsichtig im Wasserbad.

V2 Nachweis der Aldehydgruppe.
a) Führen Sie die Silberspiegelprobe bzw. Fehling'sche Probe mit einer kleinen Portion Glucose aus.
b) Geben Sie zu einer Lösung von Fuchsinschwefeliger Säure eine Spatelspitze Glucose und prüfen Sie, ob sich eine Farbänderung zeigt.

A1 Bauen Sie entsprechend B1 ein Modell des kettenförmigen Glucosemoleküls.

A2 Formulieren Sie die Reaktionsgleichung für die vollständige Veresterung von Glucose mit Essigsäure.

A3 Zeichnen und benennen Sie das Enantiomer der D-(+)-Glucose in der Fischer-Projektion.

A4 Bei der Zellatmung wird Glucose unter anderem zu Kohlenstoffdioxid oxidiert. Formulieren Sie die Reaktionsgleichung.

$$R-C\overset{|}{\underset{H}{\overset{O|}{=}}} + 3\ OH^- \xrightarrow{\text{Oxidation}} R-C\overset{|||}{\underset{O|}{\overset{O|}{=}}} + 2\ e^- + 2\ H_2O$$

$$\overset{I}{Ag^+} + e^- \xrightarrow{\text{Reduktion}} \overset{0}{Ag} \quad | \cdot 2$$

Redoxgleichung:
$$R-CHO + 2\ Ag^+ + 3\ OH^- \longrightarrow R-COO^- + 2\ Ag + 2\ H_2O$$

B2 Silberspiegel   **B3** Silberspiegelprobe

Ringförmige Glucosemoleküle. Mehrere experimentelle Ergebnisse sind mit der Kettenform der Moleküle der D-(+)-Glucose nicht erklärbar. So wird z. B. eine Lösung von Fuchsinschwefeliger Säure durch Glucose nicht rot gefärbt, obwohl ein solcher Farbwechsel für Moleküle mit Aldehydgruppen typisch ist. Tatsächlich liegen Moleküle der Glucose überwiegend als sechsgliedrige Ringe vor, die durch eine intramolekulare Halbacetalbildung (Halbacetalbildung – allgemein siehe B4) zwischen der Aldehydgruppe und der OH-Gruppe des C-Atoms 5 entstehen. Dadurch wird das Carbonylkohlenstoffatom des kettenförmigen Glucosemoleküls, es wird jetzt **anomeres Kohlenstoffatom** genannt, zu einem weiteren asymmetrischen C-Atom, da es nach der Ringbildung vier verschiedene Substituenten aufweist. Die entstandene halbacetalische OH-Gruppe am C-Atom 1 kann in der Fischer-Projektionsformel entweder links oder rechts stehen, sodass zwei strukturisomere Sechsringe möglich sind [B5, oben].

Die cyclische Halbacetalform, in der die OH-Gruppe am anomeren C-Atom in der Projektionsformel rechts steht, wird als α-D-(+)-Glucose, jene, welche die OH-Gruppe links trägt, als β-D-(+)-Glucose bezeichnet.

Da diese ringförmigen Moleküle dem **Pyran** (C_5H_6O) ähnlich sind, bezeichnet man sie auch genauer als α-D-Glucopyranose bzw. β-D-Glucopyranose.

Isomere, die sich nur durch die Stellung der Hydroxylgruppe am anomeren Kohlenstoffatom unterscheiden, heißen Anomere.

Haworth'sche Projektionsformel. Durch die lineare Anordnung der Kohlenstoffatome ergeben die Fischer-Projektionsformeln kein realistisches Bild von der Molekülgestalt. So zeigen sie z. B. nicht, dass das Glucosemolekül so gebaut ist, dass die C-Atome 1 und 5 nahe beieinander liegen und so in der Halbacetalform über eine Sauerstoffbrücke verknüpft werden können.

B4 Halbacetalbildung

B5 Bildung der cyclischen Halbacetalform beim Glucosemolekül in der Fischer-Projektion (oben) und verschiedene Darstellungen von Glucosemolekülen: Haworth-Projektionen (Mitte), Sesselform (unten)

Die nach W. N. Haworth benannten Projektionsformeln geben die Molekülgestalt besser wieder, wenngleich auch diese vernachlässigen, dass der heterocyclische Sechsring nicht eben ist.

Heterocyclus von griech. hetero, anders, fremd und lat. cyclus, Kreis

Mutarotation von lat. mutare, ändern und lat. rotare, sich im Kreis drehen

sterisch von griech. stereos, räumlich

In der Haworth-Projektion zeichnet man das Glucose-Molekül perspektivisch, von schräg oben betrachtet:

– Den Heterocyclus stellt man sich als ein waagerecht liegendes, ebenes Sechseck vor. Das Ringsauerstoffatom befindet sich hinten **rechts**, das C-Atom 1 rechts.
– Alle Atome, die in der Fischer-Projektion rechts stehen, werden an den entsprechenden C-Atomen in der Haworth-Projektion nach **unten**, die, die **links** stehen, nach **oben** geschrieben.
– Die Bindung von Substituenten und H-Atomen wird mithilfe senkrechter Linien durch die Ecken angedeutet [B5, Mitte].

Eine realistischere Darstellung des Glucosemoleküls, welche auch die tetraederförmige Bindungssituation der Kohlenstoffatome berücksichtigt, ist die **Sessel-Darstellung** (Kap. 5.1) des sechsgliedrigen Ringes [B5, unten].

Mutarotation. Die beiden Anomere der Glucose können in reinem, kristallinem Zustand isoliert werden.

α-D-Glucose (Schmelztemperatur 146 °C) besitzt in Lösung eine spezifische Drehung von $\alpha_{sp} = +113° \cdot ml \cdot g^{-1} \cdot dm^{-1}$, β-D-Glucose (Schmelztemperatur 150 °C) dagegen von $\alpha_{sp} = +19° \cdot ml \cdot g^{-1} \cdot dm^{-1}$. Untersucht man eine der beiden Lösungen im Polarimeter, zeigt sich, dass sie ihre Drehwinkel kontinuierlich ändern, bis sich in beiden Fällen ein konstanter Endwert von $\alpha_{sp} = 54,7° \cdot ml \cdot g^{-1} \cdot dm^{-1}$ einstellt.

Als Mutarotation bezeichnet man die zeitliche Veränderung des Drehwinkels von polarisiertem Licht beim Durchgang durch Lösungen optisch aktiver Verbindungen bis zu einem konstanten Endwert.

Ursache der Mutarotation ist die spontane Umwandlung des einen Anomers über die offenkettige Form in das andere Anomer und die Einstellung eines Gleichgewichts zwischen beiden. Das Gleichgewichtsgemisch enthält ca. 38 % α-D-Glucose, ca. 62 % β-D-Glucose, eine geringe Menge (unter 0,5 %) offenkettige

Aldehydform [B5], und hat eine spezifische Drehung, die dem konstanten Endwert entspricht.

Es überrascht zunächst, dass im Gleichgewicht die β-Form der Glucose überwiegt. Betrachtet man allerdings die Sesseldarstellungen der Glucose [B5, unten], sieht man, dass die β-Form sterisch begünstigt und deshalb etwas stabiler ist. In der β-Form stehen nämlich die großen und sperrigen OH-Gruppen und die noch größere CH_2OH-Gruppe ungefähr in der Ringebene vom Ring weg. In der α-Form steht die OH-Gruppe des C-Atoms 1 unter der Ringebene und damit relativ nah an den H-Atomen der C-Atome 3 und 5.

Da die offene Form der Glucose in nur sehr geringer Konzentration auftritt, fällt auch die relativ unempfindliche Schiff'sche Probe negativ aus.

V3 In einen 100-ml-Messkolben gibt man 9 g wasserfreie α-D-Glucose und fügt zunächst etwa 60 ml Wasser hinzu. Dabei wird eine Stoppuhr in Gang gesetzt. Man löst den Zucker rasch unter kräftigem Umschütteln und füllt mit Wasser auf 100 ml auf. Nach guter Durchmischung wird die Lösung in ein Polarimeter gefüllt, der Drehwinkel gemessen und der Zeitpunkt der ersten Messung notiert. Nach vier weiteren Ablesungen in Abständen von ca. 4 min fügt man der Zuckerlösung einen Tropfen konz. Natronlauge zu und bestimmt in angemessenen Zeitabständen weitere Drehwinkel, bis diese gleich bleiben.
Tragen Sie in einem Diagramm die Drehwinkel gegen die Zeit auf und bestimmen Sie ungefähr den Drehwinkel der α-D-Glucose durch Extrapolation auf die Zeit $t = 0$. Überlegen Sie außerdem, welchen Sinn die Zugabe von konz. Natronlauge hat.

A5 Zeichnen Sie die Strukturformel der Verbindung, die aus α-D-Glucose bei der Fehling'schen Probe entsteht.

A6 Bauen Sie Glucose als Ringmolekül. Gehen Sie dabei von der offenkettigen Form aus und überprüfen mithilfe von B5, ob ein α-D-Glucose- oder β-D-Glucosemolekül entstanden ist.

Fructose (von lat. fructus, Frucht), besser bekannt als Fruchtzucker, findet sich in vielen Früchten und im Honig [B7]. Er schmeckt wesentlich süßer als Glucose. Aus wässrigen Lösungen kristallisiert er sehr schlecht aus und bildet stattdessen eine sirupartige Flüssigkeit. Fructose findet als Süßungsmittel für Diabetiker Verwendung, da sie unabhängig vom Insulin in Körperzellen aufgenommen werden kann.

Fructose mit der Summenformel $C_6H_{12}O_6$ ist eine Ketohexose. Bei der D-Fructose steht nur die OH-Gruppe am C-Atom 3 auf der linken Seite.

Ähnlich wie Glucose bildet Fructose ebenfalls Anomere, die miteinander im Gleichgewicht stehen. Neben der Kettenform des Moleküls enthält das Gleichgewicht zwei verschiedene Arten von ringförmigen Molekülen, die als Pyranose bzw. Furanose bezeichnet werden [B6]. Der Name wird von **Pyran** (C_5H_6O) bzw. **Furan** (C_4H_4O) abgeleitet, die ein entsprechend gebautes ringförmiges Molekül besitzen. Bisher konnte nur β-D(–)-Fructopyranose in reiner Form aus Früchten isoliert werden. Wässrige Lösungen davon zeigen eine spezifische Drehung von
$\alpha_{sp} = -133{,}5° \cdot ml \cdot g^{-1} \cdot dm^{-1.}$

Auch Fructose zeigt Mutarotation. Löst man reine β-D(–)-Fructopyranose in Wasser und lässt die Lösung stehen, liegt die spezifische Drehung nach einiger Zeit bei
$\alpha_{sp} = -92{,}4° \cdot ml \cdot g^{-1} \cdot dm^{-1}.$
Auch hier ist die Mutarotation auf eine Gleichgewichtseinstellung zwischen der α- und β-Form sowie einem geringen Anteil an Molekülen in offenkettiger Form zurückzuführen. Die Lage dieses Gleichgewichts ist nur von der Temperatur der Lösung abhängig.

Wenig spezifisch, aber für viele Nachweise ausreichend, ist die **Seliwanow-Probe** zur Unterscheidung von D-Fructose und D-Glucose [V4b] wobei mit Resorcin (1,3-Dihydroxybenzol) in salzsaurer Lösung in Gegenwart von Fructose sofort eine rote Lösung entsteht.

V4 a) Eine Fructoselösung wird mit einem Glucoseteststreifen geprüft. Anschließend werden die Fehling'sche Probe und die Silberspiegelprobe durchgeführt.
b) In 3 bis 4 ml konz. Salzsäure gibt man je eine Spatelspitze Fructose und Resorcin. Man erwärmt unter Umschütteln bis zum Sieden und wiederholt den Versuch mit Glucose (Seliwanow-Reaktion).

A7 Erläutern Sie, in welchem stereochemischen Verhältnis α-D-Glucose zu β-D-Glucose steht.

A8 D-Galactose ist ein Monosaccharid, dessen offenkettige Aldehydform sich nur dadurch von der D-Glucose unterscheidet, dass in der Fischer-Projektionsformel am C-Atom 4 die OH-Gruppe links steht. Entwickeln Sie die Haworth-Projektionsformeln für α- und β-D-Galactose.

A9 Zeichnen Sie die Fischer-Projektionsformel der offenkettigen L-Fructose.

A10 In welche Richtung dreht die D-Fructose das linear polarisierte Licht?

A11 Recherchieren und zeichnen Sie die Strukturformel des Furan- und des Pyranmoleküls.

B7 Honig

α-D-Fructopyranose

α-D-Fructofuranose

D(-)-Fructose offenkettige Form

β-D-Fructopyranose

β-D-Fructofuranose

B6 Gleichgewicht von Fructose in wässriger Lösung

Tautomerie von griech.
tauto, das Gleiche und
griech. meros, der Anteil

B9 Keto-Enol-Tautomerie

Keto-Enol-Tautomerie. Ketonmoleküle können
in Lösung durch Umlagerung eines Protons
und Veränderung der Stellung der Doppelbindung in Enolmoleküle übergehen [B9]. Man
bezeichnet ein Keton und dessen korrespon-
dierendes Enol als **Keto-Enol-Tautomere**. Im
Gleichgewicht überwiegt dabei für gewöhnlich
das Keto-Tautomer, da es stabiler ist als das
Enol-Tautomer.

Keto-Endiol-Tautomerie. Interessanterweise
zeigen die Fehling'sche Probe und die
Silberspiegelprobe auch mit dem Monosaccharid Fructose – wie mit Glucose – eine *positive*
Reaktion. Das ist erstaunlich, denn das
Fructosemolekül weist in der Kettenform keine
reduzierende Aldehydgruppe auf. Sie enthält
als Ketohexose eine Ketogruppe, welche sich,
unter der Voraussetzung, dass dabei das
Kohlenstoffgerüst des Hexosemoleküls nicht
zerstört werden soll, nicht weiter oxidieren
lässt.

Dieser scheinbare Widerspruch kann durch
die Versuchsbedingungen beider Nachweisreaktionen geklärt werden: Sowohl bei der
Fehling'schen Probe wie auch bei der Silberspiegelprobe liegen **alkalische** Lösungen vor.
Natronlauge im ersten Fall und Ammoniak im
zweiten sorgen für ein stark **basisches Milieu**.
Eine Ketogruppe mit benachbarter OH-Gruppe,
wie sie im Fructosemolekül vorliegt, kann
im Alkalischen in eine **Endiol**struktur (-*en* für
die C=C-Doppelbindung, -*diol* für zwei
OH-Gruppe) übergehen und mit dieser bei
den vorhandenen Versuchsbedingungen im
Gleichgewicht stehen. So kann aus D-Fructose
über die Endiolform D-Glucose gebildet
werden [B8].

Die Keto-Endiol-Tautomerie ist also eine
Sonderform der Keto-Enol-Tautomerie. Damit
ein Endiol entsteht, muss das dem Keto-C-
Atom des Keto-Tautomers benachbarte C-Atom
eine Hydroxylgruppe tragen.

**Bei der Keto-Enol-Tautomerie stehen ein ge-
sättigtes Keton und ein Enol (Alkohol, dessen
Moleküle am ungesättigten Kohlenstoffatom
eine Hydroxylgruppe haben) miteinander
im Gleichgewicht. Der Übergang erfolgt durch
eine intramolekulare Protonenwanderung. Die
Keto-Enol-Tautomerisierung findet entweder
unter Säure- oder unter Basenkatalyse statt.**

Die beiden Tautomere, also die Keto- und die
Enol-/Endiol-Form, unterscheiden sich nur
durch die Stellung der Doppelbindung und
eines **Wasserstoffatoms**. Beide Molekülformen
können *reversibel* ineinander übergehen.
Die Ketostrukturen und deren Enol-/Endiol-
strukturen sind also **Konstitutionsisomere**
(Kap. 5.3) mit jeweils ganz verschiedenen
physikalischen und chemischen Eigenschaften.

D-Fructose   Endiolform   D-Glucose

B8 Basenkatalysierter Übergang der D-Fructose über die Endiol-Zwischen-
stufe in D-Glucose

A12 Acetessigsäureethylester zeigt eine aus-
geprägte Keto-Enol-Tautomerie. Formulieren Sie die Gleichgewichtsreaktion.
Tipp: Der IUPAC-Name von Acetessigsäure
ist 3-Oxobutansäure.

5.9 Exkurs Die Familie der D-Aldosen

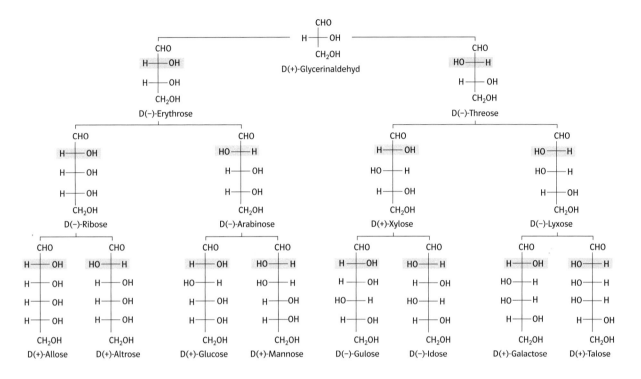

B1 Fischer-Projektonsformeln der D-Aldosen von Aldotriosen bis zu den Aldohexosen, das Vorzeichen ihres optischen Drehwertes und ihre Trivialnamen. Von oben nach unten tritt jeweils die hervorgehobene Gruppierung hinzu

In B1 sind alle D-Aldosen bis zu den D-Hexosen abgebildet. Sie lassen sich formal vom D-(+)-Glycerinaldehyd ableiten. Von Zeile zu Zeile wird in den Fischer-Projektionsformeln jeweils ein asymmetrisches C-Atom hinzugefügt, das in der Abbildung farbig unterlegt ist. Daraus ergibt sich von oben nach unten eine Verdoppelung der Anzahl der Moleküle. Die natürlich vorkommenden Zucker gehören meistens zu der D-Reihe, doch gibt es eine gleiche Anzahl von Verbindungen mit L-Konfiguration, deren Molekülstrukturen aus den in B1 dargestellten Zuckern durch eine jeweilige Spiegelung an einer Ebene entstehen. Von den abgebildeten Aldotetrosen, -pentosen und -hexosen existieren auch α- und β-Ringstrukturen, die in wässriger Lösung im Gleichgewicht mit den kettenförmigen vorliegen.

A1 Zeichnen Sie die Fischer-Projektion der L-Mannose.

A2 Charakterisieren Sie das stereochemische Verhältnis
a) der Pentosen und Hexosen jeweils untereinander,
b) von D-Erythrose zu L-Erythrose,
c) von L-Erythrose zu L-Threose.

A3 Zeichnen Sie das ringförmige Molekül der D-Ribose (Furanose) in der Haworth-Projektion und benennen Sie Ihre Struktur nach den Ihnen bereits bekannten Nomenklaturregeln.

A4 Berechnen Sie die mögliche Anzahl an Stereoisomeren (Kap. 5.1) der D-Lyxose.

5.10 Disaccharide

Die glycosidische Bindung. Monosaccharide (Kap. 5.8) können als Halbacetale über ihre halbacetalische OH-Gruppe am anomeren Kohlenstoffatom mit einem Alkohol protonenkatalysiert unter Abspaltung von Wasser zu (Voll-)Acetalen reagieren. Bei der Reaktion von α-D-Glucose mit Methanol bildet sich so ein Gemisch aus Methyl-α-D-glucosid und Methyl-β-D-glucosid [B1].

Das ursprüngliche anomere C-Atom bezeichnet man als glycosidisches C-Atom, und die von diesem Atom zur OH-Gruppe des Bindungspartners ausgehende Bindung als glycosidische Bindung.

Maltose. Die (+)-Maltose, oder auch der Malzzucker, wird im Verlauf der alkoholischen Gärung in keimender Gerste (Malz) enzymatisch (Maltase) durch teilweise Hydrolyse von Stärke gebildet.

Maltose ist als Disaccharid aus **zwei D-(+)-Glucopyranoseeinheiten** aufgebaut, die durch eine glycosidische Bindung zwischen dem anomeren C-Atom (C-1) des einen Glucoserestes und dem C-4-Atom des anderen miteinander verbunden sind. Man spricht deshalb von einer **1,4-glycosidischen Bindung**. Da das an der Verknüpfung beteiligte anomere C-Atom in der glycosidischen Bindung α-ständig vorliegt, nennt man die Bindung α-1,4-glycosidisch [B2].

Die OH-Gruppe des anomeren C-Atoms des zweiten Glucosebausteins ist nicht an der glycosidischen Bindung beteiligt und kann in α- oder β-Konfiguration vorliegen, weshalb sowohl eine α-Maltose als auch eine β-Maltose existiert. Die gegenseitige Umwandlung (Mutarotation) der beiden Anomere ineinander erfolgt in wässriger Lösung über die offenkettige Aldehydform der zweiten Glucoseeinheit. Diese offene Form ist auch für die **reduzierenden Eigenschaften** [V1] der Maltose verantwortlich.

B1 Reaktion von α-D-Glucose mit Methanol

Je nach Baustein unterscheidet man so Glucoside, Fructoside usw.

Handelt es sich bei den Reaktionspartnern nicht um einen Alkohol, sondern um ein zweites Monosaccharid, welches ja ebenfalls die notwendige funktionelle Hydroxylgruppe besitzt, so bezeichnet man das entstehende (Voll-)Acetal als **Disaccharid**.

Bei den Kohlenhydraten werden Vollacetale Glycoside genannt.

B2 Maltose ist aus zwei Molekülen α-D-Glucose aufgebaut, welche über eine α-1,4-glycosidische Bindung miteinander verknüpft sind

Cellobiose. Cellobiose ist ein Abbauprodukt des Makromoleküls Cellulose und weist wie Maltose die Summenformel $C_{12}H_{22}O_{11}$ auf. Auch hinsichtlich der chemischen Reaktivität gibt es viele Ähnlichkeiten mit der Maltose: Cellobiose wirkt beispielsweise ebenfalls **reduzierend**. In einem wichtigen Merkmal aber unterscheiden sich die beiden Disaccharide: die enzymatische Hydrolyse ist nur mit dem Enzym β-Glucosidase möglich, welches ausschließlich die Spaltung β-glycosidischer Bindungen katalysiert. Dagegen ist das die Hydrolyse von Maltose katalysierende Enzym Maltase, eine α-Glucosidase, bei Cellobiose völlig unwirksam.

Bei der Cellobiose sind die **beiden D-(+)-Glucosemoleküle β-glycosidisch** miteinander verknüpft, d. h., die OH-Gruppe des anomeren C-Atoms des ersten Glucosemoleküls, das an der Ausbildung der glycosidischen Bindung beteiligt ist, steht in der Haworth-Projektionsformel nach oben, in der β-Stellung also. Im zweiten Glucosebaustein steht die Hydroxylgruppe am C-Atom 4, das für die Bildung der Glycosidbindung benötigt wird, allerdings in der Projektionsformel nach unten, sodass eine Verknüpfung formal zunächst nicht möglich erscheint. Da für die Bindung beide OH-Gruppen gleichartig orientiert sein sollten, muss der zweite Glucosebaustein um 180° gedreht werden. In der zeichnerischen Darstellung liegt jetzt der Ringsauerstoff im Sechseck rechts vorne, alle Substituenten die zuvor nach unten gerichtet waren, sind jetzt nach oben orientiert und umgekehrt. Durch diese Maßnahme kommt die OH-Gruppe des C-Atoms 4 des zweiten Glucosemoleküls, und damit die bei der Glycosidbildung entstehende Sauerstoffbrücke, oberhalb der Zeichenebene zu stehen (β-glycosidische Bindung) [B3].

B3 α-(+)-Cellobiose mit β-1,4-glycosidischer Verknüpfung

V1 Es werden Lösungen (w = 5 %) von Maltose, Cellobiose und Saccharose bereitet.
a) Die Lösungen werden auf Fehling-, Seliwanow- und Glucoseteststreifen-Reaktion untersucht.
b) Je 10 ml der Lösungen werden mit je 1 ml Salzsäure, $c(HCl)$ = 1 mol/l, versetzt und etwa 5 min im siedenden Wasserbad erhitzt. Nach dem Abkühlen neutralisiert man durch Zugabe kleiner Portionen festen Natriumhydrogencarbonats, bis keine CO_2-Entwicklung mehr auftritt. Die Lösungen werden auf Fehling-, Seliwanow- und Glucoseteststreifen-Reaktion geprüft.
c) 5 g Hefe werden mit 50 ml Wasser zu einer Suspension verrührt; 2 ml davon vermischt man mit je 5 ml Zuckerlösung, stellt das Glas in ein Becherglas mit 35 °C warmem Wasser und prüft nach ca. 20 min wie in Versuch (b).

A1 In der Trehalose sind zwei Moleküle α–D-Glucopyranose α,α-1,1-glycosidisch miteinander verknüpft. Entwickeln Sie die Haworth-Projektionsformel der Trehalose.

bedeutet:

B4 Schreibweise

B5 Zuckerrohr

Saccharose. Saccharose, der „Zucker" schlechthin, ist das wichtigste und am häufigsten vorkommende Disaccharid. Es findet sich in fast allen Früchten und in vielen Pflanzensäften, vor allem im Zuckerrohr (14–16%) und in Zuckerrüben (16–20%). Aus diesen Pflanzen wird Saccharose in großen Mengen gewonnen und gelangt als Rohr- oder Rübenzucker in den Handel.

Saccharose besteht aus den Bausteinen **α-D-(+)-Glucopyranose und β-D-(−)-Fructofuranose**, die über die OH-Gruppen der anomeren C-Atome (C-1 bei Glucose, C-2 bei Fructose) miteinander verbunden sind. In einer Kondensationsreaktion entsteht also eine **1,2-glycosidische Bindung**.

Um die Bildung der Bindung zu verstehen, zeichnet man die α-D-Glucose als Sechs- (Pyranosid), die β-D-Fructose als Fünfring (Furanosid) in der Haworth-Projektion nebeneinander. Bei der Glucose ist die OH-Gruppe am anomeren C-Atom **α-ständig**. Bei der Fructose ist die OH-Gruppe am anomeren C-Atom in der **β-Stellung**. Zur Ausbildung der Bindung muss das Fructosemolekül 180° um eine Achse gedreht werden, welche durch das O-Atom und die Mitte der Bindung zwischen den C-Atomen 3 und 4 geht [B6].

An der 1,2-glycosidischen Bindung sind sowohl bei dem α-D-Glucose- als auch bei dem β-D-Fructose-Baustein das anomere C-Atom mit seiner halbacetalischen OH-Gruppe beteiligt. Bei keinem der Bausteine ist daher eine Ringöffnung möglich, sodass sich in wässriger Lösung auch keine oxidierbare Aldehydform bildet. Saccharose gehört daher, im Unterschied zu Maltose und Cellobiose, zu den **nicht reduzierenden** Zuckern.

Inversion von Rohrzucker. Saccharose dreht die Ebene des polarisierten Lichts nach rechts. Während der Hydrolyse nimmt der Drehwinkel fortwährend ab und geht schließlich in eine Linksdrehung über, die dem Mittelwert eines Gemisches aus α- und β-D-Glucose sowie α- und β-D-Fructose in gleichen Stoffmengen entspricht:

$$\text{Saccharose} \xrightarrow{(H_3O^+)} \text{D-Glucose} + \text{D-Fructose}$$
$$+66 \qquad\qquad\quad +54{,}7 \qquad\quad -92{,}4$$
$$\underbrace{\phantom{+54{,}7 \qquad\quad -92{,}4}}_{-18{,}9}$$

(Zahlenwerte für α_{sp} in $° \cdot ml \cdot g^{-1} \cdot dm^{-1}$)

Man bezeichnet daher diese Spaltung als Inversion des Rohrzuckers und das entstehende Gemisch als Invertzucker. Bienen nutzen das Enzym Invertase, um Saccharose zu spalten. Der Zuckeranteil des Honigs besteht daher größtenteils aus Invertzucker. Bei der Herstellung von Kunsthonig hingegen wird die Hydrolyse von Rübenzucker durch zugefügte Säure katalysiert.

V2 Inversion von Rohrzucker. Eine Lösung von Saccharose (w = 10%) wird in die Küvette eines Polarimeters gegeben. Nach der Messung des Drehwinkels fügt man 2 Tropfen konz. Salzsäure zu und beobachtet den Drehwinkel.

A2 Erklären Sie, weshalb Saccharose nicht in einer α- und β-Form vorkommt.

A3 Charakterisieren Sie allgemein, welche Disaccharide
a) reduzierende Eigenschaften
b) Mutarotation
zeigen. Begründen Sie.

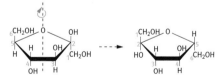

β-D-Fructofuranose

α-D-Glucopyranose   β-D-Fructofuranose   Saccharose   + H₂O

B6 Saccharose, α,β-1,2-glycosidisch verknüpft

5.11 Exkurs Zuckerersatzstoffe

In der heutigen Zeit hat Zucker vielfach keinen guten Ruf. Er gilt als „Vitaminräuber" und schädigt die Zähne. Außerdem ist er aufgrund seines hohen Brennwertes als „Dickmacher" bekannt. Erfrischungsgetränke und viele Nahrungsmittel besitzen nämlich oftmals einen sehr hohen Energiegehalt. Da viele Ernährungsbewußte verstärkt auf ihr Gewicht achten, liegen „Light-Produkte" mit „Süß-stoffen" voll im Trend. Zuckerersatzstoffe [B1] dienen aber auch der Kariesprophylaxe, z. B. in Kaugummis oder Bonbons, und kommen ebenfalls in Diabetikerprodukten zum Einsatz. Zur Energiereduzierung sind zwei Substanz-klassen geeignet:

1. Zuckeraustauschstoffe:
Kohlenhydrate oder Zuckeralkohole, welche langsamer im Stoffwechsel abgebaut werden und daher auch den Zuckerspiegel kaum beeinflussen.
Beispiel: Xylit (Xylitol)
Xylit wird durch Extraktion aus Birkenholz gewonnen und als Süßungsmittel in Kaugummis und Bonbons verwendet.

2. Süßstoffe:
Verbindungen mit hoher Süßkraft, welche entweder im Stoffwechsel nicht verarbeitet werden (z. B. Saccharin, Cyclamat) oder aufgrund der hohen Süßkraft in nur geringen Mengen eingesetzt werden (z. B. Thaumatin) und daher brennwertfrei sind.
Beispiel: Thaumatin
Thaumatin ist eine proteinähnliche Verbindung mit der 3000-fachen Süßkraft von Saccharose und wird aus der afrikanischen Katemfe-Frucht gewonnen. Der Stoff findet v. a. als Zusatz in Viehfutter und der Medizin Verwendung.

Kaugummis „ohne Zucker" mit Xylit statt Glucose greifen die Zähne nicht an, da die kariesverursachenden Bakterien Xylit nicht als Nahrung verwerten können. „Zuckerfrei" bedeutet aber nicht unbedingt auch brenn-wertfrei. Xylit hat nämlich fast den gleichen Brennwert wie Glucose (1700 kJ/(100 g)).

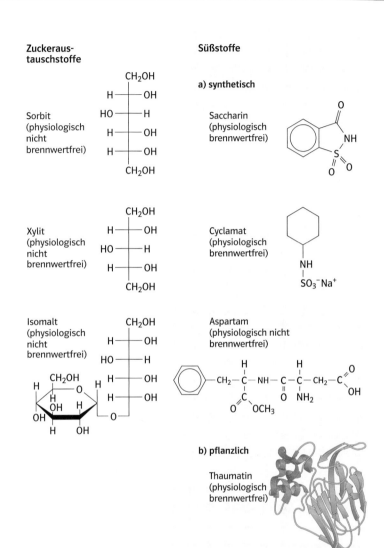

B1 Überblick über gängige Zuckerersatzstoffe

A1 Fructose dient ebenfalls als Zuckeraus-tauschstoff.
Überlegen Sie, weshalb Fructose zur Ernährung im Rahmen von Diabetes ein-gesetzt werden kann, zur Kariesprophylaxe hingegen ungeeignet ist.

5.12 Polysaccharide

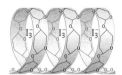

B1 Amylosewendel mit darin eingelagerten Triiodidionen

Stärke (lat. amylum) ist der wichtigste pflanzliche Reservestoff und wird in Samen (z. B. Getreidekörnern) oder unterirdischen Pflanzenteilen (z. B. Kartoffelknollen) gespeichert. Stärke wird aus fotosynthetisch gebildeter Glucose aufgebaut und dient v. a. dem Menschen als wichtiger Nährstoff im Bereich des Energiestoffwechsels.

Molekülbau und Eigenschaften. Stärkemoleküle mit der allgemeinen Formel $(C_6H_{10}O_5)_n$ sind Makromoleküle, die aus glycosidisch miteinander verknüpften α-D-(+)-Glucose-Einheiten bestehen. Stärke ist aber kein Reinstoff. Im kalten Wasser quillt sie zwar auf, ist darin aber nicht vollständig löslich. Sie besteht zu ca. 20 – 30 % aus **Amylose**. In einem Amylosemolekül sind bis zu 10 000 Glucoseeinheiten α-1,4-glycosidisch miteinander verknüpft und bilden lineare Ketten mit helicaler (Schrauben-)Struktur. Dabei kommen jeweils sechs Glucosemonomere auf eine Windung. Die Schraubenstruktur wird durch Wasserstoffbrücken stabilisiert. Beim überwiegenden Anteil, ca. 70 – 80 %, handelt es sich um Amylopektinmoleküle, die aus bis zu einer Million Glucosebausteinen zusammengesetzt sind. Die Grundstruktur entspricht der Amylose. Allerdings ist **Amylopektin** verzweigt, da nach etwa 25 Glucoseeinheiten zusätzlich noch **α-1,6-glycosidische** Bindungen auftreten [B2]. Durch heißes Wasser lässt sich die lösliche Amylose vom weitgehend unlöslichen Amylopektin trennen.

Nachweis von Stärke. Als empfindliches Nachweisreagenz auf Stärke dient Iod-Kaliumiodid-Lösung (Lugol'sche Lösung; man erhält sie, indem man Iod in Kaliumiodidlösung löst). Die Reaktion beruht auf der Entstehung einer Einschlussverbindung. Dabei werden Triiodidionen in die Windungen der Stärkemoleküle eingelagert [B1]. Mit Amylose entsteht eine charakteristische Blaufärbung, die beim Erwärmen verschwindet und beim Abkühlen wieder erscheint. Amylopektin ergibt mit Lugol'scher Lösung eine rotviolette Färbung.

Hydrolytische Spaltung. Unter dem Einfluss von Enzymen (Amylasen) oder Oxoniumionen können die glycosidischen Bindungen der Amylose- bzw. Amylopektinmoleküle hydrolytisch gespalten werden. Unterbricht man die Hydrolyse vorzeitig, entstehen Bruchstücke der Polysaccharidketten, sog. **Dextrine**, die u. a. als Klebstoffe verwendet werden können. Die Stärkehydrolyse spielt auch beim Backvorgang eine wichtige Rolle. Bei weiterer Fortführung der Hydrolyse erfolgt der vollständige Abbau zu D-Glucosemolekülen.

Cellulose. Cellulose ist mit einem Massenanteil von ca. 50 % der Hauptbestandteil pflanzlicher Zellwände und damit auch die häufigste organische Verbindung. Sie ist bei Pflanzenzellen als Gerüstsubstanz für deren Stabilität verantwortlich. Einmal gebildet kann Cellulose, anders als Stärke, von der Pflanze nicht wieder abgebaut werden. Pflanzenfasern wie Baumwolle, Hanf, Jute, Sisal oder Flachs (Lein) [B4] bestehen fast ausschließlich aus

B2 Verzweigungsstellen eines Amylopektinmoleküls

V1 Fügen Sie zu einer Stärkelösung einige Tropfen Lugol'sche Lösung. Erwärmen Sie das Gemisch und kühlen Sie es anschließend wieder ab.

A1 Erklären Sie das Verschwinden und Wiederauftreten der Blaufärbung einer Iod-Kaliumiodid-Amylose-Lösung beim Erhitzen und anschließendem Abkühlen [V1].

A2 Erläutern Sie, weshalb sich Amylose in Wasser löst, Amylopektin hingegen nicht.

Cellulose, Holz enthält hingegen nur etwa 50 % und ist ein wichtiger Rohstoff für die Herstellung von Papier.

Molekülbau und Eigenschaften. Cellulosemoleküle haben wie die Stärkemoleküle die Summenformel $(C_6H_{10}O_5)_n$. Cellulosemoleküle sind aus Tausenden von β-D-Glucosebausteinen, welche β-1,4-glycosidisch miteinander verknüpft sind, aufgebaut [B3]. Diese Art der Verbindung von Einzelbausteinen führt nicht zu einer spiraligen Aufwindung, sondern zu einem fast geradkettigen Makromolekül. Mehrere dieser Ketten können sich parallel nebeneinander, stabilisiert durch intermolekulare Wasserstoffbrücken, anlagern und bilden sogenannte Elementarfibrillen. Mehrere dieser Elementarfibrillen fügen sich dann beim Aufbau der Zellwände zu dickeren Einheiten, den Mikrofibrillen [B5], zusammen, die netzartig miteinander verflochten sind.

Cellulose ist in Wasser und den meisten organischen Lösungsmitteln unlöslich.
Durch konz. Säure kann Cellulose hydrolytisch unter Entstehung von β-D-Glucoseeinheiten gespalten werden.
Der menschliche Organismus verfügt über Enzyme, die α-glycosidische Bindungen spalten können, Enzyme zur Spaltung β-glycosidischer Bindungen fehlen hingegen. Cellulose ist für den Menschen daher unverdaulich. Allerdings können symbiontische Bakterien im Dickdarm Cellulose zu Glucose abbauen und sich davon ernähren. Auch reine Pflanzenfresser können mithilfe von speziellen Darmbakterien Cellulose in Glucose abbauen und so als Hauptnährstoffquelle nutzen.

B4 Flachspflanze (links) und Lein (rechts)

B5 REM-Aufnahme Mikrofasern in der Zellwand

V2 2 g Amylose werden in 50 ml heißem Wasser gelöst und filtriert. Das auf 200 ml verdünnte Filtrat wird im abgedunkelten Raum vom Licht einer Taschenlampe durchstrahlt (Tyndall-Effekt, s. Kap. 4.9).

V3 3 g Kartoffelstärke werden in 20 ml Wasser aufgeschlämmt und in 80 ml siedendes Wasser gegossen. Nach Umrühren versetzt man mit 3 ml konz. Salzsäure, erhitzt und rührt weiter. Zu Beginn und dann alle weiteren 3 Minuten entnimmt man 5-ml-Proben, die nach Abkühlen auf Zimmertemperatur mit Natriumhydrogencarbonat neutralisiert werden. Mit diesen Proben führt man die Fehling´sche Probe durch, testet mit Lugol´scher Lösung sowie mit Glucoteststreifen.

A3 Erläutern Sie, welches Ergebnis zu erwarten ist, wenn man mit einer wässrigen Amyloselösung die Silberspiegelprobe durchführt.

A4 Cellulose wird enzymatisch abgebaut. Als Spaltprodukt kann u. a. α-D-Glucose identifiziert werden. Erklären Sie das Versuchsergebnis.

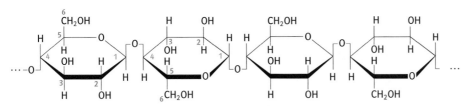

Vier β-Glucoseuntereinheiten eines Cellulosemoleküls

B3 Ausschnitt eines Cellulosemoleküls

5.13 Exkurs Bedeutung chiraler Moleküle in der Medizin

B2 Fehlbildungen durch Contergan

Der Contergan-Skandal. Contergan wurde 1957 als Beruhigungsmittel auf den deutschen Arzneimittelmarkt gebracht. Durch die schädlichen Nebenwirkungen des Wirkstoffes Thalidomid war es zu schweren Schädigungen an ungeborenem Leben gekommen.
Da Contergan unter anderem auch gegen die typische, morgendliche Übelkeit in der frühen Schwangerschaftsphase hilft und im Hinblick auf Nebenwirkungen als besonders sicher galt, wurde es gegen Ende der 1950er Jahre gezielt als mildes Schlaf- und Beruhigungsmittel für Schwangere empfohlen. In der Folge kam es in mehreren Tausend Fällen, vor allem in Deutschland, zu schweren Fehlbildungen oder gar zum vollständigen Fehlen von Gliedmaßen und Organen bei ansonsten gesunden Neugeborenen. 1961 wurde das Medikament wieder vom Markt genommen.

Chemische Analyse des Wirkstoffs. Bei näherer chemischer Analyse des Wirkstoffes zeigte sich sehr schnell, dass es sich beim Thalidomidmolekül (α-Phthalimidoglutarimid) um eine chirale Verbindung handelt. Die Verbindung enthält als wesentliches Strukturmerkmal ein vierfach verschieden substituiertes und damit asymmetrisches Kohlenstoffatom [B1].
Thalidomid wurde in einer chemisch ungesteuerten Synthese in Form eines 1:1-Gemisches der beiden Enantiomere (Racemat) auf den Markt gebracht. Zunächst nahm man an, dass für die fruchtschädigende Wirkung allein die spiegelbildliche Form verantwortlich sei. Die bildliche Variante hingegen rufe die beruhigende Wirkung hervor.
Unabhängig davon, ob die reine spiegelbildliche oder reine bildliche Form verabreicht wird, wandelt der menschliche Körper bereits nach wenigen Stunden die eine Form, wenn auch nur unvollständig, in die jeweils andere um. Bildliche und spiegelbildliche Form liegen dann ca. im Verhältnis 1:1,6 vor.
Somit kann keinem der beiden Enantiomere „gute" oder „schlechte" Wirkung zugeschrieben werden. Tests, vor allem in Brasilien und Kolumbien, zeigten, dass es unglücklicherweise, trotz der Hinweise auf diese Kontraindikation, zu erneuten Fehlbildungen bei Neugeborenen kam.

Bei weiteren Untersuchungen zeigte sich, dass Thalidomid nicht nur ein Beruhigungsmittel ist, sondern auch gegen eine Reihe weiterer Krankheiten, vor allem gegen Lepra aber auch gegen Aids und verschiedene Krebsarten wirksam ist. Bedenkt man, dass der Wirkstoff nur bei Schwangeren Schäden des Ungeborenen hervorruft, ist gegen eine Therapie bei Erwachsenen, die nicht mehr gebärfähig sind, nichts einzuwenden.

Diese beiden Gruppen sind verschieden

„Bild"   „Spiegelbild"

B1 Die beiden Enantiomere von Thalidomid

5.14 Impulse Kammrätsel: Enantiomerie und Kohlenhydrate

Legen Sie eine Folie über die Kästchen des Kammrätsels. Ergänzen Sie die aufgeführten Aussagen. Gefundene Begriffe tragen Sie mit einem Folienstift in die entsprechenden Felder ein.
Haben Sie alle gesuchten Begriffe horizontal eingetragen, so ergibt sich vertikal ein Lösungswort.
(Ä = AE, Ö = OE, Ü = UE)

- Die 1,2-glycosidische Verknüpfung je eines Moleküls α-D-Glucose mit einem Molekül β-D-Fructose ergibt Moleküle der **1**.
- Die **2** eines Moleküls gibt an, wie die Atome in einem Molekül verknüpft sind.
- Der Hauptbestandteil von Papier ist die **3**.
- **4** ist eine Naturfaser, aus der Textilien hergestellt werden können.
- Durch Umsetzung mit einer optisch aktiven Substanz kann man ein **5** auftrennen, wobei man zwei Diastereomere erhält.
- **6** ist die alltägliche Bezeichnung für die Glucose.
- Pflanzen speichern **7** überwiegend in Samen oder z. B. unterirdisch in Knollen.
- Vielfachzucker wie beispielsweise Amylose oder Amylopektin nennt man auch **8**.
- Emil **9** gelang es um 1890 die Struktur der Glucose aufzuklären.
- Spiegelbildisomere nennt man auch **10**.
- Unter **11** versteht man die räumliche Anordnung von Atomen eines Moleküls beziehungsweise dessen räumlichen Bau.

- **12** sind chemische Verbindungen der gleichen Summenformel, aber unterschiedlicher Struktur.
- Die bekannteste von **13** ist die D-Glucose. Insgesamt gibt es 16.
- Die häufig bei Sacchariden vorkommende sechsgliedrige Ringform aus fünf Kohlenstoffatomen und einem Sauerstoffatom nennt man **14**.
- In Molekülen von **15**, die aus den Elementen Kohlenstoff, Wasserstoff und Sauerstoff bestehen, beträgt das Zahlenverhältnis von Wasserstoff- zu Sauerstoffatomen 2:1.
- Wässrige Lösungen von α-D-Glucose und von β-D-Glucose zeigen bis zur Gleichgewichtseinstellung die Erscheinung der **16**.
- Im festen Zustand liegen die Moleküle der Monosaccharide ausschließlich als intramolekulare **17** vor.
- α-D-Glucose und β-D-Glucose unterscheiden sich nur durch die räumliche Stellung der Hydroxylgruppe an einem Kohlenstoffatom. Solche Isomere bezeichnet man als **18**.

5.15 Praktikum **Kohlenhydrate**

B1 Glucoteststreifen

Glucotest – GOD-Test

Der Glucotest dient dem Arzt zur Bestimmung von Glucose im Harn. Die Prüfung erfolgt mithilfe eines Teststreifens. Der Schnelltest beruht auf der Tätigkeit zweier Enzyme. Das eine Enzym, die *Glucoseoxidase* (GOD), katalysiert in sehr spezifischer Weise die Oxidation von α-D-Glucose zu D-Gluconolacton (ein intramolekularer Ester). Der dabei entstehende Wasserstoff wird auf Sauerstoff unter Wasserstoffperoxidbildung übertragen [B2].

B2 Glucoseoxidasekatalysierte Reaktion von α-D-Glucose zu D-Gluconolacton

Unter dem Einfluss eines weiteren Enzyms, der *Peroxidase*, wird nun ein Redoxindikator, der sich in reduzierter Form auf dem Teststreifen befindet (Leukofarbstoff), vom Wasserstoffperoxid oxidiert (Farbstoff) [B2].

$$\text{Leukofarbstoff} + H_2O_2 \xrightarrow{\text{Peroxidase}} \text{Farbstoff} + 2\,H_2O$$

B3 Peroxidasekatalysierte Reaktion des Leukofarbstoffs mit Wasserstoffperoxid

Der blaue Farbstoff erzeugt auf dem gelben Trägerpapier des Teststreifens eine grüne Farbe.
Man kennt keine andere im Harn vorkommende chemische Verbindung, die den Nachweis stören könnte. Der Test ist somit eindeutig.
Über die Intensität des gebildeten Farbstoffs auf den Teststreifen kann man deshalb auch quantitative Rückschlüsse auf den Massenanteil der vorhandenen Glucose im Urin ziehen.

V1 **Fehling'sche Probe**
Geräte und Chemikalien: 6 Reagenzgläser, Becherglas (250 ml) für ein Wasserbad, Gasbrenner, Dreifuß mit Drahtnetz, Spatel, Thermometer, Fehling-Lösungen I + II, Glucose, Fructose, Maltose, Saccharose.
Fehling I: verdünnte Kupfer(II)-sulfat-Lösung
Fehling II: alkalische Kalium-natrium-tartrat-Lösung.
Durchführung: Lösen Sie in verschiedenen Reagenzgläsern jeweils eine Spatelspitze der Zucker in je 2 ml Wasser und stellen Sie sie beiseite. Geben Sie dann je 2 ml der Lösungen Fehling I + II in ein Reagenzglas und schütteln Sie so lange, bis ein tiefblaues, klares Reagenz entsteht. Fügen Sie dann 4 ml der so hergestellten, tiefblauen Fehling-Lösung zu Ihren vorbereiteten Zuckerlösungen. Erwärmen Sie die Gemische einige Minuten im leicht siedenden Wasserbad (ca. 80 °C).
Auswertung: Erklären Sie die Ergebnisse der Experimente mit Reaktionsgleichungen (Formeln).

V2 **Silberspiegelprobe (Tollensprobe)**
Geräte und Chemikalien: 5 Reagenzgläser, Becherglas (250 ml) für ein Wasserbad, Gasbrenner, Dreifuß mit Drahtnetz, Spatel, Thermometer, Tollens-Reagenz (Silbernitratlösung, *w* = 1 %), verdünnte Natronlauge, verdünnte Ammoniaklösung, Glucose, Fructose, Maltose, Saccharose.
Durchführung: Lösen Sie in Reagenzgläsern jeweils eine Spatelspitze der Zucker in je 2 ml Wasser und stellen Sie sie beiseite. Geben Sie in einem weiteren Reagenzglas zu etwa 5 ml Sibernitratlösung einige Tropfen verdünnte Natronlauge und dann tropfenweise so viel Ammoniaklösung, bis sich der gebildete, grauweiße Niederschlag gerade wieder aufzulösen beginnt. Fügen Sie jetzt zu dieser hergestellten Lösung einige Tropfen Ihrer Zuckerlösungen. Erwärmen Sie die Gemische einige Minuten im leicht siedenden Wasserbad (ca. 80 °C).
Auswertung: Erklären Sie die Ergebnisse der Experimente mit Reaktionsgleichungen (Formeln).

V3 Löslichkeitsverhalten der Glucose

Geräte und Chemikalien: 2 Reagenzgläser, Becherglas (250 ml) für ein Wasserbad, elektrische Heizplatte, Spatel, Thermometer, Glucose, Heptan.

Durchführung: Geben Sie je eine Spatelspitze Glucose in zwei Reagenzgläser. Fügen Sie dann jeweils 10 ml Wasser bzw. Heptan hinzu und erwärmen Sie vorsichtig im Wasserbad (ca. 80 °C).

Auswertung: Erläutern Sie Ihre Beobachtungen unter Berücksichtigung der Struktur der Glucose.

V4 Halbacetalstruktur der Glucose

Geräte und Chemikalien: Waage, 2 Reagenzgläser, Spatel, Stoppuhr, Pipette, Glucose, Ethanallösung ($w = 1\%$), Schiff'sches Reagenz (Fuchsinschweflige Säure).

Durchführung: Lösen Sie 0,5 g Glucose in 50 ml Wasser. Geben Sie dann zu der frisch bereiteten Glucoselösung sowie zu der Ethanallösung je 5 Tropfen Schiff'sches Reagenz. Messen Sie dann sofort die Zeit bis zum Beginn der Farbveränderung.

Auswertung: Begründen Sie anhand der Molekülstrukturen von Glucose und Ethanal, weshalb die Reaktionen unterschiedlich schnell verlaufen.

V5 Keto-Endiol-Tautomerie

Geräte und Chemikalien: Reagenzglas, Becherglas (250 ml), Reagenzglasklammer, Pipette, Gasbrenner, Waage, Glucoteststreifen, Natronlauge ($c = 0{,}1$ mol/l), Fructose, Essigsäure ($c = 0{,}1$ mol/l), Indikatorpapier.

Durchführung: Lösen Sie 0,5 g Fructose in 5 ml Wasser. Prüfen Sie nun die Spezifität der Glucotestreaktion, indem Sie einen Teststreifen in die Lösung halten und nach der angegebenen Gebrauchsanweisung abwarten, ob eine Verfärbung eintritt. Fügen Sie nun 1 ml Natronlauge hinzu und erhitzen Sie die Lösung ca. 4 min unter ständiger Bewegung vorsichtig mit dem Gasbrenner (Hinweis: Die Lösung darf nicht sieden!).

Lassen Sie dann abkühlen und neutralisieren Sie anschließend durch tropfenweise Zugabe von Essigsäure. Prüfen Sie nach jeder Zugabe den pH-Wert der Flüssigkeit mit einem Stück Indikatorpapier. Wiederholen Sie mit der jetzt pH-neutralen Flüssigkeit die Glucotestprobe.

Auswertung: Erklären Sie das Ergebnis der Glucotestprobe.

V6 Hydrolyse von Cellulose

Geräte und Chemikalien: Erlenmeyerkolben (100 ml), Stopfen mit Rückflusskühler oder langem Glasrohr (50 cm), Stativ, Klemme, Muffe, Gasbrenner, Dreifuß mit Drahtnetz, Pipette, Filterpapier, Schwefelsäure ($w \approx 50\%$), Natronlauge ($w \approx 30\%$), Universalindikatorpapier, Fehling-Lösungen I und II [V1], Glucoseteststreifen.

Durchführung: (Schutzbrille, Schutzhandschuhe!) Reißen Sie ein Stück Filterpapier in kleine Schnitzel und geben Sie diese in den Erlenmeyerkolben. Geben Sie 30 ml Schwefelsäure ($w \approx 50\%$) hinzu. Setzen Sie den Rückflusskühler bzw. das Glasrohr auf und sichern Sie den Aufbau mit dem Stativ. Kochen Sie das Gemisch ca. 10 Minuten. Nach dem Abkühlen neutralisieren Sie das Gemisch langsam (!) mit Natronlauge ($w \approx 30\%$). Führen Sie mit je 2 ml des Gemisches die Fehling'sche Probe [V1] sowie den GOD-Test durch.

Auswertung: Beschreiben Sie Ihre Beobachtungen und interpretieren Sie das Versuchsergebnis. Welches Ergebnis erwarten Sie bei der Hydrolyse von Maltose und Saccharose?

V7 Unterscheidung von Glucose und Fructose

Geräte und Chemikalien: 2 Reagenzgläser, Reagenzglasklammer, Pipette, Gasbrenner, Seliwanoff-Reagenz (10 mg Resorcin in 20 ml konz. Salzsäure lösen und mit 40 ml Wasser verdünnen), Glucose, Fructose, Glucoseteststreifen.

Durchführung: Lösen Sie jeweils eine Spatelspitze Glucose und Fructose in je 3 ml Wasser und testen Sie die Lösungen mit dem GOD-Test. Geben Sie dann zu beiden Lösungen je 5 ml Seliwanoff-Reagenz und erwärmen Sie vorsichtig einige Minuten lang mit dem Gasbrenner (Hinweis: Die Lösung darf nicht sieden!).

Auswertung: Überlegen Sie, mit welchem strukturellen Merkmal das Versuchsergebnis in Zusammenhang stehen könnte.

5.16 Exkurs Stärke als nachwachsender Rohstoff

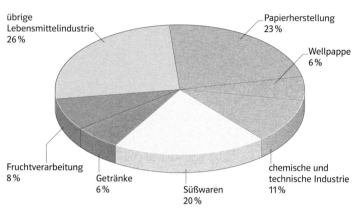

B1 Verwendung von Stärke in der Industrie

V1 In eine Porzellanschale gibt man einige Spatel Stärke und erhitzt unter ständigem Rühren vorsichtig (maximal 200 °C), bis eine leichte Braunfärbung eintritt. Nach dem Abkühlen fügt man ein wenig Wasser hinzu, bis ein Brei entsteht. Dieser sogenannte Dextrin-Kleister wird auf seine Klebekraft hin untersucht.

A1 Erklären Sie die Entstehung des Dextrin-Kleisters aus Stärke [V1] auf molekularer Ebene.

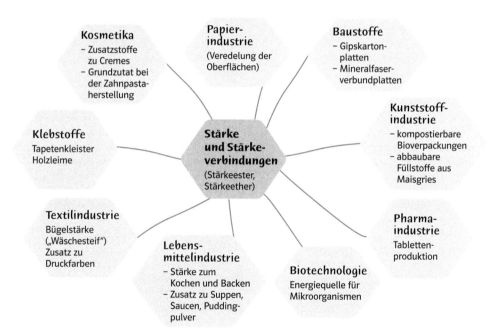

B2 Wichtige Einsatzmöglichkeiten von Stärke und Stärkederivaten

Stärke stellt einen unser wichtigsten nachwachsenden Rohstoffe dar. Der Einsatz von Stärke ist äußerst vielfältig. Es existieren über 500 Produkte in den unterschiedlichsten Industriezweigen, in denen Stärke zugesetzt wird [B1, B2].

Jährlich werden in der Europäischen Union ca. 20 Mio. Tonnen Stärke produziert. Die Stärke stammt dabei zu 46 % aus Kartoffeln, zu 23 % aus Weizen und zu 31 % aus Mais.

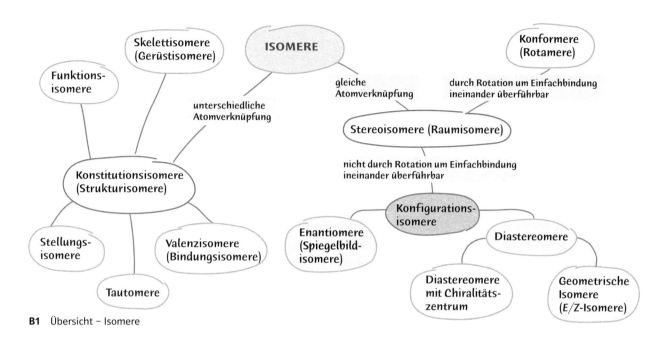

B1 Übersicht – Isomere

Spiegelbildisomere

Moleküle, die sich mit ihrem Spiegelbild nicht zur Deckung bringen lassen, sind chiral. Ihre beiden Formen nennt man Spiegelbildisomere oder Enantiomere.

Asymmetrisches Kohlenstoffatom

Ein Kohlenstoffatom mit vier verschiedenen Bindungsgruppen ist ein Chiralitäts- oder Asymmetriezentrum. Das betreffende Kohlenstoffatom wird mit C^* gekennzeichnet. Chiralität („Händigkeit") ist die Voraussetzung für Spiegelbildisomerie.

Diastereomere

Konfigurationsisomere, die sich nicht wie Bild und Spiegelbild verhalten, nennt man Diastereomere.

Optische Aktivität

Der Einfluss chiraler Moleküle gegenüber linear polarisiertem, monochromatischem Licht, bezeichnet man als optische Aktivität. Lösungen, die die Schwingungsebene dieses Lichts drehen, sind optisch aktiv. Die Drehrichtung im Uhrzeigersinn wird mit (+), die Drehrichtung entgegen dem Uhrzeigersinn

mit (–) angegeben. Die optische Aktivität kann mit einem Polarimeter gemessen werden.

Racemat

Liegt ein Enantiomerenpaar im Stoffmengenverhältnis 1:1 vor, handelt es sich um ein Racemat. Racemische Lösungen drehen die Schwingungsebene linear polarisierten Lichts nicht.

Kohlenhydrate

Kohlenhydrate besitzen die allgemeine Summenformel $C_m(H_2O)_n$. Man kann sie in Monosaccharide (Einfachzucker), Disaccharide (Zweifachzucker), Oligosaccharide („Wenigzucker") und Polysaccharide (Vielfachzucker) unterteilen.

Ringstrukturen

Intramolekulare Halbacetalbildung führt bei Monosacchariden zu einer heterocyclischen Ringstruktur: Pyranosen bilden mit fünf C-Atomen und einem O-Atom Sechsringe, Furanosen entsprechend Fünfringe [B3].

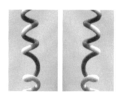

B2 Die Ranke einer Pflanze ist ein chirales Objekt

β-D-Glucopyranose

α-D-Fructofuranose

B3 Glucopyranose (oben), Fructofuranose (unten)

α-1,4-glycosidische
Bindung

α,β-1,2-glycosidische
Bindung

B4 Glycosidische
Bindungsarten

Anomere, Mutarotation

Durch den Ringschluss der Einfachzucker
entstehen anomere Formen der Monosaccharide, die je nach Stellung der OH-Gruppe am
C-Atom 1 (Aldopyranosen)/C-Atom 2 (Keto-
pyranosen oder -furanosen), dem anomeren
C-Atom, mit α und β bezeichnet werden und
in wässriger Lösung durch Mutarotation
ineinander übergehen können. Auch bei den
reduzierenden Disacchariden findet man
Anomere und das Phänomen der Mutarotation.

Nachweisreaktionen

Typische Nachweisreaktionen für Monosaccharide sind die Silberspiegelprobe und
die Fehling'sche Probe.

Glycosidische Bindung

Disaccharide entstehen durch glycosidische
Verknüpfung zweier Monosaccharidmoleküle.
Bei reduzierend wirkenden Disacchariden, z.B.
Maltose, erfolgt die Bindung zwischen einer
Hydroxygruppe und einer halbacetalischen
Gruppe, bei nicht reduzierenden Disacchari-
den, z.B. Saccharose, durch Bindung zwischen
zwei halbacetalischen Gruppen [B4].

Wichtige Disaccharide

Disaccharid	Monomere, aus denen das Di-saccharid aufgebaut ist	Bindung
Maltose	zwei α-D-Glucosemoleküle	α-1,4-glycosidische Bindung
Cellobiose	zwei β-D-Glucosemoleküle	β-1,4-glycosidische Bindung
Saccharose	α-D-Glucose- und β-D-Glucosemolekül	α,β-1,2-glycosidische Bindung

Polysaccharide

Vielfachzucker wie Amylose und Amylopektin
sind wichtige Reservestoffe und Energiequellen. Cellulose erfüllt als Gerüststoff eine
bedeutende Funktion.

A1 Glucose reagiert in Gegenwart von
Hydrogenchlorid mit Ethanol zu einem
Gemisch aus α- und β-Ethylglucosid. Zeichnen
Sie die beiden Produkte in der Haworth-
Darstellung.

A2 Zeichnen Sie alle Stereoisomere der
Aldotetrosen in Fischer-Projektion und geben
Sie an, welche Moleküle Enantiomere oder
Diastereomere sind.

A3 Geben Sie zu den in B1 genannten
Stereoisomeren jeweils Beispiele an.

A4 Erläutern Sie den Begriff „Halbacetal"
und stellen Sie die Ringbildung der β-D-Glucose mit Strukturformeln dar.

A5 Tagatose, ein Monosaccharid, unter-
scheidet sich von der Fructose alleine durch
die Stellung der Hydroxylgruppe am C-Atom 4.
Zeichnen Sie die α- und β-D-Tagatose in der
Haworth-Schreibweise und erläutern Sie den
Begriff Racemat an geeigneten Formeln der
Tagatose.

A6 Mit einem Disaccharid wird die
Silberspiegelprobe durchgeführt. Diese fällt
erst dann positiv aus, wenn man zuvor mit
verdünnter Schwefelsäure kurz erhitzt hat.
Mit dem so erhaltenen Hydrolysat verläuft die
Seliwanow-Reaktion negativ, der GOD-Test
aber positiv. Erläutern Sie unter Berücksichtigung der Versuchsergebnisse, aus welchen
Monosaccharidbausteinen das Disaccharid
aufgebaut sein könnte.

A7 Vergleichen Sie tabellarisch Amylose
und Amylopektin.

A8 Formulieren Sie die Reaktionsgleichung
der vollständigen Verbrennung von Glucose.

A9 Sorbit kann mit Cu^{2+}-Ionen im Alkalischen zur Glucose und Kupfer(I)-oxid oxidiert
werden. Erstellen Sie die Teilgleichungen
für die Oxidation und die Reduktion sowie die
Gesamtredoxgleichung mit Strukturformeln.

A10 Mono- und Disaccharide sind in Wasser
sehr gut löslich, Polysaccharide praktisch
gar nicht. Erklären Sie diese Beobachtung
unter Berücksichtigung der zwischenmolekularen Wechselwirkungen zwischen den
Kohlenhydratmolekülen und den Wassermolekülen.

6 Aminosäuren und Proteine

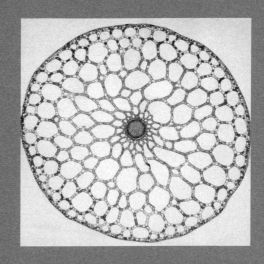

Aminosäuren bestehen aus Molekülen, die sowohl zumindest eine Amino- als auch eine Carboxylgruppe enthalten. Sie sind die Bausteine der Proteine, auch Eiweiße genannt. Diese Biopolymere bedingen die Struktur und Funktion einer jeden lebenden Zelle.

Insgesamt gibt es 20 Aminosäuren, die für den Aufbau von Proteinen zuständig sind. 8 von diesen 20 Aminosäuren sind für den Menschen essenziell.

In vielen Ländern ist die Sojapflanze der wichtigste Proteinlieferant. In ihren Früchten, den Bohnen, ist bis zu 34 % Eiweiß enthalten. In Industrieländern ist Fleisch der wichtigste Proteinlieferant.

Viele Hormone, wie z.B. das Insulin, gehören zur Stoffklasse der Proteine. Ein ebenfalls lebensnotwendiges Protein ist Hämoglobin, der rote Blutfarbstoff. Es sorgt für den Sauerstofftransport.

Durch verschiedene Einflüsse können Proteine denaturiert werden und verlieren dadurch ihre Funktionsfähigkeit.

6.1 Strukturen der Aminosäuren

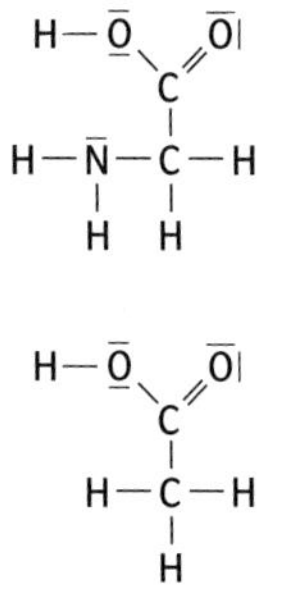

B1 Formeln von Glycin (oben) und Essigsäure (unten)

Allgemeiner Aufbau. Die einfachste Amino-säure heißt Glycin. Vergleicht man ihre Moleküle mit denen der Essigsäure, stellt man fest, dass sie eine Aminogruppe am C-Atom trägt, das der Carboxylgruppe benachbart ist. Dieses C-Atom wird auch α-C-Atom genannt. Sie heißt daher α-Aminoethansäure bzw. mit systematischem Namen 2-Aminoethansäure [B1]. Neben Glycin gibt es noch eine Reihe weiterer Aminosäuren, die den Aufbau von Proteinen bedingen [B2]. Diese proteinogenen Aminosäuren sind alle α-Aminocarbonsäuren, die sich nur durch ihre Reste unterscheiden.

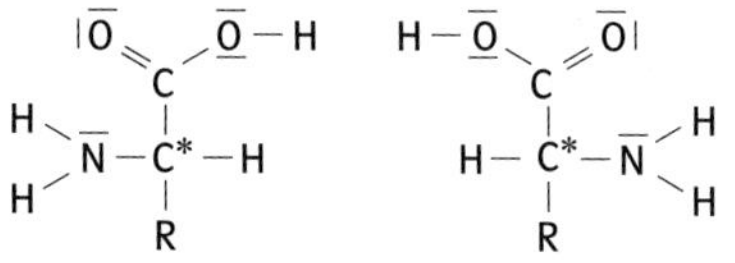

L-α-Aminosäure   D-α-Aminosäure

R: Rest   C*: asymmetrisches C-Atom

B3 Strukturformeln stereoisomerer α-Aminosäuren

Essenzielle Aminosäuren. Acht der 20 protein-ogen Aminosäuren sind essenziell, sie müssen mit der Nahrung aufgenommen werden.

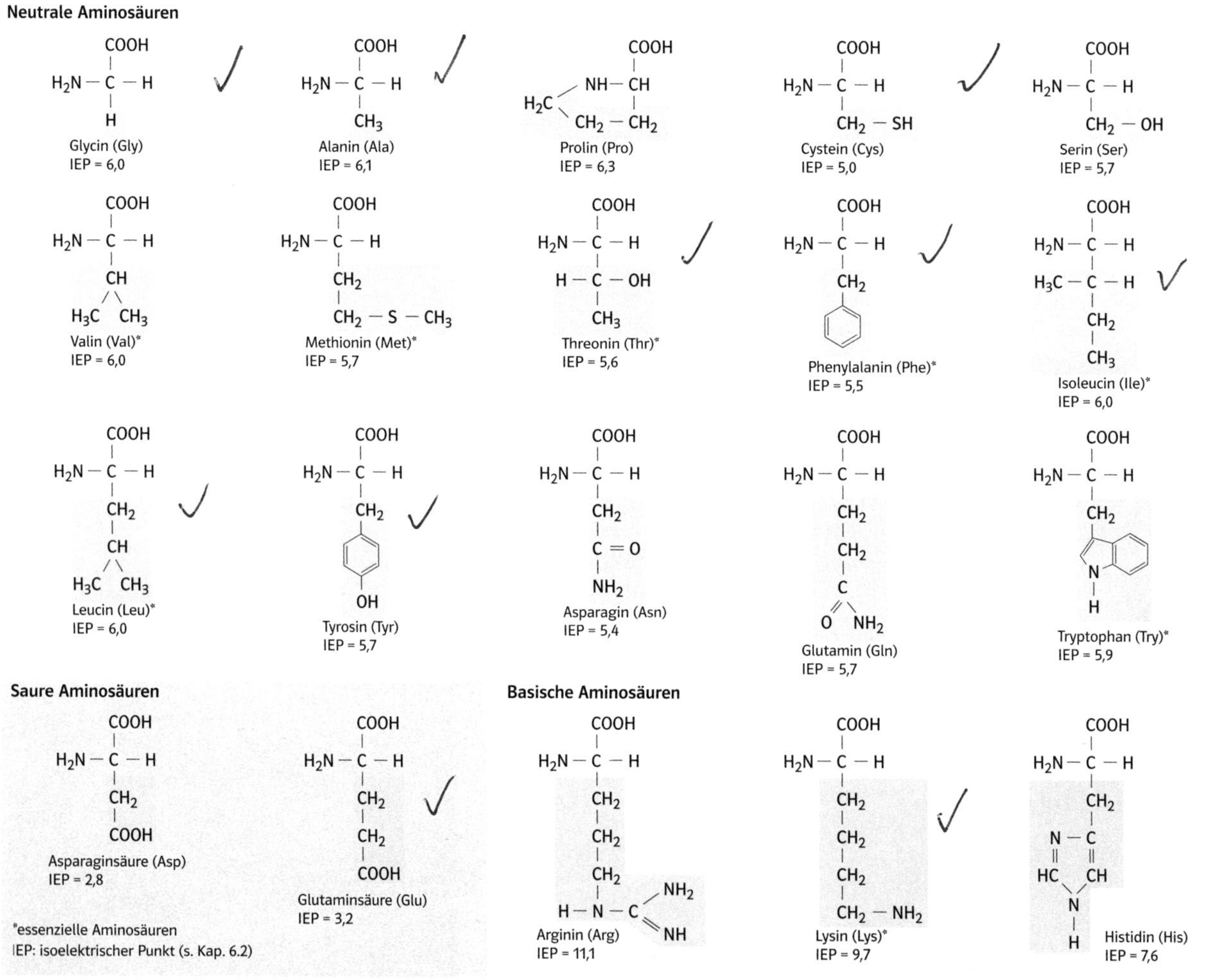

Neutrale Aminosäuren

Glycin (Gly) IEP = 6,0

Alanin (Ala) IEP = 6,1

Prolin (Pro) IEP = 6,3

Cystein (Cys) IEP = 5,0

Serin (Ser) IEP = 5,7

Valin (Val)* IEP = 6,0

Methionin (Met)* IEP = 5,7

Threonin (Thr)* IEP = 5,6

Phenylalanin (Phe)* IEP = 5,5

Isoleucin (Ile)* IEP = 6,0

Leucin (Leu)* IEP = 6,0

Tyrosin (Tyr) IEP = 5,7

Asparagin (Asn) IEP = 5,4

Glutamin (Gln) IEP = 5,7

Tryptophan (Try)* IEP = 5,9

Saure Aminosäuren

Asparaginsäure (Asp) IEP = 2,8

Glutaminsäure (Glu) IEP = 3,2

Basische Aminosäuren

Arginin (Arg) IEP = 11,1

Lysin (Lys)* IEP = 9,7

Histidin (His) IEP = 7,6

*essenzielle Aminosäuren
IEP: isoelektrischer Punkt (s. Kap. 6.2)

B2 Aminosäuren, die in Proteinen gebunden vorkommen

Im Unterschied zu Glycinmolekülen besitzen alle anderen Aminosäuremoleküle asymmetrische C-Atome (Kap. 5.1). Daher sind diese alle chiral und somit optisch aktiv. In der Natur kommt von den beiden möglichen D- und L-Enantiomeren nur die L-Form vor, bei denen in der Fischer-Projektion die Aminogruppe am α-C-Atom nach links weist [B3].

Aufbau. Vergleicht man eine Stoffportion einer beliebigen Aminosäure mit Kochsalz, so stellt man optisch kaum Unterschiede fest. Beides sind kristalline Feststoffe [B4].

Beide sind Leiter zweiter Klasse, d.h., sie können in wässriger Lösung den elektrischen Strom leiten. Diese Eigenschaften können auf der Teilchenebene erklärt werden. Kochsalz und Aminosäuren sind ionisch aufgebaut. Allerdings liegen in den Aminosäuren keine einzelnen positiv bzw. negativ geladenen Ionen vor, sondern *Zwitterionen*. Aminosäuremoleküle enthalten zwei verschiedene funktionelle Gruppen, die Amino- und die Carboxylgruppe. Die saure Carboxylgruppe wirkt als Protonendonator, die Aminogruppe als Protonenakzeptor, sodass es zu einer intramolekularen Protonenwanderung kommt [B5].

Die Zwitterionen des Glycins können gegenüber anderen Stoffen in Abhängigkeit von den Reaktionsbedingungen als Protonendonator bzw. Protonenakzeptor wirken. Sie sind somit *Ampholyte*.

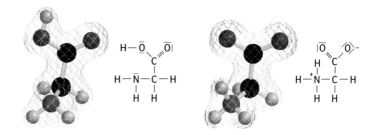

B5 Teilchenebene

Unter alkalischen Bedingungen wirkt das Zwitterion als Säure, daher wird bei dieser Reaktion ein Glycinanion gebildet. Im Sauren wird das Zwitterion protoniert, es entsteht ein Glycinkation [B6].

Aminosäuren sind aus Zwitterionen aufgebaut. Daher haben sie ähnliche Eigenschaften wie Salze und können als Ampholyte reagieren. Die Struktur und Anordnung der Teilchen ist verantwortlich für die Eigenschaften des Stoffes (Struktur-Eigenschafts-Konzept).

intramolekular innerhalb eines Moleküls

intermolekular zwischen verschiedenen Molekülen

A1 Erläutern Sie, warum Arginin, Lysin und Histidin zu den basischen Aminosäuren zählen.

A2 Methionin und Cystein sind besondere Aminosäuren. Erklären Sie, hinsichtlich welcher Besonderheit diese Aussage gilt.

A3 Zeichnen sie die D-Asparaginsäure in der Fischerprojektion.

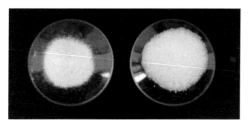

B4 Stoffebene (Aminosäureportion und Kochsalzportion)

Alkalische Bedingungen:

$$H_3N^+ \!-\! \underset{\underset{H}{|}}{\overset{\overset{COO^-}{|}}{C}} \!-\! H + OH^- \rightleftharpoons H_2N \!-\! \underset{\underset{H}{|}}{\overset{\overset{COO^-}{|}}{C}} \!-\! H + H_2O$$

Saure Bedingungen:

$$H_3N^+ \!-\! \underset{\underset{H}{|}}{\overset{\overset{COO^-}{|}}{C}} \!-\! H + H_3O^+ \rightleftharpoons H_3N^+ \!-\! \underset{\underset{H}{|}}{\overset{\overset{COOH}{|}}{C}} \!-\! H + H_2O$$

B6 Säure-Base-Reaktionen der Zwitterionen des Glycins

6.2 Der isoelektrische Punkt

Ammoniumcarbonsäure   Ammoniumcarboxylat   Aminocarboxylat

$$\overset{\displaystyle R}{\underset{\displaystyle H}{H_3\overset{+}{N}-\overset{|}{\underset{|}{C}}-COOH}} \quad \underset{+H^+}{\overset{-H^+}{\rightleftharpoons}} \quad \overset{\displaystyle R}{\underset{\displaystyle H}{H_3\overset{+}{N}-\overset{|}{\underset{|}{C}}-COO^-}} \quad \underset{+H^+}{\overset{-H^+}{\rightleftharpoons}} \quad \overset{\displaystyle R}{\underset{\displaystyle H}{H_2N-\overset{|}{\underset{|}{C}}-COO^-}}$$

kationische Form   zwitterionische Form   anionische Form
der Aminosäure   der Aminosäure   der Aminosäure

B1   Aminosäure in Lösungen mit verschiedenen pH-Werten

Aminosäuren sind aufgrund ihrer funktionellen Gruppen mindestens bifunktionell. Da die Carboxylgruppe sauer und die Aminogruppe alkalisch reagieren können, sind Aminosäuren Ampholyte. Im festen Aggregatzustand führt dies dazu, dass die Aminosäuren in Form von zwitterionischen Ammoniumcarboxylaten vorliegen und somit stabile Kristallgitter ausbilden.

Aminosäuren in Lösungen mit verschiedenen pH-Werten. Werden Aminosäuren in wässrige Lösung gegeben, ist hinsichtlich des pH-Werts dieser Lösung ausschlaggebend, welche Protonierungen bzw. Deprotonierungen in den Aminosäuremolekülen erfolgen [B1]. Ist die Lösung sehr sauer, z. B. pH < 2, liegt die Carboxylgruppe (und nicht die Carboxylatgruppe) vor. Auch die Aminogruppe ist protoniert, d.h. es liegen *Ammoniumcarbonsäuren* vor. In saurer Lösung ist also die *kationische* Form der Aminosäureionen die bevorzugte. Sind neben der Aminogruppe am C-Atom 2 weitere protonierbare Gruppen vorhanden, wie z. B. eine weitere Aminogruppe oder Hydroxylgruppe, liegen diese auch protoniert vor.

Bei einem hohen pH-Wert (pH > 12) sind die Carboxylgruppen vollständig deprotoniert, es sind nur noch Carboxylatgruppen vorhanden. Die vorliegenden Ionen sind *Aminocarboxylate*, d.h., in *alkalischer Lösung* ist die anionische Form die bevorzugte. Sind neben der Carboxylgruppe (C-Atom 1) weitere deprotonierbare Gruppen vorhanden, so liegen auch diese deprotoniert vor. Beispielsweise ist im Asparaginsäuremolekül eine zweite Carboxylgruppe vorhanden.

Es ist naheliegend, dass es auch einen pH-Wert geben muss, bei dem Aminosäuren in wässriger Lösung in Form von Zwitterionen vorliegen. Die Ladung der Moleküle ist nach außen hin 0 und somit tragen sie auch nicht zu einer elektrischen Leitfähigkeit bei. Diesen pH-Wert nennt man **isoelektrischen Punkt (IEP)**.
Der IEP ist eine charakteristische Kenngröße für Aminosäuren, er variiert in Abhängigkeit von den Resten.

Der IEP ist der pH-Wert, an dem die Aminosäuren in Form von Zwitterionen vorliegen. Bei einem pH-Wert < IEP liegen Aminosäuren in der kationischen Form vor, bei einem pH-Wert > IEP liegen sie in anionischer Form vor.

A1   Begründen Sie, warum Glycin bei einem pH-Wert von 6,07 die geringste elektrische Leitfähigkeit hat.

A2   Ermitteln Sie die isoelektrischen Punkte folgender Aminosäuren: Asparaginsäure, Glutaminsäure, Arginin und Lysin.
a) Leiten Sie eine allgemeingültige Regel über die Lage der IEP-Werte ab.
b) Erklären Sie mithilfe von Strukturformeln, warum Tyrosin einen IEP von 5,7 hat.

A3   Zeichnen Sie die vorherrschende Teilchenart von Asparaginsäure bei folgenden pH-Werten:
a) pH = 1, **b)** pH = 3, **c)** pH = 10

6.3 Trennung von Aminosäuren

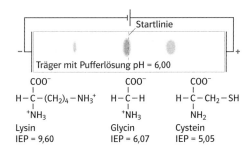

B1 Auftrennung eines Lysin-, Glycin-, Cystein-Gemischs bei einem pH-Wert von 6

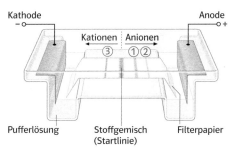

Elektrophorese eines Aminosäuregemischs: Während Aminosäure 3 positiv geladen ist, tragen Aminosäure 1 und 2 negative Überschussladung. Aminosäure 2 wandert schneller als Aminosäure 1.

B2 Papierelektrophorese – Schema

Elektrophorese. Legt man Gleichspannung an eine wässrige Lösung, die Ionen enthält, so bewegen sich die Ionen jeweils in die Richtung der Elektrode mit entgegengesetztem Vorzeichen. Die Geschwindigkeit dieser Ionenwanderung ist abhängig von der Größe der Ladung und dem Radius der Ionen. Somit können Ionen eines Stoffgemischs getrennt werden. Dieses Trennverfahren nennt man Elektrophorese.

Die Elektrophorese ist ein analytisches Verfahren, bei dem die unterschiedlichen Wanderungsgeschwindigkeiten und -richtungen von Ionen zu deren Trennung genutzt werden.

Gelelektrophorese. Damit es zu einer „haltbaren" Trennung der Ionen (man kann die Ionensorten auf diese Weise beispielsweise auch isolieren) kommt, arbeitet man nicht nur in wässriger Lösung, sondern mit einem Gel, das auf Glasplatten gegossen wird. Das Gel wiederum enthält eine Lösung, mit konstantem pH-Wert. Diese sogenannte *Gelelektrophorese* ist das am weitesten verbreitete Trennverfahren zur Analyse in der Biochemie.

Um ein Aminosäuregemisch zu trennen, trägt man es auf die Mitte des Gels auf, und legt dann eine Gleichspannung an [V1]. Da im elektrischen Feld am isoelektrischen Punkt keine Wanderung der jeweiligen Aminosäure-Zwitterionen stattfindet, wählt man meistens den pH-Wert so, dass er gleich dem IEP einer Aminosäure ist, von der man weiß, dass sie in dem Gemisch enthalten ist [B1].
So kann man für die Trennung eines Lysin-,

Glycin-, Cysteingemischs [B1, V1] den pH-Wert 6 wählen, den IEP von Glycin. Glycin wandert also unter diesen Bedingungen nicht im elektrischen Feld. Lysin liegt als Kation vor und wandert daher zum Minuspol. Die Aminosäure Cystein liegt dagegen in der anionischen Form vor und wandert aus diesem Grund zum Pluspol. Um die farblosen Aminosäuren nach Beendigung der Trennung sichtbar zu machen, werden sie durch eine Reaktion mit Ninhydrin angefärbt.

Papierelektrophorese. Anstatt eines Gels als Trägermaterial kann auch mit einem saugfähigen Papierstreifen gearbeitet werden [B2].

V1 Man gibt eine Lösung mit einem pH-Wert von pH = 6 in die Elektrophoresekammer, schneidet einige Streifen saugfähigen Papiers oder eines Gels zurecht und befeuchtet es mit der Lösung. In die Mitte des Streifens/Gels gibt man eine kleine Portion einer Lösung, die Glycin, Lysin und Cystein enthält, und legt eine Gleichspannung von U = 300 V an. Nach 30 min ist der Versuch beendet und man kann die Aminosäuren nach dem Trocknen an der Luft mit Ninhydrinlösung besprühen (Abzug) und bei einer Temperatur von T = 100 °C für ϑ = 3 min in den Trockenschrank geben.

6.4 Proteine

Peptidgruppe
Die Atomgruppierung
—CO—NH— nennt man
Peptidgruppe

Aminosäure (Glycin) + Aminosäure (Alanin)

Dipeptid (Glycylalanin) + Wasser

B2 Formale Bildung eines Dipeptids unter Wasserabspaltung

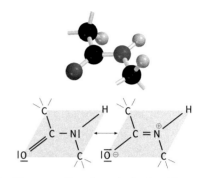

B3 Mesomere Grenzformeln der Peptidgruppe

xmqar@swb+u
ncybÖß?%9*=&
kmpeä#w§i
...|

Wer sie nicht kennte
Die Elemente,
Ihre Kraft
Und Eigenschaft,
Wäre kein Meister
Über die Geister.

B1 Zu Aufgabe 1

Die deutsche Bezeichnung für Proteine lautet Eiweiß. Sie leitet sich vom Eiklar des Hühnereis ab. Eiweiße sind lebenswichtige Bestandteile der Zellen. So sind beispielsweise Enzyme, einige Hormone oder auch das Hämoglobin, der rote Blutfarbstoff, Eiweiße. Aufgrund ihrer Bedeutung nennt man die Eiweiße daher auch Proteine (von griech. protos, der Erste, das Ursprüngliche).

Peptidbindung. Proteine sind polymere Verbindungen aus Aminosäuren. Dabei werden die Aminosäuren durch eine Peptidbindung untereinander verknüpft. Diese Bindung entsteht dadurch, dass die α-Aminogruppe des einen Aminosäuremoleküls mit der Carboxylgruppe eines anderen Aminosäuremoleküls reagiert. Dabei wird ein Wassermolekül abgespalten, die Reaktion ist daher eine *Kondensationsreaktion* [B2].

Eine Peptidbindung entsteht, wenn zwei Aminosäuren durch eine Kondensationsreaktion miteinander reagieren.

Räumlicher Bau. Röntgenstrukturanalysen zeigen, dass der C—N-Bindungsabstand in der Peptidgruppe 132 pm beträgt. Der Bindungsabstand zwischen diesen Atomen in Aminen (z. B. Ethylamin ($CH_3CH_2NH_2$)) liegt dagegen bei 147 pm. Zudem liegen alle an der Peptidgruppe beteiligten Atome in einer Ebene und zusätz-

lich herrscht keine freie Drehbarkeit um die C—N-Bindungsachse. Diese Befunde kann man durch das Vorliegen von *Mesomerie* erklären. Der Bindungszustand kann durch zwei mesomere Grenzformeln dargestellt werden [B3].

Bei der Bindung zwischen dem C- und dem N-Atom liegt ein gewisser Doppelbindungscharakter vor, der zum einen den verkürzten Bindungsabstand und zum anderen die stark eingeschränkte Drehbarkeit erklärt.

Peptide und Polypeptid. Ein Aminosäurepolymer kann sich aus einer beliebigen Anzahl von Aminosäuren zusammensetzen. Ein *Dipeptid* wird aus zwei Aminosäuren gebildet, ein *Tripeptid* aus drei Aminosäuren usw. Oft wird das Polypeptid vom Protein durch die Anzahl der am Aufbau beteiligten Aminosäuren abgegrenzt. Eine Differenzierung sollte aber besser auf biochemischer Ebene erfolgen. Danach sind Polypeptide Aminosäurepolymere die keine definierte biologische Funktion im Organismus haben, während es sich bei Proteinen um Aminosäurepolymere, mit definierter biologischer Funktion handelt. Diese ist an eine *bestimmte Abfolge der Aminosäuren* gebunden. Diese Abfolge nennt man *Sequenz*.

A1 Erläutern Sie B1 hinsichtlich des Unterschieds zwischen Protein und Polypeptid.

6.5 Eigenschaften und Nachweis von Proteinen

Bezeichnung	Eigenschaften	Vorkommen		
Albumine	in Wasser löslich, gerinnen bei 65 °C	im Eiklar, Blut, Fleischsaft, in Milch, Kartoffeln		
Globuline	löslich in Salzlösungen, nicht löslich in Wasser	im Eiklar, Blutplasma (Fibrinogen), in Muskeln, Milch Pflanzensamen	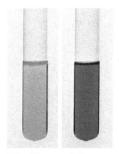	
Skleroproteine (Gerüsteiweiß)	unlöslich in Wasser und in Salzlösungen	Bindegewebe, Knorpel, Knochen, Federn, Haare, Nägel, Naturseide		

B1 Vorkommen und Eigenschaften einiger wichtiger Proteine

B3 Biuretreaktion. Violettfärbung von Kupfer(II)-sulfat-Lösung weist Eiweiß nach

Überall im Organismus kommen Proteine vor. Sie erfüllen verschiedene Funktionen und müssen daher verschiedene Eigenschaften besitzen. Dennoch können sie mit den gleichen Reaktionen nachgewiesen werden, da sie alle Aminosäurepolymere sind und aufgrund der Peptidgruppen grundsätzlich einen gleichen Aufbau besitzen [B2].

Wegen ihrer unterschiedlichen Eigenschaften werden Proteine in drei verschiedene Gruppen eingeteilt [B1].

Der Tyndall-Effekt. Bestrahlt man eine klare Proteinlösung im abgedunkelten Raum mit einem dünnen Lichtstrahl [V1], erkennt man in der Proteinlösung einen deutlich abgegrenzten „Lichtstreifen" (Kap. 4.9). Der Tyndall-Effekt zeigt, dass Proteinlösungen kolloidale Lösungen sind.

Farbreaktionen. Proteine können durch bestimmte Farbreaktionen erkannt werden. Die bekannteste Reaktion ist die *Biuretreaktion* [B3]. Dabei wird eine Eiweißlösung im Alkalischen nach Zugabe von Kupfer(II)-sulfat-Lösung violett [V2].

Für die *Xanthoproteinreaktion* benötigt man als Nachweisreagenz konzentrierte Salpetersäure. Es kommt zu einer charakteristischen Gelbfärbung [B4, V3].

V1 Man löst 0,5 g Gelatine in 200 ml warmem Wasser auf. Auf eine Taschenlampe wird eine Lochmaske aus Pappe (Lochdurchmesser ca. 0,5 cm) geklebt. Nach dem Verdunkeln des Raums wird die Lösung mit dem gebündelten Strahl von der Seite aus bestrahlt.

V2 10 ml einer möglichst klaren Proteinlösung werden mit 10 ml Natronlauge versetzt. Anschließend gibt man einige Tropfen einer verdünnten Kupfer(II)-sulfat-Lösung (Fehling-I-Lösung) dazu.

V3 Auf ein Stück eines hartgekochten Eies gibt man wenig konzentrierte Salpetersäure.

B4 Xanthoproteinreaktion. Mit Salpetersäure ergibt sich eine Gelbfärbung

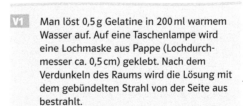

B2 Allgemeiner Aufbau von Proteinen

6.6 Struktur der Proteine

Bei Proteinen unterscheidet man bis zu vier Ebenen der Molekülstruktur: Die Primär-, die Sekundär-, die Tertiär- und die Quartärstruktur.

Primärstruktur. Proteine sind Aminosäure-polymere. Die Reihenfolge der einzelnen – durch Peptidbindung verknüpften – Amino-säuren, die das Protein aufbauen, bezeichnet man als Primärstruktur. Die Primärstruktur ist somit identisch mit der *Aminosäuresequenz* des Proteins. Um lange Namen für Proteine zu vermeiden, verwendet man für die am Aufbau beteiligten Aminosäuren die aus drei Buchstaben bestehenden Kürzel (Kap. 6.1). Per definitionem wird die Aminosäuresequenz so dargestellt, dass die freie Aminogruppe (N-terminales Ende) links steht und die Aminosäure mit der freien Carboxylgruppe (C-terminales Ende) rechts ist [B1].

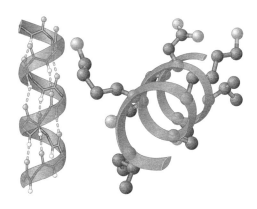

B3 Die α-Helix wird durch Wasserstoffbrücken zwischen den Peptidbindungen stabilisiert (links), Schrägeinblick in Richtung der Längsachse der α-Helix (rechts)

H$_2$N
... Asp—Pro—Ala—Arg—Ser—Tyr—Val—His—Glu—Phe—Lys—Gly—Asn—Ile ...
COOH

B1 Aminosäuresequenz mit Kürzeln dargestellt

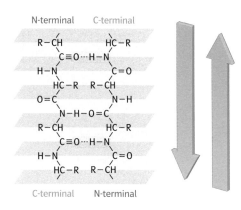

B2 β-Faltblatt, eine Sekundärstruktur – unterschiedliche Darstellungsmöglichkeiten: Atommodell (links), Bändermodell (rechts)

Sekundärstruktur. Die Sekundärstruktur eines Proteins beschreibt räumliche Struktur-elemente, die sich regelmäßig wiederholen. Die molekularen Ursachen für diese Regel-mäßigkeit sind die Wasserstoffbrücken, die zwischen der C=O- und der N—H-Gruppe einer anderen Peptidgruppe auftreten. Da in Proteinen sehr viele Wasserstoffbrücken auftreten, führt dies zu einem sehr starken Zusammenhalt im Molekül.

α-Helix. Bei sehr großen Aminosäureresten ordnet sich die Polymerkette bevorzugt als α-Helix an. Dabei windet sich das Molekül schraubenförmig um seine Längsachse. Diese Wendel wird durch intramolekulare Wasser-stoffbrücken zusammengehalten. Die α-Helix ist rechtsgängig, d.h. die Windungen der Proteinkette sind wie bei einem Korkenzieher angeordnet, die Aminosäurereste weisen nach außen [B3].

β-Faltblatt. Diese Variante der Sekundär-struktur beruht auf intermolekularen Wasser-stoffbrücken zwischen nebeneinander-liegenden Proteinketten. Die Aminosäure-reste stehen dabei abwechselnd oberhalb und unterhalb der Peptidgruppenebene [B2].

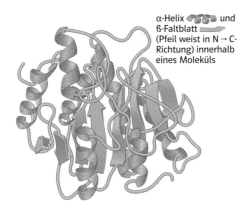

α-Helix ⬤⬤⬤ und β-Faltblatt ➡ (Pfeil weist in N → C-Richtung) innerhalb eines Moleküls

B4 Proteinmolekül mit α-Helices und β-Faltblattstrukturen

Oft treten in einem Proteinmolekül mehrere α-Helices und β-Faltblattstrukturen nebeneinander auf [B4]. Der Rest des Proteinmoleküls bildet strukturell vielgestaltige Bereiche mit Schlaufen oder spiraligen Strukturen.

Unter der Primärstruktur eines Proteins versteht man seine Aminosäuresequenz. Die Sekundärstruktur beruht auf dem Vorhandensein von Wasserstoffbrücken. Die beiden Hauptformen dabei sind die α-Helix und die ß-Faltblattstruktur.

A1 Zeichnen Sie die Formel des Tetrapeptids mit folgender Primärstruktur: Ala — Ser — Arg — Trp.

A2 Zeichen Sie die Formeln aller möglichen Dipeptide, die aus den Aminosäuren Alanin und Glycin gebildet werden können.

A3 Ein Dipeptid ist aus den Aminosäuren Lysin und Valin (Lys — Val) aufgebaut. Begründen Sie, an welchem Stickstoffatom bevorzugt eine Protonierung stattfinden wird.

A4 Recherchieren Sie im Internet, welche Proteine einen besonders hohen α-Helix- bzw. β-Faltblattanteil haben.

A5 Informieren Sie sich über die Krankheit Kuru. Beschreiben Sie die Ursache und Symptome der Krankheit.

Exkurs **BSE**

Ende des 20. Jahrhunderts beunruhigte eine rätselhafte Krankheit bei Rindern die Bevölkerung. Die Krankheit hatte den Namen BSE (Bovine Spongiforme Encephalopathie). Die Namensgebung beruhte auf der klinischen Symptomatik, da bei infizierten Rindern die Gehirnmasse schwammartig perforiert war. Medizinische Untersuchungen ergaben, dass die Ursache für diese Krankheit, die auch auf den Menschen übertragbar war, Proteine waren. Daher fasste man BSE mit vergleichbaren Krankheiten wie Scrapie (Schaf) oder nvCJD (Mensch) unter dem Begriff *Prionenerkrankungen* zusammen. Prion leitet sich aus dem Englischen ab (Proteinaceous Infectious particle) und bedeutet soviel wie infektiöses Protein. Das Protein existiert in einer normalen, gesunden Konformation und in einer krankheitsauslösenden. Der Unterschied liegt lediglich in der Sekundärstruktur.

Während bei der gesunden Konformation der α-Helix-Anteil überwiegt, ist bei der krankheitsauslösenden Konformation der β-Faltblattanteil abnormal hoch [B5].

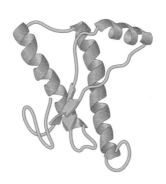

B5 Protein mit normaler Konformation (links), krankheitsauslösende Konformation (rechts)

Solche Übergänge bei der Sekundärstruktur treten aber auch bei natürlichen Vorgängen auf. So wird z. B. aus der Helixstruktur der Moleküle von tierischer Wolle in feuchter Wärme unter Einwirkung von Zugkraft eine glatte Faltblattstruktur, da Wasserstoffbrücken neu ausgebildet werden. Diesen Vorgang macht man sich u. a. beim Bügeln zunutze.

Exkurs **Haarformung und Proteinstruktur**

Viele Vorgänge, die beim Umformen von Haaren ablaufen, lassen sich durch die Veränderung der Proteinstruktur erklären.

Föhnfrisur. Haare sind sehr elastisch, besonders in feuchtem Zustand. Unter Zugbelastung wandelt sich die α-Helixstruktur des Keratins in eine β-Faltblattstruktur um. Dabei werden z. B. Bindungen zwischen Ammonium- und Carboxylatgruppen durch Hydratisierung gelöst und Wasserstoffbrücken geöffnet. Wird das Haar getrocknet, werden neue Bindungen und Wasserstoffbrücken zwischen benachbarten Proteinfäden ausgebildet. Die Veränderung bleibt bestehen, auch wenn die Zugbelastung nachlässt. Durch Einwirkung von Feuchtigkeit wird sie jedoch wieder rückgängig gemacht, die ursprüngliche α-Helixstruktur entsteht wieder. Föhnfrisuren sind nicht wetterbeständig.

Dauerwelle. Die Verformung der Haare nach dem Dauerwellverfahren beruht darauf, dass Disulfidbrücken zwischen zwei Cysteinmolekülen von demselben oder von zwei verschiedenen Peptidsträngen geöffnet und nach gewünschter Formgebung der Haare wieder geschlossen werden. Davon sind etwa 20 % der im Haar vorhandenen Disulfidbrücken betroffen. *Im Gegensatz zur Föhnwelle werden Elektronenpaarbindungen verändert.* Die so erzielten Frisuren sind wetterfest und einige Monate haltbar.

Beim Dauerwellverfahren laufen Redoxprozesse ab. Als Reduktionsmittel („Wellmittel") wird in den meisten Fällen eine alkalische Lösung von Ammoniumthioglykolat ($HS-CH_2-COO^-NH_4^+$) mit einem pH-Wert zwischen 7,5 und 8,5 eingesetzt. Als Oxidationsmittel („Fixiermittel") wird Wasserstoffperoxidlösung ($w = 1$ bis 2 %) verwendet.

Die Prozesse bei der Erzeugung einer Dauerwelle lassen sich in folgende Abschnitte gliedern:

a) **Öffnen der Disulfidbrücken:**

Disulfidbrücke
Haar

$NH_4^+ {}^-OOC-CH_2-SH +$ Cys$-$S$-$S$-$Cys $+ HS-CH_2-COO^- NH_4^+$

Reduktionsmittel („Wellmittel"):
Ammoniumthioglykolat

Cys$-$SH $+$ HS$-$Cys $+ NH_4^+ {}^-OOC-CH_2-S-S-CH_2-COO^- NH_4^+$

b) Legen der neuen Frisur und Ausspülen von überschüssigem Wellmittel.

c) **Schließen der Disulfidbrücken** unter Verknüpfung von Cysteineinheiten, die durch das Legen der Frisur in die gewünschte Position gebracht werden:

Cys$-$SH $+$ HS$-$Cys $+ H_2O_2$

Oxidationsmittel („Fixiermittel"):
Wasserstoffperoxid

Cys$-$S$-$S$-$Cys $+ 2 H_2O$

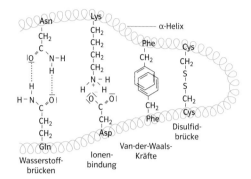

B6 Tertiärstruktur einer α-Helix. Verschiedene Bindungsarten können daran beteiligt sein.

Tertiärstruktur. Um die räumliche Anordnung aller Atome eines Proteins zu erklären, muss man die Wechselwirkungen zwischen den Aminosäureresten berücksichtigen [B6]. Es ergibt sich die Tertiärstruktur. Ein Beispiel für eine Tertiärstruktur ist in B4 abgebildet. Für die Ausbildung der Tertiärstruktur sind von Bedeutung:

Echte Bindungen
1. Disulfidbrücken: Sie entstehen, wenn zwei Cysteinreste miteinander reagieren.
2. Ionenbindung zwischen funktionellen Gruppen.

Zwischenmolekulare Kräfte
3. Wasserstoffbrücken
4. Van-der-Waals-Kräfte

Quartärstruktur. Bilden mehrere Proteinmoleküle eine gemeinsame Funktionseinheit, spricht man von einer Quartärstruktur. Dabei werden die einzelnen Proteinketten durch die gleichen Bindungskräfte zusammengehalten wie bei einer Tertiärstruktur. Das bekannteste Beispiel für ein Molekül mit Quartärstruktur ist das Hämoglobin [B7].

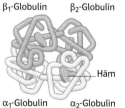

$β_1$-Globulin $β_2$-Globulin

Das Hämoglobin besteht aus vier Protein-Untereinheiten, an die zusätzlich je eine Hämgruppe (Kap 2.8, B2) gebunden ist. Nur diese Struktur kann Sauerstoff binden.

Häm

$α_1$-Globulin $α_2$-Globulin

B7 Hämoglobin, Quartärstruktur

6.7 Denaturierung

Die Veränderung der räumlichen Struktur eines Proteins bezeichnet man als **Denaturierung**. Dabei sind die Sekundär-, Tertiär- und damit eventuell auch die Quartärstruktur betroffen. Die Primärstruktur ändert sich dabei in der Regel nicht. Eine Proteindenaturierung ist meistens ein nicht umkehrbarer Vorgang. Verschiedene Bedingungen führen zur Denaturierung von Proteinen:

Hitze. Disulfidbrücken, Ionenbindungen, Wasserstoffbrücken und Van-der-Waals-Kräfte werden „aufgebrochen" und es bilden sich an neuen bzw. anderen Stellen Bindungen bzw. zwischenmolekulare Kräfte aus. Dadurch ändern sich sowohl die räumlichen Verhältnisse innerhalb eines Proteinmoleküls als auch zwischen den Molekülen. Dadurch kommt es beispielsweise beim Braten eines Eies zu den bekannten Ergebnissen.

pH-Wert. Durch die Protonierungen der Seitenketten ändern sich schlagartig die elektrischen Ladungsverhältnisse, sodass viele Bindungen auseinanderbrechen. Ein bekanntes Phänomen dafür ist das *Koagulieren* (flockig werden) des Milchproteins, wenn Milch sauer wird.

Reduktionsmittel. Sie können Disulfidbrücken spalten. Dieser Vorgang kann umgekehrt werden, z.B. beim Dauerwellverfahren.

Salze. Sie bewirken das Aussalzen, einen Verlust der Hydrathülle. Viele Gemüsesorten werden vor der Zubereitung gesalzen, um Wasser zu entziehen und die Geschmacksintensität zu steigern. Dabei werden auch Proteine denaturiert.

Schwermetallionen. Sie binden an Aminosäurereste, stören so die elektrostatischen Wechselwirkungen und verändern die Tertiärstruktur. Darauf beruht die hohe Giftigkeit von Blei- und Quecksilbersalzen.

B1　Käseherstellung

B2　Braten eines Spiegeleis

Als Denaturierung bezeichnet man die meist nicht umkehrbare Veränderung der räumlichen Struktur von Proteinen.

Positive Aspekte der Denaturierung. Die Denaturierung von Proteinen hat nicht nur Nachteile, sie kann auch von Vorteil sein, z.B. wenn man in diesem Zusammenhang die Bereiche Ernährungsphysiologie und Lebensmitteltechnologie betrachtet. Proteine, die mit der Nahrung aufgenommen wurden, können nur dann von Enzymen abgebaut werden, wenn sie zuvor durch Hitze (Kochen) oder Säure (Salzsäure des Magens) denaturiert wurden. Bei der Käseherstellung werden die Caseine der Milch entweder durch Säure oder Lab (ein Enzym) ausgefällt.

V1　Verrühren Sie das Eiklar eines Hühnereiweißes mit 200 ml Wasser. Geben Sie in Einzelversuchen zu je 5 ml des Filtrats **a)** 3 ml Salzsäure ($c = 1\,\mathrm{mol} \cdot \mathrm{l}^{-1}$), **b)** 10 ml Ethanol, **c)** 2 g Ammoniumsulfat.

A1　Informieren Sie sich, worum es sich beim „Autoklavieren" handelt und welche Dinge bei diesem Vorgang beachtet werden müssen. Stellen Sie den Zusammenhang zwischen Autoklavieren und Denaturierung her.

A2　**a)** Recherchieren Sie, welche Schutzfunktion Fieber für den Menschen hat. **b)** Begründen Sie, weshalb hohes Fieber über eine längere Zeitspanne lebensgefährlich sein kann.

6.8 Bedeutung von Proteinen

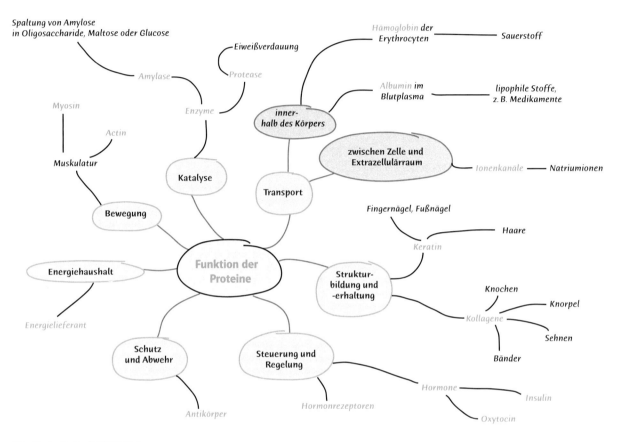

Spaltung von Amylose
in Oligosaccharide, Maltose oder Glucose

Eiweißverdauung

Hämoglobin *der*
Erythrocyten — Sauerstoff

Amylase

Protease

Albumin *im*
Blutplasma — lipophile Stoffe,
z. B. Medikamente

Myosin

Enzyme

inner-
halb des Körpers

Actin

zwischen Zelle und
Extrazellulärraum

Muskulatur

Ionenkanäle — Natriumionen

Katalyse

Transport

Fingernägel, Fußnägel

Bewegung

Haare

Keratin

Energiehaushalt

Funktion der
Proteine

Struktur-
bildung und
-erhaltung

Knochen

Knorpel

Kollagene

Sehnen

Energielieferant

Bänder

Schutz
und Abwehr

Steuerung und
Regelung

Hormone — Insulin

Antikörper

Hormonrezeptoren

Oxytocin

B1 Bedeutung der Proteine

Proteine erfüllen also eine Vielzahl von Funktionen in allen Lebewesen.

Strukturproteine. Kollagen ist ein wichtiger Bestandteil von Knochen und Knorpeln, während das Keratin in Haaren, Federn und Hufen enthalten ist. Diese Proteine bewirken die *Stabilität* und *Formgebung* der entsprechenden anatomischen Strukturen.

Schutzproteine. Viele Gifte von Pflanzen und Schlangen bestehen aus Proteinen. Sie schützen naturgemäß vor Fressfeinden. Aber auch im menschlichen Körper gibt es *Schutzproteine*. Dazu zählen viele Gerinnungsfaktoren, die das Blutgefäßsystem schützen, indem sie für den Wundverschluss sorgen.

Enzyme. Enzyme sind Proteinmoleküle oder Moleküle mit Proteinanteil, die *Stoffwechselvorgänge* beschleunigen.

Hormone. Eines der bekanntesten Hormone ist Insulin. Es sorgt für die *Regulation* des Blutzuckerspiegels.

Proteine sind aber auch für viele weitere physiologische Vorgänge nötig. Ohne Proteine könnte kein Sauerstoff transportiert werden, keine Muskelkontraktion erfolgen und auch das Immunsystem würde nicht funktionieren [B1].

6.9 Impulse Aminosäuren im Alltag

Himbeerlimonade

Nährwertangaben pro 100 ml	
Energiewert	19,8 kcal (84,3 kJ)
Eiweiß	0 g
Kohlenhydrate	4,5 g
davon Zucker	4,5 g
Fett	0 g
davon gesättigte Fettsäuren	0 g
Balaststoffe	0 g
Natrium	< 0,003 g

Zutaten: Wasser, Zucker, Kohlensäure, Säuerungsmittel, Zitronensäure, Süßungsmittel (Cyclamat, Aspartam – enthält eine Phenylalaninquelle, Acesulfam und Saccharin), Himbeer-Aroma, Farbstoff E 124.

B1 Lebensmittel mit Vermerk „Phenylalaninquelle"

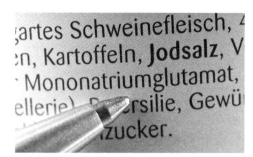

B2 Etikett mit „Glutamat" als Bestandteil

Phenylalanin. Diese Aminosäure zählt wegen ihres Restes zu den *aromatischen Aminosäuren*. Anscheinend spielt Phenylalanin in der Ernährung eine wichtige Rolle, denn auf vielen Lebensmittel steht folgender Vermerk: „enthält eine Phenylalaninquelle" [B1].

Dieser Hinweis ist lebensnotwendig für eine Reihe von Menschen, die an der Krankheit *Phenylketonurie (PKU)* leiden. Diese Krankheit wurde 1934 entdeckt und in einer Zeitspanne von rund 20 Jahren aufgeklärt. Gesunde Menschen können Phenylalanin mit der Nahrung problemlos aufnehmen, da sie über Enzyme verfügen, die diese Aminosäure im Stoffwechsel abbauen. Bei kranken Menschen fehlen diese Enzyme, sodass Phenylalanin im Blut angehäuft wird. Die Folgen sind gravierend, da es zu schwersten geistigen Behinderungen kommt. Da eine Therapie derzeit noch nicht möglich ist, kann die Auswirkung der Krankheit nur dadurch minimiert werden, dass eine strenge phenylalaninarme Diät befolgt wird.

Glutamate. Glutamate sind die Salze der Glutaminsäure. Sie spielen im Nervensystem als Neurotransmitter eine wichtige Rolle und sind nach neueren Forschungen auch für die Lern- und Gedächtnisleistung von großer Bedeutung. Natriumglutamat spielt in einem anderen Bereich aber eine große – kontrovers diskutierte – Rolle, in der Lebensmittelchemie. Anfangs des 20. Jahrhunderts entdeckte der japanische Forscher KIKUNAE IKEDA [B3], dass Natriumglutamat einen anderen Geschmack hat als die bis dato bekannten Geschmacksrichtungen süß, sauer, bitter und salzig. Er nannte diese neue Geschmacksrichtung

„*umami*", was auf deutsch so viel heißt wie wohlschmeckend.
Diese Eigenschaft des Natriumglutamats führte dazu, dass es immer mehr als *Geschmacksverstärker* in vielen Fertigprodukten eingesetzt wird.

Kritiker meinen, dass durch diesen Geschmacksverstärker die natürliche Geschmacksempfindung des Menschen verloren gehe. Mediziner sehen auch eine potentielle Gefährdung der Gesundheit, da eine hohe Glutamatkonzentration das Nervensystem beeinflussen könne.

A1 Das folgende Bild zeigt deformierte rote Blutkörperchen:

Sichelzelle →

Recherchieren Sie den Namen, die Ursache und die Folgen der Krankheit.

A2 Informieren Sie sich über weitere Geschmacksverstärker.

A3 Mukoviszidose ist eine bekannte Krankheit, die ihre Ursache in defekten Transportproteinen hat. Informieren Sie sich darüber.

A4 Wozu dient der Guthrie-Test?

B3 KIKUNAE IKEDA

Aminosäuren

Aminosäuremoleküle sind zumindest bifunktionell und liegen in der Regel als Zwitterionen vor. Daher sind sie bei Zimmertemperatur kristalline Feststoffe. In Lösung am isoelektrischen Punkt (IEP) ist das Zwitterion die vorrangige Form. Da die Gesamtladung der Zwitterionen null ist, wandern diese nicht im elektrischen Feld.

Elektrophorese

Um ein Aminosäuregemisch zu analysieren, wendet man die Gel- oder Papierelektrophorese an. Bei diesen Verfahren nutzt man die unterschiedlichen Wanderungsgeschwindigkeiten und -richtungen von Aminosäuren im elektrischen Feld bei einem bestimmten pH-Wert der Lösung .

Peptidbindung

Werden Aminosäuren durch eine Kondensationsreaktion miteinander verknüpft, so entsteht die mesomeriestabilisierte Peptidbindung.

Struktur der Proteine

- *Primärstruktur*:
  Abfolge der Aminosäuren, Aminosäuresequenz
- *Sekundärstruktur*:
  α-Helix, β-Faltblatt
- *Tertiärstruktur*:
  Bindungen, zwischenmolekulare Kräfte innerhalb eines Proteinmoleküls
- *Quartärstruktur*:
  Bindungen, zwischenmolekulare Kräfte zwischen mindestens zwei Proteinmolekülen

Denaturierung

Durch Hitze, pH-Wert, Salze und Schwermetallionen wird der räumliche Bau von Proteinen so verändert, dass diese ihre biologische Funktionsfähigkeit verlieren.

A1 Geben Sie zu den Buchstaben A bis G in B1 passende Begriffe, die den Aufbau von Proteinen beschreiben.

A2 Entwickeln Sie eine Versuchsstrategie, um Kochsalz und Serin (2-Amino-3-Hydroxypropansäure) voneinander zu unterscheiden.

A3 Glycin ist eine besondere Aminosäure. Beurteilen Sie diese Aussage.

A4 Definieren Sie den Begriff isoelektrischer Punkt.

A5 Beschreiben Sie die Vorgehensweise, um Baumwolle von Schafwolle zu unterscheiden.

A6 Zeichnen Sie schematisch eine intermolekulare Disulfidbrücke sowie eine intramolekulare Disulfidbrücke.

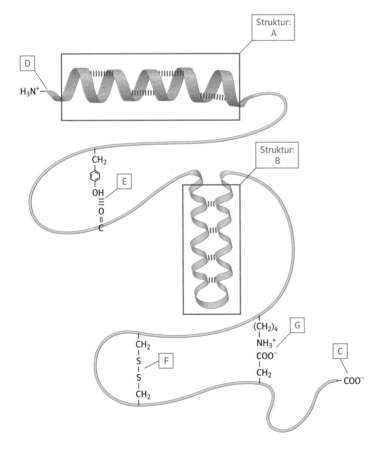

B1 Zu Aufgabe 1

7 Reaktionsgeschwindigkeit und Enzymkatalyse

Wie ermittelt man die Reaktionsgeschwindigkeit einer chemischen Reaktion und welche Faktoren beeinflussen diese? Wie sind Enzyme aufgebaut? Was ist gemeint, wenn man vom Schlüssel-Schloss-Prinzip spricht?

■■■ Chemische Reaktionen können mit unterschiedlichen Geschwindigkeiten ablaufen: Sprengstoff kann in sehr kurzer Zeit zur Reaktion gebracht werden, das Rosten von Eisen ist hingegen ein langsamer Prozess.

■■■ Katalysatoren beeinflussen die Aktivierungsenergie und damit die Reaktionsgeschwindigkeit einer chemischen Reaktion.

■■■ Enzyme spielen eine tragende Rolle im Stoffwechsel aller lebenden Organismen: Sie beschleunigen jeweils ganz bestimmte Reaktionen und arbeiten wie Katalysatoren in der Chemie und der Technik. Daher nennt man sie auch Biokatalysatoren.

■■■ Enzyme sind wertvolle Werkzeuge der Biotechnologie und der Medizin. Ihre Einsatzmöglichkeiten reichen von der Käseherstellung bis hin zur Gentechnik.

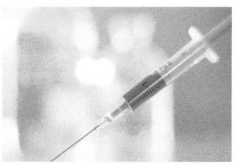

7.1 Die Geschwindigkeit von Reaktionen

Reaktion	Temp. in K	Halbwertszeit
(1) $H^+ + OH^- \longrightarrow H_2O$	298	$6,7 \cdot 10^{-11}\,s$
(2) $2\,I \longrightarrow I_2$	296	$1,4 \cdot 10^{-9}\,s$
(3) $2\,N_2O \longrightarrow 2\,N_2 + O_2$	1000	$0,9\,s$
(4) $2\,NO_2 \longrightarrow 2\,NO + O_2$	573	$18,5\,s$
(5) $CH_3COOC_2H_5 + OH^- \longrightarrow CH_3COO^- + C_2H_5OH$	293	$9,2\,min$
(6) Cyclopropan $\longrightarrow$ Propen	773	$16,6\,min$
(7) $2\,N_2O_5 \longrightarrow 4\,NO_2 + O_2$	298	$6,1\,h$
(8) $CH_3Br + OH^- \longrightarrow CH_3OH + Br^-$	298	$9,9\,h$
(9) $C_{12}H_{22}O_{11} + H_2O \longrightarrow 2\,C_6H_{12}O_6$	290	$3,7\,h$
(10) $H_2 + I_2 \longrightarrow 2\,HI$	500	$269\,d$
	600	$6,3\,h$
	700	$2,6\,min$
	800	$3,8\,s$

B1 Halbwertszeiten einiger chemischer Reaktionen (Anfangskonzentration $c_0 = 0,1\,mol/l$)

Chemische Reaktionen können unterschiedlich schnell verlaufen. Während sich bei einem bewegten Körper dessen Geschwindigkeit aus Weg und Zeit bestimmen lässt, müssen bei chemischen Reaktionen neben der Zeit andere Größen herangezogen werden.

Schnelle und langsame Reaktionen. Die Reaktion von Carbonat- mit Calciumionen verläuft so schnell, dass man die Zeit zwischen Beginn und Ende der Reaktion mit einfachen Mitteln nicht messen kann [V1a]. Die Reaktion von Phenolphthalein mit Natronlauge verläuft dagegen langsam [V1b]. Mit dem Zeitpunkt

der mit dem Auge beobachtbaren Entfärbung ist die Reaktion noch nicht vollständig abgelaufen. Um die Geschwindigkeit langsamer Reaktionen erfassen zu können, ist es zweckmäßig, die Zeit bis zur Bildung einer bestimmbaren Stoffportion heranzuziehen. Zum Vergleich von Reaktionen wird dazu häufig die Zeit genommen, in der die Hälfte der Stoffportionen reagiert hat, die **Halbwertszeit von Reaktionen** [B1].

Der zeitliche Verlauf einer Reaktion. Reagiert verdünnte Salzsäure mit Zinkpulver [V2, B2], lässt sich der Reaktionsfortschritt am Volumen des entstehenden Wasserstoffs verfolgen. In B4 ist das Volumen des gebildeten Wasserstoffs in Abhängigkeit von der Reaktionszeit dargestellt. Die zunächst starke Volumenzunahme wird im Verlauf der Reaktion immer geringer, d.h., für gleiche Zeitintervalle Δt wird die zugehörige Volumenzunahme ΔV immer kleiner. Der Quotient aus ΔV und Δt kann zur Beschreibung der Reaktionsgeschwindigkeit herangezogen werden. Da bei dieser Reaktion der Volumenzunahme des Wasserstoffs eine Abnahme der Oxoniumionenkonzentration $c(H_3O^+)$ entspricht, kann auch deren zeitliche Veränderung zur Erfassung der Reaktionsgeschwindigkeit dienen [B3]. Sowohl $c(H_3O^+)$ als auch die Konzentrationsabnahme Δc lassen sich aus den Versuchsdaten berechnen [B4]. Da bei diesem Beispiel die Konzentration der Oxoniumionen im Verlauf der Reaktion abnimmt, besitzt $\Delta c = c(t_1) - c(t_0)$ ein negatives Vorzeichen. Anstelle der Abnahme der Oxoniumionenkonzentration kann man auch die Zunahme der Zinkionenkonzentration verfolgen. Allgemein wird man bei einer Reaktion dasjenige Edukt oder Produkt zur Messung heranziehen, das sich am einfachsten quantitativ bestimmen lässt.

Reaktionsgeschwindigkeit. Verfolgt man z.B. die Konzentration eines sich bildenden Stoffes [B4], so kann man die *mittlere Reaktionsgeschwindigkeit* $\overline{v}$ im Zeitintervall $\Delta t = t_1 - t_0$ angeben durch:

$$\overline{v} = \frac{c(t_1) - c(t_0)}{t_1 - t_0} = \frac{\Delta c}{\Delta t}$$

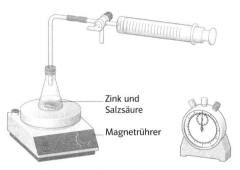

Zink und Salzsäure

Magnetrührer

B2 Reaktion von Zink mit Salzsäure, Versuchsaufbau

Die auf diese Weise ermittelte Reaktionsgeschwindigkeit ist ein Mittelwert, dessen Größe von der gewählten Zeitspanne Δt abhängt. Wird die Konzentrationsabnahme eines reagierenden Stoffes bestimmt, so ist Δc negativ. Damit die Geschwindigkeit einen positiven Wert annimmt, wird in diesem Fall definiert:

$$\overline{v} = -\frac{\Delta c}{\Delta t}$$

Häufig interessiert nicht die über eine bestimmte Zeitspanne gemittelte Reaktionsgeschwindigkeit, sondern die *momentane Geschwindigkeit* zu einem bestimmten Zeitpunkt der Reaktion. Dazu müsste das Zeitintervall Δt beliebig klein gewählt werden, was mathematisch durch die Gleichung

$$v = \lim_{\Delta t \to 0} \frac{\Delta c}{\Delta t} = \frac{dc}{dt}$$

ausgedrückt wird. Grafisch bedeutet dies den Übergang von der Steigung der Sekante zwischen zwei Kurvenpunkten zu der Steigung der Tangente in einem Punkt der Kurve [B5]. Auf diese Art kann zu jedem Zeitpunkt t eine Geschwindigkeit $v(t)$ angegeben werden, die nicht von der willkürlichen Größe eines gewählten Zeitintervalls abhängt.

V1 a) Geben Sie zu einer Lösung von Natriumcarbonat einige Tropfen Calciumchloridlösung.
b) Geben Sie zu Natronlauge ($c = 1\,mol/l$) einige Tropfen Phenolphthaleinlösung.

V2 Geben Sie in eine Apparatur nach B2 bei offenem Dreiwegehahn 5 ml Salzsäure ($c = 2\,mol/l$). Starten Sie den Magnetrührer und geben Sie 2 g Zinkpulver zu, verschließen Sie schnell den Kolben, verbinden Sie ihn über den Dreiwegehahn mit dem Kolbenprober und starten Sie die Uhr. Bestimmen Sie das Wasserstoffvolumen in Abhängigkeit von der Zeit. Berechnen Sie daraus $c(H_3O^+)$ und $c(Zn^{2+})$ zu den jeweiligen Zeitpunkten [B4] und zeichnen Sie die drei Größen in ein Schaubild.

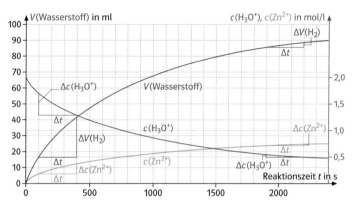

B3 Volumen- bzw. Konzentrations-Zeit-Diagramm der Reaktion von Zink mit Salzsäure

Für die Reaktion von Zink mit Salzsäure $\quad Zn + 2\,H_3O^+ \longrightarrow Zn^{2+} + 2\,H_2O + H_2$

ergibt sich: $\quad \Delta n(H_3O)^+ = -2\,\Delta n(H_2) = -2\,\dfrac{\Delta V(\text{Wasserstoff})}{V_m(H_2)}$

und damit folgende Konzentrationsänderung $\Delta c(H_3O^+)$:

$$\Delta c(H_3O^+) = \frac{\Delta n(H_3O^+)}{V(\text{Salzsäure})} = -2\,\frac{\Delta V(\text{Wasserstoff})}{V_m(H_2) \cdot V(\text{Salzsäure})}$$

Die Konzentration $c_t(H_3O^+)$ zu einem bestimmten Zeitpunkt t lässt sich mithilfe der Ausgangskonzentration $c_0(H_3O^+)$ berechnen:

$$c_t(H_3O^+) = c_0(H_3O^+) + \Delta c(H_3O^+)$$

Aus $\Delta n(Zn^{2+}) = \Delta n(H_2)$ erhält man: $\quad c_t(Zn^{2+}) = \dfrac{V_t(\text{Wasserstoff})}{V_m(H_2) \cdot V(\text{Salzsäure})}$

B4 Berechnung von $c(H_3O^+)$ und $c(Zn^{2+})$ aus $V(\text{Wasserstoff})$ bei der Reaktion von Zink mit Salzsäure

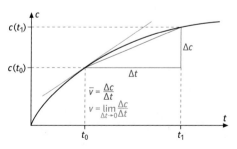

B5 Mittlere Geschwindigkeit $\overline{v}$ im Zeitabschnitt Δt und momentane Geschwindigkeit v im Zeitpunkt t_0

7.2 Praktikum Geschwindigkeit von Reaktionen

Um die Geschwindigkeiten von Reaktionen zu vergleichen, kann man z. B. die Zeit messen, bis sich eine bestimmte Portion eines Stoffes umgesetzt hat. Verfolgt man den zeitlichen Verlauf der Messwerte einer Größe, so lässt sich die Veränderung der Reaktionsgeschwindigkeit berechnen. Geeignete Größen sind das *Volumen* [V1], die *elektrische Leitfähigkeit*, die *Farbintensität* und der *pH-Wert* [V2].

$$2\, H_2O_2 \longrightarrow 2\, H_2O + O_2$$

B1 Zersetzung von Wasserstoffperoxid

V1 **Zersetzung von Wasserstoffperoxid**

Grundlagen: In einer wässrigen, bei Zimmertemperatur beständigen Lösung des Wasserstoffperoxids zersetzt sich dieses bei höherer Temperatur langsam [B1]. Schon durch Spuren von Verunreinigungen unterschiedlichster Art kommt es dazu. Versetzt man verdünnte Wasserstoffperoxidlösung mit Kaliumiodid, lässt sich der Zerfall durch Messung des zunehmenden Sauerstoffvolumens in einer geeigneten Zeitspanne untersuchen.

Geräte und Chemikalien: Erlenmeyerkolben (100 ml), Gummistopfen mit Loch, Glasrohr, Schlauchstück, Kolbenprober mit Dreiwegehahn, Messzylinder (25 ml), Pipette (10 ml), Pipettierhilfe, Magnetrührer, Stoppuhr, Wasserstoffperoxidlösung ($w = 3\,\%$), Kaliumiodidlösung (gesättigt), dest. Wasser

Durchführung: Bauen Sie die Apparatur wie in Kap. 7.1, B2 zusammen. Geben Sie mit der Pipette 8 ml Wasserstoffperoxidlösung in den Messzylinder, verdünnen Sie mit Wasser auf 24 ml und gießen Sie die Lösung in den Kolben. Fügen Sie 1 ml Kaliumiodidlösung zu und verschließen Sie den Kolben bei zunächst nach außen geöffnetem Dreiwegehahn. Starten Sie den Magnetrührer. Lassen Sie das entstehende Gas durch Drehen des Hahns in

den Kolbenprober strömen und starten Sie gleichzeitig die Stoppuhr. Lesen Sie im Abstand von 15 s das Volumen ab. Wiederholen Sie den Versuch mit der halben Anfangskonzentration der Wasserstoffperoxidlösung.

Auswertung: a) Berechnen Sie für jede Messung die Wasserstoffperoxidkonzentration und die mittleren Reaktionsgeschwindigkeiten in den jeweiligen Zeitabschnitten [B2].
b) Zeichnen Sie jeweils den Verlauf der H_2O_2-Konzentration und der mittleren Reaktionsgeschwindigkeit als Funktion der Zeit.
c) Ermitteln Sie die mittleren Konzentrationen in den jeweiligen Zeitintervallen und zeichnen Sie in ein Diagramm die mittleren Reaktionsgeschwindigkeiten (Ordinate) und die zugehörenden mittleren Konzentrationen (Abszisse). Zeichnen Sie eine Ausgleichskurve.

V2 **Magnesium mit Salzsäure**

Grundlagen: Die Reaktion von unedlen Metallen mit sauren Lösungen lässt sich sowohl durch Messung des sich ändernden Wasserstoffvolumens (Kap. 7.1, V2) als auch mithilfe des pH-Wertes verfolgen. Aus diesem kann die jeweilige Oxoniumionenkonzentration ermittelt werden.

Geräte und Chemikalien: Becherglas (100 ml), Messzylinder, Magnetrührer, Zeitmesser, Glaselektrode, pH-Meter oder Computer mit Messwerterfassungssystem, Magnesiumband, Salzsäure ($c = 0,01\,mol/l$)

Durchführung: Geben Sie in das Becherglas ca. 200 mg blanke Magnesiumbandstücke (2 bis 3 cm lang) und fügen Sie ca. 40 ml Salzsäure zu. Verfolgen Sie unter Rühren den pH-Wert. Beginnen Sie mit der Erfassung der Messwerte bei pH = 2 und beenden Sie den Versuch, wenn pH = 3 erreicht ist.

Auswertung: Erstellen Sie ein Diagramm, das den zeitlichen Verlauf des pH-Wertes ab pH = 2 ($t = 0$) zeigt, und zeichnen Sie eine Ausgleichskurve. Entnehmen Sie aus dieser die pH-Werte für Abstände von 30 Sekunden und berechnen Sie die jeweiligen Oxoniumionenkonzentrationen. Zeichnen Sie deren zeitlichen Verlauf in ein Diagramm (Ordinate von $c = 1 \cdot 10^{-3}\,mol/l$ bis $10 \cdot 10^{-3}\,mol/l$).

Tipp: $pH = -\lg \dfrac{c(H_3O^+)}{mol/l}$ $\qquad c(H_3O^+) = 10^{-pH}\,\dfrac{mol}{l}$

Für den Zerfall des Wasserstoffperoxids folgt aus der Reaktionsgleichung

$$2\, H_2O_2 \longrightarrow 2\, H_2O + O_2$$

$$\Delta n(H_2O_2) = -2\,\Delta n(O_2) = -2\,\frac{\Delta V(\text{Sauerstoff})}{V_m(O_2)}$$

$$\Delta c(H_2O_2) = -2\,\frac{\Delta V(\text{Sauerstoff})}{V_m(O_2) \cdot V(\text{Lösung})}$$

Für die mittlere Reaktionsgeschwindigkeit $\bar{v} = \dfrac{\Delta c(H_2O_2)}{\Delta t}$ im Zeitintervall Δt gilt demnach: $\bar{v} = -2\,\dfrac{\Delta V(\text{Sauerstoff})}{V_m(O_2) \cdot V(\text{Lösung}) \cdot \Delta t}$

B2 Zerfall von Wasserstoffperoxid. Berechnung der Konzentrationen und der mittleren Reaktionsgeschwindigkeiten

7.3 Konzentration und Reaktionsgeschwindigkeit

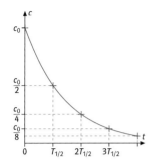

a) Konzentrations-Zeit-Diagramm:
Die Konzentration fällt exponentiell ab

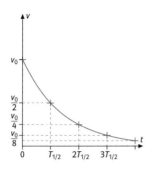

b) Reaktionsgeschwindigkeits-
Zeit-Diagramm

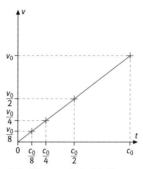

c) Reaktionsgeschwindigkeits-
Konzentrations-Diagramm

B1 Reaktionen mit konstanten Halbwertszeiten

V1 Geben Sie in drei Reagenzgläser jeweils 5 ml Salzsäure der Konzentrationen 1 mol/l, 0,5 mol/l und 0,1 mol/l. Geben Sie zu jeder Säureportion gleichzeitig jeweils ein 1 cm langes Magnesiumband. Vergleichen Sie die Zeiten bis zur vollständigen Umsetzung des Magnesiums. Schütteln Sie die Reagenzgläser während des Versuchs.

V2 Stellen Sie eine wässrige Lösung von Malachitgrün ($M = 365\,g/mol$) der Konzentration $c = 10^{-4}\,mol/l$ her. Geben Sie zu einem bestimmten Volumen der Lösung das gleiche Volumen Wasser. Bestimmen Sie mit einem Spektralfotometer bei der Wellenlänge 590 nm die Extinktion E_0. Geben Sie zu Malachitgrünlösung das gleiche Volumen Natronlauge der Konzentration $c = 2 \cdot 10^{-2}\,mol/l$. Zur Ermittlung der Extinktion werden die Transmissionswerte im Abstand von einer halben Minute sechs Minuten lang abgelesen. Berechnen Sie die Extinktionen und mit $c = c_0 \cdot E/E_0$ die Konzentrationen. Geben Sie die mittleren Reaktionsgeschwindigkeiten in den jeweiligen Zeitabschnitten an und ermitteln Sie die Konzentrationen nach 0,25; 0,75; 1,25; … Minuten. Zeichnen Sie ein Diagramm, das die Abhängigkeit der Reaktionsgeschwindigkeit von der Konzentration zeigt.

Bei der Reaktion von Zink mit Salzsäure (Kap. 7.1) verändert sich während der Reaktion mit der Konzentration auch die Reaktionsgeschwindigkeit. Im Folgenden soll die Abhängigkeit der Reaktionsgeschwindigkeit von der Konzentration der beteiligten Stoffe betrachtet werden.

Ausgangskonzentration und Reaktionsdauer.
Lässt man gleiche Magnesiumportionen mit Salzsäure verschiedener Konzentration bei gleicher Temperatur reagieren, so stellt man fest, dass die Reaktionsdauer mit zunehmender Ausgangskonzentration abnimmt [V1]. Dieser Zusammenhang lässt sich bei den meisten chemischen Reaktionen feststellen. Die aus der Reaktionsdauer und einer Ausgangskonzentration berechenbare mittlere Reaktionsgeschwindigkeit ist z. B. von Bedeutung, wenn eine gewünschte Portion eines Reaktionsprodukts in einer bestimmten Zeit entstehen soll. Da sich jedoch während einer Reaktion die Konzentrationen der beteiligten Stoffe verändern, ändert sich auch die Reaktionsgeschwindigkeit ständig.

Abhängigkeit der Reaktionsgeschwindigkeit von der Konzentration eines Reaktionspartners. Verfolgt man bei der Entfärbung von Malachitgrün mit Natronlauge [V2] die zeitliche Veränderung der Konzentration des Malachitgrüns, so erhält man einen Zusammenhang, wie ihn [B1] zeigt. Nach der Halbwertszeit $T_{1/2}$ ist die Konzentration auf die Hälfte der Ausgangskonzentration zurückgegangen. Auffällig ist, dass sich wiederum nach der Zeit $T_{1/2}$ die Konzentration halbiert hat. Diese Gesetzmäßigkeit setzt sich fort. Bei vielen chemischen Reaktionen treten solche *konstanten Halbwertszeiten* auf.

Exkurs **Modellversuch zur Reaktionsgeschwindigkeit**

Mit einem einfachen Modellversuch lässt sich das Geschwindigkeitsgesetz $v = k \cdot c$ simulieren. In einen Messzylinder ($V = 100$ ml) wird ein Glasrohr (Innendurchmesser 10 mm) gestellt. Dann wird eine farbige Lösung eingefüllt, bis der Flüssigkeitsstand $h = 20{,}0$ cm beträgt. Das Glasrohr wird oben zugehalten und die im Glasrohr enthaltene Flüssigkeit wird in ein Reagenzglas übertragen. Vor Entnahme der nächsten Portion wird die Höhe des Flüssigkeitsstands im Messzylinder gemessen. Nacheinander werden insgesamt neun Portionen entnommen.

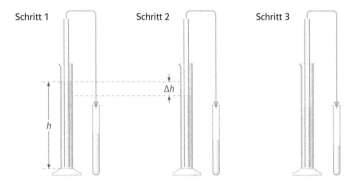

Schritt 1   Schritt 2   Schritt 3

Da bei jeder Entnahme im Messzylinder und damit auch im Glasrohr der Flüssigkeitsstand abnimmt, wird Schritt für Schritt weniger Flüssigkeit in die Reagenzgläser übertragen. Dies wird anschaulich, wenn man die Reagenzgläser nebeneinander in einen Reagenzglasständer stellt.

Zur weiteren Auswertung berechnet man für jeden Schritt die Höhendifferenz Δh. Trägt man sie gegen den Flüssigkeitsstand h auf, erhält man ein zu B1(c) analoges Diagramm. Der Flüssigkeitsstand h entspricht der Konzentration c, die Höhendifferenz Δh entspricht der Reaktionsgeschwindigkeit v.

Schritt Nr.	1	2	3	4	5	6	7	8	9
h in cm	20,0	16,8	14,1	11,8	9,9	8,3	7,0	5,9	5,0	4,2
Δh in cm		3,2	2,7	2,3	1,9	1,6	1,3	1,1	0,9	0,8

h: Höhe des Flüssigkeitsstands im Messzylinder
Δh: Höhendifferenz zwischen zwei Schritten

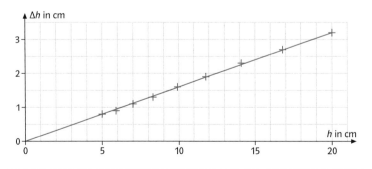

In diesen Fällen nimmt die Reaktionsgeschwindigkeit ($-dc/dt = v$) in gleicher Weise wie die Konzentration mit der Zeit ab [B1a, b]. Trägt man die Reaktionsgeschwindigkeit gegen die Konzentration auf, lässt sich eine Proportionalität zwischen der Reaktionsgeschwindigkeit und der Konzentration erkennen [B1c]. Es gilt:

$$v = k \cdot c$$

Die Konstante k wird als *Geschwindigkeitskonstante* bezeichnet. Sie hängt von der Art der Reaktionspartner ab. Der Zusammenhang zwischen Reaktionsgeschwindigkeit und Konzentration wird als *Geschwindigkeitsgesetz* bezeichnet. In diesem Fall ist die Reaktionsgeschwindigkeit proportional zur Konzentration nur eines Reaktionspartners. Mit einem Modellversuch lässt sich dieser einfache Zusammenhang plausibel machen [Exkurs]. Es gibt aber auch viele Reaktionen, deren Geschwindigkeit von zwei Konzentrationen abhängt.

Zwei Reaktionspartner. Bei der Verseifung von Estern mit Natronlauge reagieren Estermoleküle mit Hydroxidionen:

$$RCOOR' + OH^- \longrightarrow RCOO^- + R'OH$$

Häufig erhält man dabei
$v \sim c(RCOOR')$ und $v \sim c(OH^-)$. Damit gilt folgendes Geschwindigkeitsgesetz:

$$v = k \cdot c(RCOOR') \cdot c(OH^-)$$

Für beliebige Reaktionspartner A und B lautet das Geschwindigkeitsgesetz allgemein:

$$v = k \cdot c(A) \cdot c(B)$$

Die Reaktionsgeschwindigkeit ist hier proportional zu den Konzentrationen zweier Reaktionspartner. Dieses Geschwindigkeitsgesetz gilt auch für viele weitere Reaktionen.

Kollisionsmodell. Die Geschwindigkeit einer Reaktion ist umso größer, je mehr Zusammenstöße in einer bestimmten Zeiteinheit in einem bestimmten Volumen stattfinden. Bei der Erhöhung der Anzahl jeder Teilchenart A und B erfolgt eine proportionale Zunahme der Anzahl der Zusammenstöße [B2]. Diese ist für eine Reaktion zwischen der Teilchenarten A und B proportional zum Produkt aus den Konzentrationen dieser Teilchen. Mit der Annahme, dass die Reaktionsgeschwindigkeit zur Anzahl der Zusammenstöße proportional ist, ergibt sich:

$$v = k \cdot c(A) \cdot c(B).$$

Aus dem Kollisionsmodell erhält man also das gleiche Geschwindigkeitsgesetz wie bei der Verseifung von Estern mit Natronlauge. Reaktionen, bei denen die Anzahl der Zusammenstöße von je einem Teilchen A und B die Reaktionsgeschwindigkeit bestimmt, bezeichnet man als **bimolekulare Reaktionen**.

A1 Bei der in wässriger Lösung verlaufenden Reaktion mit Peroxodisulfationen
$$S_2O_8^{2-} + 2\,I^- \longrightarrow 2\,SO_4^{2-} + I_2$$
wurde die Geschwindigkeit der Iodbildung in Abhängigkeit von den Konzentrationen der Edukte bestimmt:

$c(S_2O_8^{2-})$ in mol/l	$c(I^-)$ in mol/l	v in mol/(l · min)
0,0001	0,010	$0,65 \cdot 10^{-6}$
0,0002	0,010	$1,30 \cdot 10^{-6}$
0,0002	0,005	$0,65 \cdot 10^{-6}$

Formulieren Sie das Geschwindigkeitsgesetz für diese Reaktion und berechnen Sie die Geschwindigkeitskonstante k.

Erfolgt in einem gegebenen Volumen durchschnittlich ein Zusammenstoß zwischen je einem Teilchen A und B in der Zeit Δt, so …

… sind es in der gleichen Zeit 4 Kollisionen bei der doppelten Anzahl der Teilchen A und der doppelten Anzahl der Teilchen B.

… sind es in der gleichen Zeit 8 Kollisionen bei der doppelten Anzahl der Teilchen A und vierfachen Anzahl der Teilchen B.

… sind es in der gleichen Zeit 16 Kollisionen bei der vierfachen Anzahl der Teilchen A und der vierfachen Anzahl der Teilchen B.

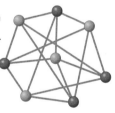

B2 Kollisionsmodell. Die Anzahl der Zusammenstöße wächst mit den Konzentrationen

7.4 Energieverlauf beim Wechseln eines Bindungspartners

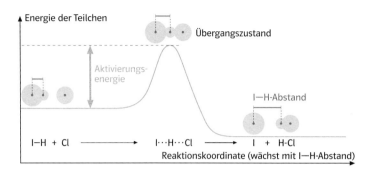

B1 Energie eines Ensembles von drei Atomen in Abhängigkeit von ihrer Anordnung

Ein Zusammenstoß von Teilchen führt nur dann zu einer chemischen Reaktion, d. h. einer Umgruppierung der Atome, wenn die Teilchen mit ausreichender kinetischer Energie zusammenstoßen. Bei der einfachen Reaktion

$$I-H + Cl \longrightarrow I + H-Cl$$

zwischen Hydrogeniodid und einem Chloratom zu einem Iodatom und Hydrogenchlorid in der Gasphase wechselt das Wasserstoffatom den Bindungspartner. Diese Reaktion kann durch einen Zusammenstoß so erfolgen, dass zwischendurch ein dreiatomiger *Übergangszustand* entsteht, der instabil ist. Er stellt kein mögliches stabiles Molekül dar und geht daher in eine stabilere Gruppierung über.

Diesen Reaktionsverlauf zwischen den (hier:) drei beteiligten Atomen kann man in einem Energiediagramm dastellen [B1]. Darin wird die potentielle Energie der drei Atome in Abhängigkeit von ihrer Anordnung aufgetragen. Während der Reaktion ändert sich die Anordnung der Atome, deshalb nennt man diese Beschreibung der Anordnung auch Reaktionskoordinate.

Die Reaktionskoordinate beschreibt die Anordnung der Atome vor, während und nach der Reaktion der Teilchen.

B2 Dominosteine

Bei der hier betrachteten Reaktion trennen sich das H-Atom und das I-Atom des Eduktmoleküls, und der I—H-Abstand wächst entlang der Reaktionskoordinate.
Die potentielle Energie verläuft über einen Berg. Zu seiner Überwindung müssen die Teilchen beim Zusammenstoß die Aktivierungsenergie aufbringen.

Die Aktivierungsenergie ist der Unterschied der (potentiellen) Energie des Übergangszustands und der (potentiellen) Energie der Teilchen vor der Reaktion.

Die Begriffe Reaktionskoordinate und Aktivierungsenergie sind ganz ähnlich wie der Begriff Bindungslänge Begriffe der Teilchenebene. Sie können nicht ohne Weiteres auf die Stoffebene übertragen werden.

Eine reagierende Stoffportion als ganze muss nicht über einen Energieberg gebracht werden. Vielmehr genügt zum *Auslösen* einer Reaktion oft ein winziger Funke, der nur einem kleinen Teil der reaktionsfähigen Moleküle gerade so viel Energie zuführt, dass sie eine Reaktion ausführen können. Die dabei freigesetzte Energie kann weitere Teilchen aktivieren, so dass schließlich die ganze Stoffportion aufgrund des einen Funkens durchreagiert. Die Begriffe „Reaktionskoordinate" und „Aktivierungsenergie" sind Begriffe der Teilchenebene und haben keine Entsprechung auf der Stoffebene.

Diese Verhältnisse können durch ein Modell veranschaulicht werden. Wenn man eine Reihe hintereinander aufgestellter **Dominosteine** [B2] zum Umfallen bringen möchte, so genügt es, einen einzigen Stein umzustoßen. Dazu ist wenig Energie, die „Aktivierungsenergie" nötig. Beim Umfallen setzt der Stein etwas mehr Energie frei, als ihm selbst zugeführt wurde. Daher kann er den nächsten Stein umwerfen, ohne dass nochmals von außen Energie zugeführt werden müsste. Die ganze Reihe der Steine fällt nach und nach um.

7.5 Reaktionsgeschwindigkeit und Temperatur

Es ist eine alltägliche Erfahrung, dass die Geschwindigkeit von Vorgängen, an denen chemische Reaktionen beteiligt sind, von der Temperatur abhängt. Nahrungsmittel verderben bei Kühlung viel langsamer, Metalle werden bei hoher Temperatur bedeutend schneller oxidiert. Eine höhere Temperatur bedeutet höhere mittlere Geschwindigkeit der Teilchen. Der genannte Einfluss der Temperatur auf die Reaktionsgeschwindigkeit wird also mit der Geschwindigkeit bzw. der kinetischen Energie der Teilchen zusammenhängen.

Mindestgeschwindigkeit und Aktivierungsenergie. Der schnelle Ablauf der Neutralisationsreaktion gibt eine ungefähre Vorstellung davon, wie oft Teilchen in einer bestimmten Zeit zusammenstoßen. Hatte man jeweils 1 l Lösung der Konzentration 1 mol/l, so sind sich – wenn die Durchmischung der Lösungen rasch erfolgt – in wenigen Sekunden je etwa $6 \cdot 10^{23}$ Oxonium- und Hydroxidionen begegnet. Dabei sind die Zusammenstöße dieser Ionen mit Lösungsmittelmolekülen nicht mitgerechnet. Führt, wie bei der Neutralisation, jeder Zusammenstoß zweier Eduktteilchen zu einer Reaktion, so ist die Geschwindigkeitskonstante sehr groß. Bei den meisten Reaktionen ist sie viel kleiner. In solchen Fällen führt nicht jeder Zusammenstoß zu einer Reaktion. Die Anzahl der Zusammenstöße, die zu einem Produkt führen, ist von der Art der Reaktionspartner und von der Temperatur abhängig [V1].

Um zur Reaktion zu gelangen, muss ein Teil der Eduktteilchen einen bestimmten Mindestbetrag an kinetischer Energie besitzen. Dieser ist zur Überwindung der *Aktivierungsenergie* erforderlich. Erst wenn diese erreicht oder überschritten ist, kann der Zusammenstoß zu einem Produktteilchen führen. Die Geschwindigkeit, die dieser *kinetischen Energie* entspricht, ist die Mindestgeschwindigkeit v_A der Teilchen [B3].

Die Tatsache, dass bei der Reaktion von zwei Teilchen eine Energiebarriere zu überwinden ist, kann auch an der Reaktion von Stickstoffdioxid mit Kohlenstoffmonooxid veranschaulicht werden [B1]. Für die Übertragung des Sauerstoffatoms vom NO_2- auf das CO-Molekül muss zunächst Energie zur Lockerung der $N{-}O$-Bindung aufgewandt werden. Dabei wird ein energiereicher Übergangszustand durchlaufen, in dem sich das zu übertragende Sauerstoffatom im Anziehungsbereich beider Moleküle befindet.

Das Beispiel der Reaktion von NO_2 mit CO zeigt außerdem, dass für einen erfolgreichen Zusammenstoß die richtige *Orientierung* dieser Teilchen zueinander gegeben sein muss. Das CO-Molekül muss mit dem Kohlenstoffatom auf das Sauerstoffatom des NO_2-Moleküls treffen. Ein erfolgreicher Zusammenstoß setzt eine Mindestenergie und die richtige Orientierung der Teilchen zueinander voraus.

Die Geschwindigkeit von Teilchen. Hätten alle Teilchen bei einer bestimmten Temperatur die gleiche Geschwindigkeit, so würde bei einer niedrigen Temperatur kein Teilchen die Mindestgeschwindigkeit besitzen und damit auch nicht die Aktivierungsenergie erreichen. Alle Zusammenstöße wären unwirksam, die Reaktion dürfte nicht stattfinden. Bei Temperaturerhöhung müssten alle Teilchen gleichzeitig die Mindestenergie für einen wirksamen Zusammenstoß erreichen, die Reaktion müsste schlagartig ablaufen. Kinetische Untersuchungen zeigen jedoch, dass bei den meisten chemischen Reaktionen die Reaktionsgeschwindigkeit mit steigender Temperatur exponentiell ansteigt. Dies lässt vermuten, dass die Teilchen einer Stoffportion *unterschiedliche* Geschwindigkeiten besitzen.

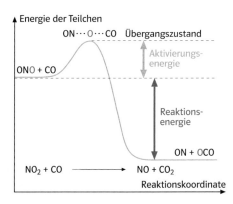

B1 Energiediagramm der Reaktion NO_2 + CO $\longrightarrow$ NO + CO_2. Es muss ein „Berg" überwunden werden

B2 Modellversuch zur Geschwindigkeitsverteilung in einem Gas

Geschwindigkeitsverteilung von Teilchen.

Die Veranschaulichung der unterschiedlichen Teilchengeschwindigkeiten kann in einem Modellversuch erfolgen [B2]. Kleine Stahlkugeln werden in heftige Bewegung versetzt, wodurch ein ähnlicher Zustand entsteht, wie er von Molekülen eines Gases eingenommen wird. Die durch eine seitliche Öffnung austretenden Kugeln zeigen durch ihre Flugweite an, welche Geschwindigkeit sie innerhalb des Modell-Gasraumes hatten. Durch die Unterteilung des Auffangbehälters wird der gesamte Geschwindigkeitsbereich in Intervalle der Größe Δv zerlegt. Die Anzahl ΔN der Kugeln, die jeweils in ein Intervall Δv fallen, hängt stark von der Geschwindigkeit v ab.

Diese Abhängigkeit konnte für Gasmoleküle von J. C. MAXWELL und L. BOLTZMANN theoretisch hergeleitet werden. Die meisten Teilchen haben bei Zimmertemperatur (ϑ_1) eine Geschwindigkeit von $350\,\text{m} \cdot \text{s}^{-1}$. Es zeigt sich, dass die Anzahl der Teilchen, die eine Mindestgeschwindigkeit überschreiten, mit steigender Temperatur wächst [B3].

Eine chemische Reaktion verläuft langsam, wenn nur ein geringer Anteil der Teilchen, die für einen erfolgreichen Zusammenstoß notwendige Mindestgeschwindigkeit aufweisen. Mit steigender Temperatur nimmt der Anteil dieser Teilchen und damit auch die Reaktionsgeschwindigkeit zu.

V1 Führen Sie den Versuch mit folgenden Lösungen durch: **Lösung I:** 10 ml konz. Salzsäure in 50 ml Wasser; **Lösung II:** 1 g Natriumthiosulfat-Pentahydrat in 50 ml Wasser. Geben Sie in je ein Reagenzglas 2 ml der Lösung I bzw. 10 ml der Lösung II. Geben Sie die Lösung I zu der Lösung II, schütteln Sie kurz und messen Sie die Zeit, bis eine schwache Opaleszenz sichtbar wird. Beobachten Sie vor einem schwarzen Hintergrund. Messen Sie bei Versuchsende die Temperatur der Flüssigkeit. Führen Sie den Versuch mit Lösungen von Zimmertemperatur, mit im Kühlschrank oder in Eiswasser gekühlten Lösungen und mit im Wasserbad auf ca. 40 °C erwärmten Lösungen durch.

A1 Die Temperatur eines Reaktionsgemisches wird von 10 °C auf 100 °C erhöht. Berechnen Sie mit der RGT-Regel den Faktor, mit dem sich die Reaktionsgeschwindigkeit vergrößert.

Bei Zimmertemperatur besitzt z. B. nur ein sehr geringer Anteil der Teilchen eines Wasserstoff-Sauerstoff-Gemischs die erforderliche Mindestgeschwindigkeit bzw. Mindestenergie, sodass die Reaktion auch in einem großen Zeitraum ohne erkennbaren Stoffumsatz verläuft. Energiezufuhr bewirkt über die Erhöhung der Anzahl erfolgreicher Zusammenstöße eine größere Reaktionsgeschwindigkeit. Durch die Freisetzung von Reaktionsenergie werden weitere Teilchen aktiviert. Damit steigt die Reaktionsgeschwindigkeit so an, dass es zu einer Explosion kommt.

Aus der Erfahrung ergibt sich folgende Regel: Bei vielen Reaktionen bewirkt eine Temperaturerhöhung um 10 °C etwa eine Verdoppelung der Reaktionsgeschwindigkeit. Man nennt dies die Reaktionsgeschwindigkeits-Temperatur-Regel, kurz **RGT-Regel**.

Die RGT-Regel besagt, dass sich bei einer Temperaturerhöhung um 10 °C die Reaktionsgeschwindigkeit einer chemischen Reaktion etwa verdoppelt.

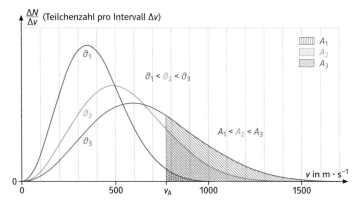

B3 Maxwell-Boltzmann-Verteilung bei drei Temperaturen. Je höher die Temperatur, desto mehr Teilchen überschreiten eine gegebene Geschwindigkeit v_A

7.6 Reaktionsgeschwindigkeit und Zerteilungsgrad

Bei Reaktionen zwischen Stoffen in verschiedenen Phasen können nur die Teilchen reagieren, die an der Grenzfläche miteinander zusammenstoßen. Je größer diese ist, desto mehr Zusammenstöße können erfolgen. Mit der Zerteilung einer festen oder flüssigen Stoffportion wächst ihre Oberfläche. Daher nimmt auch die Reaktionsgeschwindigkeit mit dem Zerteilungsgrad zu [V1].

Die Bedeutung vergrößerter Oberflächen. Das Prinzip, durch eine Vergrößerung der Oberfläche eine Steigerung der Reaktionsgeschwindigkeit herbeizuführen, ist in der Technik, in lebenden Systemen und auch im Alltag häufig verwirklicht.

Bei Kohlefeuerungsanlagen konnten sowohl die Wirtschaftlichkeit als auch die Schadstoffreduzierung durch Vergrößerung der Oberfläche der eingesetzten Komponenten erhöht werden. So werden in der **Wirbelschichtfeuerung** Kohle und Kalkstein (Calciumcarbonat) staubfein gemahlen und durch starke Luftströme dem Brennraum zugeführt. In einer schwebenden Wirbelschicht aus Kohle und Kalk verbrennt die Kohle zu 99 %. Der Schadstoff Schwefeldioxid reagiert mit dem aus dem Calciumcarbonat gebildeten Calciumoxid und Sauerstoff zu Calciumsulfat („Gips"), das mit der Asche abgezogen wird [B1].

Die Natur zeigt eindrucksvoll und in vielfältigen Formen, wie chemische Reaktionen zwischen verschiedenen Phasen in Organismen an sehr großen Phasengrenzflächen vollzogen werden. Die bei Lebewesen unterschiedlichster Art anzutreffenden filigranen Strukturen, die sich durch feine Verästelungen ergeben, gehen mit großen Oberflächen des betreffenden Organs einher. So wird die atmungsfähige Gesamtoberfläche der Lunge eines erwachsenen Menschen auf 70 bis 90 m^2 geschätzt [B2].

Bei Lösungsvorgängen erfolgt ein Übertritt von Teilchen aus der einen in die andere Phase. Beim Lösen von z. B. Zucker in Wasser ist es offensichtlich, dass der Zerteilungsgrad wesentlich die Geschwindigkeit des Vorgangs beeinflusst. Auch hier liegt die Ursache für unterschiedliche Geschwindigkeiten in der unterschiedlich großen Oberfläche.

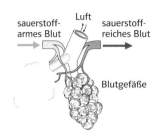

B2 Lungenbläschen. Die gesamte Innenfläche der Lunge beträgt ca. 90 m^2

V1 Versuchsaufbau wie bei Kap. 7.1, V1. Bringen Sie jeweils 0,5 g Magnesiumpulver, Magnesiumspäne und Magnesiumband mit verdünnter Salzsäure (c = 0,5 mol/l) zur Reaktion. Bestimmen Sie das Volumen des entstehenden Wasserstoffs in Abhängigkeit von der Zeit und stellen Sie die Ergebnisse grafisch dar.

A1 Vor dem Übergießen mit heißem Wasser werden Kaffeebohnen gemahlen; zur Entzündung eines Holzstoßes werden zunächst einige Holzspäne angebrannt; um auslaufendes Öl zu adsorbieren, benutzt man Kohlenstaub. Nennen Sie weitere Beispiele für Prozesse, bei denen eine Geschwindigkeitserhöhung durch Vergrößerung der Phasengrenzfläche bewirkt wird.

A2 Bei speziellen Löscheinsätzen der Feuerwehr wird Wasser durch Sprengstoff oder mithilfe von Turbinen in feinste Tröpfchen zerteilt. Welchen Vorteil besitzt dieses Verfahren gegenüber dem Löschen mit einem Wasserstrahl?

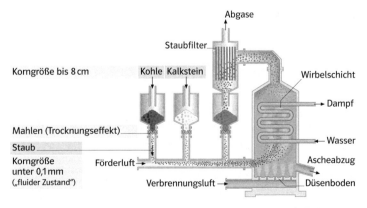

B1 Oberflächenvergrößerung von Kalkstein und Kohle beim Wirbelschichtverfahren

7.7 Katalyse

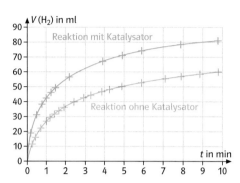

B1 Wasserstoffentwicklung bei der Reaktion von Zink mit Salzsäure ohne und mit Katalysator (ϑ = 20 °C)

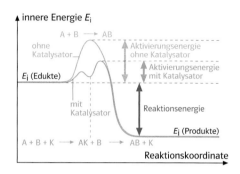

B2 Energiediagramm einer Reaktion ohne und mit Katalysator

Die Geschwindigkeit von Reaktionen kann außer durch Erhöhung von Konzentration und Temperatur auch durch Zusatz von Katalysatoren vergrößert werden.

Bedeutung der Katalyse. Katalysatoren sind von großer Bedeutung im Alltag, in der Technik und in der Industrie. Bei der Herstellung der wichtigsten Grundchemikalien wie z. B. Schwefelsäure, Ammoniak, Salpetersäure, Ethen und Methanol spielen Katalysatoren eine wichtige Rolle. Große Bereiche der Umwelttechnik beruhen auf katalytischen Verfahren. In Kraftfahrzeugen wird durch den Abgaskatalysator die Schadstoffemission vermindert. Katalysatoren sind auch entscheidend bei chemischen Reaktionen, die in Organismen ablaufen.

Katalysatoren lassen sich zur Beschleunigung von Reaktionen einsetzen, die z. B. nicht bei hohen Temperaturen durchgeführt werden können. In Stoffgemischen können Katalysatoren bei einer Vielzahl von möglichen Reaktionen *eine spezielle Reaktion* beschleunigen, sodass hauptsächlich die gewünschte Reaktion abläuft. Durch Temperaturerhöhung wäre eine solche selektive Begünstigung nicht möglich.

Da Katalysatoren bei einer Reaktion nicht verbraucht werden, genügt bereits eine kleine Portion, um die Umsetzung großer Portionen der reagierenden Stoffe zu beeinflussen.

So wird z. B. die Reaktion von Zink mit verdünnter Salzsäure durch eine winzige Kupferportion stark beschleunigt, was an der Wasserstoffentwicklung deutlich zu sehen ist [B1].

Die Wirkungsweise eines Katalysators. Bei der Annäherung von Eduktteilchen und zur Lockerung oder Spaltung vorhandener Bindungen muss die Aktivierungsenergie aufgewendet werden. Sie ist häufig so groß, dass keine oder nur wenige Teilchen diese Energiebarriere überwinden können. Man bezeichnet ein Eduktgemisch aus solchen Teilchen, die bei den gegebenen Bedingungen nicht reagieren, als **metastabil**. So können z. B. Wasserstoff und Sauerstoff gemischt vorliegen, ohne zu reagieren. Metastabil sind Benzin-Luft-Gemische, ein Stickstoff-Wasserstoff-Gemisch und auch ein Holzstoß an der Luft.

Die Wirkung eines Katalysators beruht meist darauf, dass er mit einem der Edukte eine oder mehrere Zwischenverbindungen bildet, sodass damit ein neuer Reaktionsweg mit einer niedrigeren Aktivierungsenergie ermöglicht wird [B2].

Bei der Bildung des Produkts aus den Zwischenverbindungen wird der Katalysator wieder freigesetzt. Er geht also in die Gesamtbilanz der Reaktion, wie sie in der Bruttoreaktionsgleichung dargestellt wird, nicht ein.

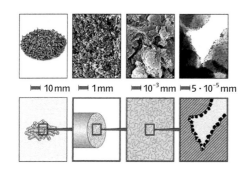

$\vdash\!\!\!\!\dashv$ 10 mm $\quad$ $\vdash\!\!\!\!\dashv$ 1 mm $\quad$ $\vdash\!\!\!\!\dashv$ 10^{-3} mm $\vdash\!\!\!\!\dashv$ $5 \cdot 10^{-5}$ mm

B3 Aufbau eines Trägerkatalysators. Mikroskopische Aufnahmen (oben) und Modell-darstellung (unten)

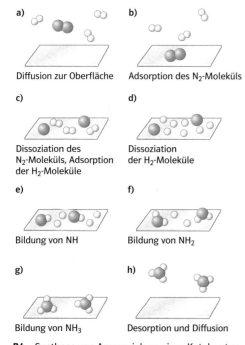

B4 Synthese von Ammoniak an einer Katalysator-oberfläche

Aufgrund der herabgesetzten Aktivierungs-energie überschreiten bei gegebener Tempera-tur mehr Teilchen die Mindestenergie für einen erfolgreichen Zusammenstoß, und die Reaktionsgeschwindigkeit steigt.

Verläuft zum Beispiel die Reaktion
A + B $\longrightarrow$ AB mit einem Katalysator K über zwei Stufen

A + K $\longrightarrow$ AK $\quad$ und $\quad$ AK + B $\longrightarrow$ AB + K,

so benötigt jede für sich eine kleinere Aktivierungsenergie als die nicht katalysierte Reaktion.
Damit besitzt bei beiden Teilschritten eine größere Anzahl von Teilchen die erforderliche Mindestenergie. Die beiden Teilreaktionen und folglich die Gesamtreaktion verlaufen schneller.

Katalysatoren verringern die Aktivierungs-energie einer chemischen Reaktion und erhö-hen damit die Geschwindigkeit der Reaktion.

Die heterogene Katalyse. Liegen Katalysator und die reagierenden Stoffe in einander sich berührenden, jedoch verschiedenen Phasen vor, so spricht man von *heterogener Katalyse*. Die Reaktion von Wasserstoff mit Sauerstoff am Platinkatalysator ist dafür ein Beispiel.

Die Wirkungsweisen von Katalysatoren bei der heterogenen Katalyse sind je nach Reaktion und Katalysator sehr verschieden und vielfach noch nicht im Detail geklärt.

Metalle, z. B. Eisen, Nickel und vor allem die Edelmetalle Platin und Palladium, katalysieren Reaktionen, an denen Gase beteiligt sind. Die Metalle liegen dabei in fein verteilter Form, meist auf einem Trägermaterial, vor [B3]. Dabei werden die Gase an der Oberfläche der Metalle in erheblichem Maße adsorbiert und in einen reaktionsbereiten Zustand versetzt. Die Gase reagieren dann mit größerer Reaktionsgeschwindigkeit als im gewöhn-lichen, unaktivierten Zustand. Man geht davon aus, dass die Katalysatoren an ihrer Oberfläche Stellen aufweisen, in welchen ein Elektronen-überschuss oder Elektronenmangel vor-herrscht. Dadurch werden die Bindungen der adsorbierten N_2-, H_2-, O_2- und anderer Moleküle gelockert. Außerdem erhalten die Moleküle eine für die Reaktion günstige räumliche Orientierung.

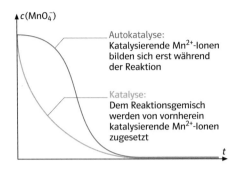

B5 Oxidation von Oxalsäure mit Kaliumpermanganat

Bei dem an Metallen adsorbierten Wasserstoff konnte nachgewiesen werden, dass er in atomarer Form vorliegt und damit besonders reaktionsfähig ist. Man nimmt für die katalysierte Ammoniaksynthese gemäß

$$3\,H_2(g) + N_2(g) \longrightarrow 2\,NH_3(g)$$

heute den in B4 dargestellten Ablauf über mehrere Zwischenreaktionen an.

Die homogene Katalyse. Bei der *homogenen Katalyse* liegen die Edukte und der Katalysator in *einer* Phase vor. Für viele homogene Katalysen lassen sich reaktive Zwischenverbindungen formulieren und zum Teil auch nachweisen. So wird bei einer „säurekatalysierten Reaktion" ein Proton an ein freies Elektronenpaar eines Eduktteilchens gebunden. Ein Beispiel hierfür ist die katalytische Zersetzung der Ameisensäure. Durch die Protonierung verläuft die Reaktion nach einem anderen Mechanismus mit Zwischenstufen, zu deren Bildung eine geringere Aktivierungsenergie erforderlich ist als zur nicht katalysierten Reaktion.

Autokatalyse. Ein besonderes Beispiel zur homogenen Katalyse ist die Oxidation von Oxalsäure durch Kaliumpermanganat in saurer Lösung, wobei die Permanganationen (violette Lösung) zu Mangan(II)-Ionen (farblose Lösung) reduziert werden [V1]:

$$2\,MnO_4^- + 16\,H_3O^+ + 5\,C_2O_4^{2-} \longrightarrow 2\,Mn^{2+} + 24\,H_2O + 10\,CO_2$$

Gibt man zur Oxalsäurelösung ein wenig Permanganatlösung, so wird diese nur langsam verbraucht. Eine anschließend zugegebene, gleich große Portion wird dagegen in viel kürzerer Zeit reduziert, obwohl dabei die Konzentrationen aller Edukte kleiner sind als am Anfang. Diese Erhöhung der Geschwindigkeit im Laufe der Reaktion steht scheinbar im Widerspruch zu früher erhaltenen Ergebnissen. Das Problem lässt sich durch ein Experiment klären. Dabei wird dem Reaktionsgemisch von vornherein etwas Mangan(II)-sulfat zugesetzt. Die dadurch sehr rasch ablaufende Reaktion zeigt, dass Mangan(II)-Ionen katalytisch wirken. Da diese Ionen bei der ersten Durchführungsart im Laufe der Reaktion gebildet werden, spricht man von *Autokatalyse*. Verfolgt man die Abnahme der Permanganationen-Konzentration in einem Fotometer, so erhält man ein Diagramm, wie es B5 zeigt.

Die Katalyse einer Reaktion durch ein Reaktionsprodukt bezeichnet man als Autokatalyse.

V1 Benötigt werden folgende wässrige Lösungen: Verdünnte Schwefelsäure (Gemisch aus 25 ml konzentrierter Schwefelsäure mit 75 ml dest. Wasser), 100 ml Oxalsäurelösung (w = 6 %) sowie eine Kaliumpermanganatlösung (w = 0,6 %). Geben Sie in einem großen Reagenzglas zu 25 ml verdünnter Schwefelsäure 12,5 ml der Oxalsäurelösung und 20 ml Wasser. Setzen Sie 5 ml Permanganatlösung zu und stoppen Sie die Zeit bis zur Entfärbung. Setzen Sie dann erneut 5 ml Permanganatlösung zu und messen Sie die Reaktionszeit. Wiederholen Sie diesen Vorgang so lange, bis keine Entfärbung mehr eintritt. Setzen Sie den Versuch erneut an, fügen aber gleich zu Beginn etwas Mangan(II)-sulfat hinzu.

7.8 Bedeutung von Enzymen

Bedeutung. Fast alle Stoffwechselprozesse beruhen auf der Aktivität und Zusammenarbeit von verschiedenen Enzymen. Als hochspezifische „**Biokatalysatoren**" ermöglichen sie die Umsetzung von Substraten (Edukte) in die entsprechenden Produkte, die bei den Temperaturen in der Zelle nicht oder nur sehr langsam ablaufen würde.

Viele Enzymmoleküle setzen pro Minute 1000 bis 10000 Substratmoleküle um. Diese Umsetzungen stellen immer Gleichgewichtsreaktionen dar. Die Enzyme bewirken dabei, dass der Gleichgewichtszustand der jeweiligen Reaktion schneller erreicht wird. Die Lage des Gleichgewichts wird dabei nicht verändert. Erst die Koppelung mehrerer enzymatisch gesteuerter Reaktionen führt zum vollständigen Abbau organischer Betriebsstoffe bis zu einfachen anorganischen Endstoffen wie etwa Wasser und Kohlenstoffdioxid.

Die Stoffe, die von Enzymen umgesetzt werden, nennt man Substrate.

Enzyme werden auch als *Fermente* bezeichnet. Sie können gleichfalls außerhalb von lebenden Zellen wirken und werden z.B. bei der Bierproduktion (Spaltung der Maltose) oder in manchen Waschmitteln (Kap. 4.13) zum Abbau von Fett oder Eiweiß eingesetzt.

Typische Nachweisreaktionen (Kap. 6.5) für Eiweiße fallen mit Enzymlösungen positiv aus. Enzyme müssen daher Proteine sein.

Enzyme besitzen folgende Eigenschaften:
- Jede enzymatisch katalysierte Reaktion beginnt mit der Bindung des Substrats an das Enzym.
- Enzyme sind spezifisch, d.h., sie binden nur bestimmte Substrate.
- Enzyme beschleunigen die Gleichgewichtseinstellung durch Herabsetzen der Aktivierungsenergie der jeweiligen chemischen Reaktion [B1].
- Der Definition des Katalysators entsprechend, gehen Enzyme unverändert aus der Reaktion hervor.

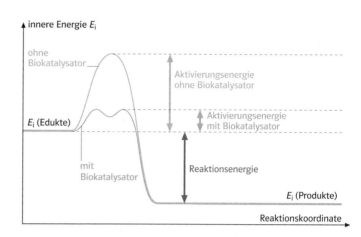

B1 Energiediagramm für eine enzymatisch katalysierte und eine nichtkatalysierte Reaktion

- Enzyme katalysieren sowohl die Hin- wie auch die Rückreaktion.
- Die Aktivität vieler Enzyme kann reguliert werden.

Enzyme sind Proteine, die biochemische Reaktionen durch Herabsetzen der Aktivierungsenergie katalysieren bzw. beschleunigen können.

Enzyme finden heute in der Medizin, der Wissenschaft und auch in unserem ganz normalen Alltag verbreitet Anwendung. Ein Beispiel ist die biotechnische Herstellung von Fructose, die eine wesentlich höhere Süßkraft als Rohrzucker besitzt: Hierzu werden in einem ersten Schritt aus Stärke mithilfe bakterienproduzierter α-Amylase Dextrine, Bruchstücke von Stärke, hergestellt. Danach spaltet die Amyloglucosidase (aus einem Schimmelpilz) Dextrine in Glucose, die in einem dritten Schritt mithilfe von Glucoseisomerase in Fructose umgewandelt wird. Dabei leitet sich der Name eines Enzyms in der Regel von seinem Substrat und seiner Wirkung ab. Oft kennzeichnet man Enzyme auch mit der Endsilbe „-ase". Daneben sind für manche Enzyme auch Trivialnamen wie Trypsin, ein eiweißspaltendes Enzym, gebräuchlich.

Enzym von griech. zymen, Hefe, Sauerteig. Ein Enzym ist ein Katalysator für biochemische Reaktionen

Katalysatoren erhöhen die Geschwindigkeit chemischer Reaktionen und gehen unverändert aus ihnen hervor. Ein Katalysator beschleunigt die Hin- und die Rückreaktion gleichermaßen

Ferment von lat. fermentum, Gärung

B2 Fermentationstanks in einer Brauerei

7.9 Exkurs Bau und Wirkungsweise von Enzymen

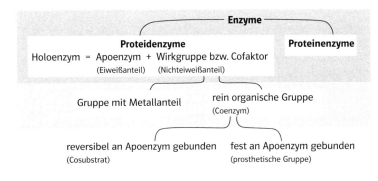

Enzyme lassen sich in **Protein-** und **Proteidenzyme** unterteilen [B2].

Proteinenzyme bestehen ausschließlich aus Proteinen. Ein Vertreter dieser Gruppe ist die *Urease*, die die hydrolytische Spaltung von Harnstoff in Ammoniak und Kohlenstoffdioxid katalysiert.

Proteidenzyme bestehen aus einem Eiweißanteil, der hier **Apoenzym** genannt wird, und einem Nichteiweißanteil, dem **Cofaktor** oder der **Wirkgruppe**. Der Cofaktor beinhaltet häufig Metallionen.

Sind Apoenzym und Cofaktor als funktionelle Einheit miteinander verbunden, so liegt das Proteidenzym als **Holoenzym** vor.

Enthält der Cofaktor *keinen Metallanteil*, so nennt man ihn **Coenzym**.
Coenzyme lassen sich erneut untereilen:
– Ist das Coenzym reversibel vom Apoenzym ablösbar, nennt man es **Cosubstrat**,
– ist es fest mit dem Apoenzym verknüpft, spricht man von der **prosthetischen Gruppe**.

Metallhaltige Wirkgruppen. Die Hämgruppe der Cytochrome, wichtiger Enzyme des Atmungsstoffwechsels, ist eine metallhaltige Wirkgruppe. Sie enthält ein ausgedehntes Ringsystem mit einem komplex gebundenen, zentralen Eisenion und entspricht in ihrem Aufbau damit der Hämgruppe des Hämoglobins (Kap. 2.8), dem roten Blutfarbstoff in den roten Blutkörperchen der Wirbeltiere.

Cosubstrat. Da das Cosubstrat nicht fest mit dem Apoenzym verbunden ist, kann es auf andere Apoenzyme übertragen werden [B1]. Dazu lagern sich zunächst Cosubstrat und Apoenzym 1 zu einem Holoenzym zusammen, das dann ein Substrat 1 bindet. Hierdurch wird das Coenzym chemisch verändert. Das ebenfalls veränderte Substrat löst sich ab, das Cosubstrat trennt sich vom Apoenzym 1 und lagert sich an ein anderes Apoenzym, das Apoenzym 2. Nach der Bindung eines Substrates 2 reagiert das Cosubstrat mit diesem und erreicht so wieder seinen ursprünglichen Zustand.
Wasserstoffübertragende Cosubstrate sind das *NADP$^+$* bzw. *NADPH/H$^+$* (**N**icotinsäure**a**mid**aden**ind**i**nucleotid**p**hosphat) und das *NAD$^+$* bzw. *NADH/H$^+$* (**N**icotinsäure**a**mid**aden**ind**i**nucleotid), die bei der Fotosynthese und beim Glucoseabbau eine wesentliche Rolle spielen.

Prosthetische Gruppen sind fest mit dem Apoenzym verknüpft [B3]. Das Holoenzym lagert sich zunächst mit einem Substrat 1 zusammen. Bei der dann stattfindenden Reaktion wird die prosthetische Gruppe verändert, das ebenfalls veränderte Substrat löst sich vom Holoenzym ab, welches dann eine anderes Substrat, Substrat 2, binden kann. Bei der Folgereaktion mit dem Substrat 2 wird die prosthetische Gruppe wieder in ihren ursprünglichen Zustand zurückgeführt.
Eine prosthetische Gruppe von wasserstoffübertragenden Flavoenzymen ist z.B. das *FAD* (Flavinadenindinucleotid), die für die Atmungskette beim Glucoseabbau relevant sind.

S1	= Substrat 1
Co	= Cosubstrat
S2	= Substrat 2

B1 Wirkungsweise eines Cosubstrates

B2 Einteilung der Enzyme

Enzyme

Proteidenzyme
Holoenzym = Apoenzym + Wirkgruppe bzw. Cofaktor
(Eiweißanteil)　(Nichteiweißanteil)

Proteinenzyme

Gruppe mit Metallanteil

rein organische Gruppe (Coenzym)

reversibel an Apoenzym gebunden (Cosubstrat)

fest an Apoenzym gebunden (prosthetische Gruppe)

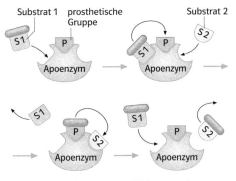

B3 Prosthetische Gruppe – Wirkungsweise

Substrat 1 — prosthetische Gruppe — Substrat 2

7.10 Spezifität von Enzymen

Verlauf einer enzymatischen Reaktion. In lebenden Zellen kennt man bisher etwa 3000 Enzyme. 150 davon sind isoliert und genauer untersucht worden. Alle sind Eiweißketten, die kompliziert gefaltet sind. In einer meist taschenartigen Vertiefung des Proteins liegt das **aktive Zentrum** des Enzyms. Hier findet die chemische Reaktion statt. Das Substratmolekül, das hier umgesetzt wird, geht eine lockere Verbindung mit dem Enzym ein. Man bezeichnet diese Verbindung als **Enzym-Substrat-Komplex**. Enzyme verändern dabei die räumliche Struktur des Substratmoleküls, wodurch Bindungen gelockert werden. Der Komplex zerfällt in einer weiteren Reaktion in die Produkte, wobei das Enzymmolekül wieder frei wird. Im gezeigten Beispiel [B1] geht das Substrat Maltose einen Maltose-Maltase-Komplex ein, der in das Produkt Glucose und das unveränderte Enzym Maltase zerfällt.

Substratspezifität. Enzyme arbeiten spezifischer als anorganische Katalysatoren, da sie nur auf ein oder mehrere ganz bestimmte Substrate einwirken. Man kann die Reaktion zwischen Enzym und Substrat mit dem **Schlüssel-Schloss-Prinzip** [B2] erklären: Nur ein ganz bestimmtes Substrat passt in das aktive Zentrum des Enzyms. Diese Eigenschaft nennt man **Substratspezifität**.

Die Eigenschaft eines Enzyms nur bestimmte Substrate umsetzen zu können, wird als seine Substratspezifität bezeichnet.

Nach der Modellvorstellung des Schlüssel-Schloss-Prinzips können von einem Enzym nur solche Moleküle (Schlüssel) reversibel gebunden und umgesetzt werden, die genau in die Substratbindungsregion des Enzyms (Schloss) passen.

Die Proteinkette des Enzyms ist dreidimensional so gefaltet, dass die katalytisch wirksamen Gruppen in das aktive Zentrum des Enzyms hineinragen. Als Bindungskräfte für die Enzym-Substrat-Wechselwirkung kommen Van-der-Waals-Kräfte, Wasserstoffbrücken oder elektrostatische Anziehungskräfte zwischen ionischen Gruppen infrage. In der Bindung an das Enzym kann das Substrat so polarisiert werden, dass seine eigentliche Umsetzung dadurch erleichtert wird.

Im gezeigten Beispiel [B1] wird der Zweifachzucker Maltose vom Enzym Maltase in zwei Moleküle Glucose gespalten. Cellobiose, ebenfalls aus zwei Glucosemolekülen aufgebaut, wird dagegen nicht abgebaut, da die Moleküle anders miteinander verknüpft sind.

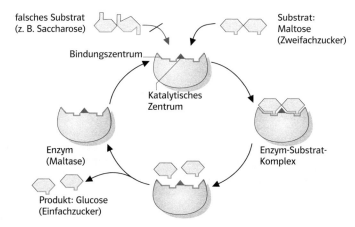

B1 Schematischer Ablauf einer enzymatischen Reaktion

B2 Das Schlüssel-Schloss-Prinzip zur Wirkungsweise von Enzymen

Erster Schritt der
alkoholischen Gärung in Hefe

Erster Schritt der Gluco-
neogenese in der Leber

$$CO_2 + \overset{CHO}{\underset{CH_3}{|}} \xleftarrow[+ H^+]{\text{Pyruvat-}\atop\text{Decarboxylase}} \overset{COO^-}{\underset{CH_3}{\underset{|}{C=O}}} \xrightarrow[+ HCO_3^-]{\text{Pyruvat-}\atop\text{Carboxylase}} \overset{COO^-}{\underset{COO^-}{\underset{|}{\underset{CH_2}{\underset{|}{C=O}}}}} + H_2O$$

Pyruvation   Oxalacetation

B3 Wirkungsspezifität von Enzymen

Decarboxylierung
Reaktion, bei der ein
Kohlenstoffdioxidmolekül
aus einem anderen
Molekül abgespalten wird

Carboxylierung Reaktion
zur Einführung einer
Carboxylgruppe in eine
organische Verbindung

Gluconeogenese
Neusynthese von Glucose
aus Stoffen, die nicht
zu den Kohlenhydraten
gehören

Lipase
fettspaltendes Enzym aus
dem Bauchspeicheldrüsen-
extrakt

Wirkungsspezifität. Jedes Enzym kann ein
gebundenes Substrat nur durch eine bestimmte Reaktion umsetzen, da nur für diese
spezielle Reaktion die Aktivierungsenergie
so weit gesenkt wird, dass die Reaktion auch
ablaufen kann.
In B3 ist dargestellt, welche Produkte aus dem
Pyruvation, dem Anion der Brenztraubensäure
(2-Oxopropansäure), in unterschiedlichen
Organismen entstehen können: Der erste
Schritt der alkoholischen Gärung in Hefen wird
durch das Enzym *Pyruvat-Decarboxylase*
katalysiert. Durch Abspaltung von Kohlenstoffdioxid entsteht Acetaldehyd (Ethanal).
In der Leber des Menschen kann aus Pyruvat-
ionen Glucose aufgebaut werden. Der erste
Schritt dieser sog. *Gluconeogenese* wird durch
die *Pyruvat-Carboxylase* katalysiert. Bei dieser
Carboxylierung entstehen Oxalacetationen,
die Anionen der Oxalessigsäure (Oxobutandi-
säure).

**Enzyme ermöglichen häufig nur eine be-
stimmte Reaktion des Substrates. Diese Eigenschaft bezeichnet man als Wirkungsspezifität
der Enzyme.**

Sind in einer Zelle verschiedene Enzyme
vorhanden, die ein Substrat unterschiedlich
umsetzen können, so entscheidet der
Umstand, an welches Enzym das Substrat
gebunden wird, über die Art der Umsetzung.

Gruppenspezifität. Manche Enzyme setzen
nur Verbindungen mit einer bestimmten
funktionellen Gruppe um. Die Spaltung der
Substrate erfolgt dann meist hydrolytisch. Die
Hydrolyse von Esterbindungen in Fettmolekülen wird z. B. durch Lipase beschleunigt.

Stärkelösung
mit I_2/KI-Lösung

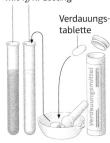

Verdauungs-
tablette

B4 Wirkung von
Verdauungstabletten,
zu A2

V1 Versetzen Sie eine Harnstoff- und eine
Thioharnstofflösung mit Ureaselösung.
Geben Sie anschließend jeweils einige
Tropfen Phenolphthaleinlösung dazu.

V2 Geben Sie in getrennten Ansätzen zu einer
Wasserstoffperoxidlösung (w = 3 %) jeweils
Braunstein, Katalase bzw. ein kleines Stück
einer rohen Kartoffel. Führen Sie nach
dem Einsetzen der Reaktion die Glimm-
spanprobe durch.

V3 Versetzen Sie eine mit Iod-Kaliumiodid-
Lösung angefärbte Stärkelösung (nicht zu
intensiv blau färben!) mit einer Aufschläm-
mung von Amylase. Wiederholen Sie den
gleichen Versuch mit Speichel anstelle von
Amylase.

V4 Geben Sie zu Milch 2 ml Phenolphthaleinlösung. Fügen Sie dann vorsichtig
verdünnte Natronlauge zu, bis die Lösung
deutlich rot ist. Setzen Sie anschließend
Lipase zu.

V5 Lösen Sie unter Rühren 2 g Gelatine in
50 ml warmen Wasser. Versetzen Sie je
500 mg verschiedener Waschmittelproben,
z. B. Color-Waschmittel, mit 10 ml Wasser.
Stellen Sie weiterhin eine Blindprobe aus
10 ml Wasser her. Verteilen Sie dann die
Gelatinelösung gleichmäßig auf die Bechergläser mit den Waschmittelproben. Die
Lösungen sollen möglichst kühl gestellt
(Kühlschrank) werden, damit die Gelatine
erstarren kann (ca. 15 min).

A1 Erklären Sie die Ergebnisse der Versuche V1
bis V5.

A2 In einem Experiment werden zwei Reagenzgläser mit stark verdünnter Stärkelösung gefüllt und jeweils einige Tropfen
Iod-Kaliumiodid-Lösung zugegeben. In
ein Reagenzglas gibt man anschließend
eine Spatelspitze von einer zermörserten
Verdauungstablette [B3]. Interpretieren Sie
das abgebildete Versuchsergebnis.

**Gruppenspezifische Enzyme setzen ver-
schiedene Substrate um, welche jedoch in bestimmten Atomgruppen, z. B. einer funktionellen Gruppe, übereinstimmen.**

7.11 Abhängigkeit der Enzymaktivität von der Temperatur

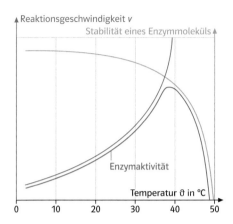

B1 Abbau von Harnstoff durch Urease bei verschiedenen Temperaturen

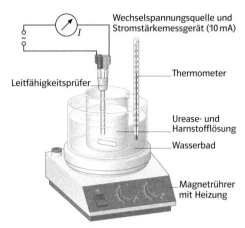

B2 Temperaturabhängigkeit der Enzymaktivität

Ein Maß für die Aktivität eines Enzyms ist die Geschwindigkeit der enzymatischen Umsetzung. Es bietet sich an, hierfür die Änderung der Stoffmenge eines Substrats in einem bestimmten zeitlichen Abschnitt heranzuziehen.

Enzymatisch gesteuerte Reaktionen zeigen eine typische Temperaturabhängigkeit (B1). Im Temperaturbereich unter 40 °C bestimmt ausschließlich die Reaktions-Geschwindigkeits-Temperatur-Funktion, die **RGT-Regel** (Kap. 7.5), die enzymatische Umsetzung.

Bei höheren Temperaturen denaturieren die Proteine (Kap. 6.7), sodass die Enzyme durch Inaktivierungsprozesse ihre Funktion verlieren. Zeigen biochemische Umsetzungen, deren Einzelschritte noch nicht aufgeklärt sind, dieses Temperaturverhalten, so kann mit hoher Wahrscheinlichkeit auf die Beteiligung von Enzymen geschlossen werden.
Hitzedenaturierung ist auch der Grund, weshalb Enzyme in Waschmitteln nur bis maximal 60 °C optimal verwendet werden können.

Beim Kochen der Wäsche werden die meisten natürlichen Enzyme unwirksam. Bioaktive Waschmittel, die bis 90 °C Waschtemperatur Verwendung finden, enthalten zum Teil temperaturresistente Enzyme.
Auf der RGT-Regel beruht u. a. auch, dass wechselwarme Tiere, z. B. Insekten, aber auch Reptilien, in den Tropen hohe Aktivitäten entwickeln und auch besonders groß werden können (Krokodile, Goliathkäfer).

V1 Man erhitzt ein Geldstück und presst es auf die frische Schnittfläche eines Apfels oder einer Kartoffel. Anschließend wird die Brennstelle mit Wasserstoffperoxidlösung ($w = 3\%$) übergossen. Beobachtung?

V2 50 ml einer frisch hergestellten Harnstofflösung ($w = 10\%$) und 20 ml einer Ureaselösung ($w = 1\%$) werden jeweils bei verschiedenen Temperaturen (5 °C bis 80 °C) zusammengegeben und jeweils über ein Zeitintervall von 10 Minuten die Leitfähigkeit aufgenommen [B2].

A1 Tragen Sie die Messwerte aus V2 für jede Temperatur in Tabellen für Leitfähigkeit und Zeit ein und erstellen Sie geeignete grafische Darstellungen.

7.12 Abhängigkeit der Enzymaktivität vom pH-Wert

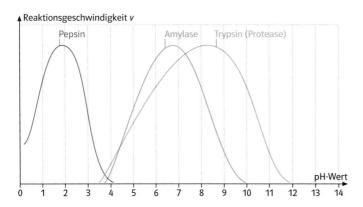

B1 Abhängigkeit der Enzymaktivität vom pH-Wert

Die Abhängigkeit der Aktivität der Enzyme vom **pH-Wert** lässt sich ebenfalls auf ihre Proteinnatur zurückführen.

pH-Wert	Na$_2$HPO$_4$ (aq) V in ml	Citronen-säure (aq) V in ml
4,6	9,35	10,65
5,0	10,30	9,70
5,4	11,15	8,85
5,8	12,09	7,91
6,2	13,42	6,78
6,8	15,45	4,55
7,4	18,17	1,83
8,0	19,45	0,55

B2 Tabelle zu V1

Enzyme sind stets globuläre (kugelförmige) Proteinmoleküle. Ihr räumlicher Bau (Tertiärstruktur) ist durch ionische Gruppen der am Aufbau beteiligten Aminosäuren bedingt. Die Tertiärstruktur wird durch Wechselwirkungen der Reste der sauren und alkalischen Aminosäurebausteine stabilisiert. Zwischen den Resten bilden sich Ionenbindungen aus. Anzahl und Art der vorhandenen ionischen Ladungen in einem Proteinmolekül hängen vom pH-Wert der jeweiligen Lösung ab: Durch Änderung des pH-Werts durch Zusatz von H$_3$O$^+$- oder OH$^-$-Ionen wird die Ausbildung dieser strukturbedingenden Ionenbindungen gestört. So verändert sich die Tertiärstruktur und damit auch das aktive Zentrum. Ein Substratmolekül kann sich dann nicht mehr anlagern und umgesetzt werden.

Diese Annahme kann experimentell bestätigt werden. Aus V1 ergibt sich, dass die im Speichel vorkommende Amylase ihre maximale Wirksamkeit bei einem pH-Wert von etwa 7 zeigt. Sowohl bei höheren als bei tieferen pH-Werten lässt die Wirkung reversibel, dann irreversibel nach [B1]. Solch ein pH-Optimum im neutralen Bereich zeigen die meisten Enzyme des menschlichen Körpers, einzig im Verdauungstrakt finden sich Enzyme mit stark

unterschiedlichen pH-Optima. So z. B. das im Magen vorkommende Pepsin und das Trypsin, welches man im Dünndarm findet.

Enzyme besitzen einen Temperatur- und pH-Bereich, in dem sie höchste Aktivität erreichen, ihr Temperatur- bzw. pH-Optimum.

V1 **a)** Amyloselösung: Aufkochen von 1 g Amylose in 50 ml Wasser, auf 100 ml auffüllen und abkühlen lassen. Jeweils 5 ml dieser Stärkelösung gibt man in acht Reagenzgläser.
b) Pufferlösungen: Herstellen von 150 ml Dinatriumhydrogenphosphat-Lösung (c(Na$_2$HPO$_4$) = 0,2 mol/l) und 50 ml Citronensäurelösung (c = 0,2 mol/l). Beide Lösungen werden in den unten angeführten Mischungen in die acht Reagenzgläser zur Stärkelösung gegeben [B2]:
c) Zugabe von Iod-Kaliumiodid-Lösung: In jedes Reagenzglas wird die gleiche Tropfenzahl gegeben. Sie ist so zu bemessen, dass eine deutlich blaue, noch durchsichtige Lösung entsteht.
d) Zugabe der Amylaselösung (w ≈ 1 %): Zu jedem Ansatz wird 1 ml Amylaselösung gegeben, kurz geschüttelt und die Zeit bis zur Entfärbung gemessen.

A1 Tragen Sie die Messwerte von V1 in eine Tabelle mit der Reaktionsdauer τ und dem pH-Wert ein. Erstellen Sie eine Grafik dieser Messwerte mit den Koordinaten 1/τ (als Maß für die mittlere Reaktionsgeschwindigkeit) und pH-Wert.

A2 Im Magen findet keine Stärkeverdauung mehr statt, obwohl mit dem Nahrungsbrei Amylase und unzersetzte Stärke dorthin gelangen. Erklären und begründen Sie dies genau.

7.13 Abhängigkeit der Enzymaktivität von Konzentrationen

Die Geschwindigkeit einer Reaktion mit und ohne Katalysator ist außer von den Außenfaktoren wie Temperatur und pH-Wert auch oft von den **Konzentrationen der Ausgangsstoffe** abhängig.

Die Reaktionsgeschwindigkeit nicht katalysierter Reaktionen ist den Konzentrationen der Edukte direkt proportional. Da Enzyme die Reaktionsgeschwindigkeit erhöhen, kann die erreichte Geschwindigkeit einer Reaktion als Maß für die Enzymaktivität angesehen werden. Bei enzymatisch katalysierten Reaktionen findet man folgende Abhängigkeit [B1]:

Bei *niedriger Substratkonzentration* sind die Enzymmoleküle von wenigen Substratmolekülen umgeben, die sofort umgesetzt werden können. Die Reaktionsgeschwindigkeit ist somit zur Substratkonzentration direkt proportional. Sind genügend Enzymmoleküle frei, so führt folglich eine *Verdoppelung der Substratkonzentration* auch zu einer doppelt so hohen Anfangsgeschwindigkeit. Bei *höherer Substratkonzentration* werden jedoch immer mehr Enzymmoleküle besetzt, und ein größerer Teil der Substratmoleküle muss „warten", bis ein Enzymmolekül wieder frei ist. Die Anfangsgeschwindigkeit wird langsamer steigen. Sind schließlich alle Enzymmoleküle besetzt, so führt die Erhöhung der Substratkonzentration zu keinem weiteren Anstieg der Reaktionsgeschwindigkeit, da freie Substratbindestellen fehlen. Die **Substratsättigung** ist erreicht.

Substrathemmung. Der Versuch 1 zeigt eine Besonderheit: Wird eine bestimmte Substratkonzentration überschritten, so fällt die Reaktionsgeschwindigkeit wieder ab. Man spricht in diesem Fall von einer Substrathemmung. Anscheinend führt die hohe Substratkonzentration hier zur gleichzeitigen Anlagerung mehrerer Substratmoleküle ans aktive Zentrum des Enzyms und damit zur Verringerung der Enzymaktivität. Die Substrathemmung kann als Spezialfall der kompetitiven Hemmung angesehen werden.

Schwermetallionen. Die Vergiftung von Enzymen durch Schwermetallionen wie z.B. Blei-, Kupfer- oder Quecksilberionen, geht auf eine dauerhafte Änderung des räumlichen

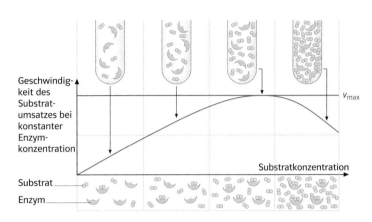

B1 Reaktionsgeschwindigkeit in Abhängigkeit von der Substratkonzentration

Baus des Proteinmoleküls zurück. Die Giftwirkung von Schwermetallsalzen, z.B. Quecksilbersalzen, beruht auf dieser Eigenschaft. Cu^{2+}-, Pb^{2+}- und Hg^{2+}-Ionen werden dabei vom Proteinmolekül durch Carboxylatgruppen gebunden und verändern so die Tertiärstruktur des Enzyms (Kap. 6.7). Wegen der Größe der Schwermetallionen und der Stärke der Ladung bleiben die Kationen im Raumnetz der schraubenförmigen Abschnitte kugelförmiger Proteinmoleküle praktisch eingefangen. Die Wirkung ist daher weitgehend irreversibel.

V1 Es werden 100 ml einer Harnstofflösung ($w = 10\%$) hergestellt. Von dieser Lösung wird eine Verdünnungsreihe so erzeugt, dass die Konzentration bei jedem Verdünnungsschritt halbiert wird und acht Lösungen entstehen. Diese werden zu je 40 ml auf acht Bechergläser verteilt. In das Becherglas mit der kleinsten Konzentration taucht man einen Leitfähigkeitsprüfer, stellt einen Messbereich von $I = 100$ mA ein und regelt die Spannung so hoch, dass gerade kein Zeigerausschlag zu beobachten ist. Unter diesen Versuchsbedingungen werden nacheinander zu diesen Lösungen jeweils 4 ml von einer Urease-Lösung ($w = 0,5\%$) gegeben, und es wird jeweils nach 2 min die Leitfähigkeit gemessen. Tragen Sie die Werte in eine Tabelle mit Leitfähigkeit und Substratkonzentration ein. Entwickeln Sie eine grafische Darstellung.

7.14 Einfluss enzymaktiver Stoffe

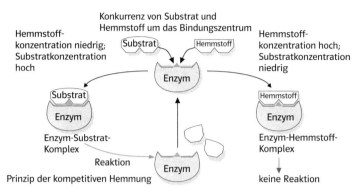

B1 Kompetitive Hemmung eines Enzyms

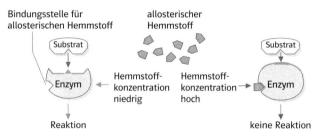

B2 Nicht kompetitive Hemmung eines Enzyms

Enzyme können in ihrer Aktivität auch durch die Anwesenheit chemischer Verbindungen, sog. Inhibitoren und Aktivatoren, beeinflusst werden.

allosterisch von griech. allos, anders und griech. steros, Ort

Unter Inhibitoren und Aktivatoren versteht man Substanzen, die die Aktivität der Enzyme hemmend bzw. fördernd beeinflussen können.

Durch Inhibitoren wird die Enzymaktivität herabgesetzt. Für die Enzymhemmung durch Inhibitoren existieren mehrere Möglichkeiten. Zunächst unterscheidet man **reversible** (rückgängig machbare) und **irreversible** (nicht rückgängig machbare) **Hemmung**. Bei der reversiblen Hemmung wiederum gibt es die **kompetitive** und die **nicht kompetitive (allosterische) Hemmung**.

Kompetitive Hemmung. Besitzt ein Hemmstoff eine ähnliche Molekülstruktur wie das Substrat, konkurriert er mit dem Substrat um die Bindung an das Enzym. Der Hemmstoff kann sich an das aktive Zentrum des Enzyms

binden, wird aber nicht umgesetzt. Dadurch blockiert er für kurze Zeit die Anlagerung und Umsetzung des Substrats. Es handelt sich um eine **kompetitive Hemmung** oder **Verdrängungshemmung** [B1].

Die hemmende Wirkung hängt vom Mengenverhältnis des Substrats und des Hemmstoffs ab [B3, grüne Kurve]. Ist die Konzentration des Hemmstoffs im Verhältnis zum Substrat hoch, ist die Hemmwirkung stark.
Wird bei gleichbleibender Hemmstoffkonzentration die Substratkonzentration sehr stark erhöht, verschwindet die Hemmwirkung, da die Hemmstoffmoleküle vom aktiven Zentrum der Enzymmoleküle verdrängt werden.

Bei der kompetitiven Hemmung verdrängt ein ähnliches Molekül das Substrat aus dem aktiven Zentrum. Dies kann durch Erhöhung der Substratkonzentration rückgängig gemacht werden.

Nicht kompetitive oder allosterische Hemmung. Substrat und Hemmstoff weisen keine Ähnlichkeiten in der Molekülstruktur auf. Der Hemmstoff wird nicht am aktiven Zentrum des Enzymmoleküls gebunden, sondern an einer zweiten Bindungsstelle, dem **allosterischen Zentrum**. Durch die Bindung des allosterischen Hemmstoffs verändert sich die räumliche Struktur des Enzyms so, dass Anlagerung und Umsetzung des Substrats im aktiven Zentrum verhindert werden [B2].
Durch den Hemmstoff wird eine bestimmte Menge des Enzyms inaktiviert, sodass der Anteil aktiver Enzymmoleküle sinkt. Misst man die Reaktionsgeschwindigkeit in Abhängigkeit von der Substratkonzentration, sieht das Ergebnis so aus, als ob weniger Enzymmoleküle vorhanden wären [B3, orangefarbene Kurve].

Nicht kompetitive (allosterische) Hemmstoffe sind dem Substrat strukturell nicht ähnlich. Sie können ebenfalls an das Enzym gebunden werden, jedoch an einer anderen, allosterischen Bindungsstelle als das Substrat. Die Substratkonzentration hat hier keinen Einfluss.

Die nicht kompetitive Hemmung spielt in Form von **Rückkoppelungshemmung** bei der Regulation von Stoffwechselprozessen eine wichtige Rolle. Ein Stoff E wird in einer Kette von Stoffwechselvorgängen gebildet, die aus mehreren enzymatisch katalysierten Reaktionsschritten besteht. Der Stoff E ist ein nicht kompetitiver Hemmstoff für das Enzym 1:

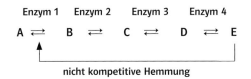

Enzym 1   Enzym 2   Enzym 3   Enzym 4

$$A \rightleftharpoons B \rightleftharpoons C \rightleftharpoons D \rightleftharpoons E$$

nicht kompetitive Hemmung

Häuft sich der Stoff E an, werden zunehmend mehr Moleküle des Enzyms 1 gehemmt und somit die Bildung von E gedrosselt. Sinkt die Konzentration von E, löst es sich von der allosterischen Bindungsstelle des Enzyms 1, die Bildung von E wird wieder gesteigert. Dieser Mechanismus sorgt für eine Regulierung des Stoffes E.

Irreversible Hemmungen sind solche, bei denen der Inhibitor im aktiven Zentrum des Enzyms *fest gebunden* bleibt und dieses für das Substrat blockiert. Das Enzym ist sozusagen „vergiftet" und kann nicht mehr an der Katalyse teilnehmen. Es muss neu hergestellt werden.
Manche organische Phosphorsäureester (z.B. in Kampfgasen wie Sarin und in Insektiziden) werden beispielsweise fest an die Acetylcholinesterase [B4] gebunden. Dieses Enzym ist wichtig für die Weiterleitung von Nervenimpulsen. Durch Phosphorsäureester vergiftete Lebewesen erleiden Krämpfe, die bis zum Tod durch Atemstillstand führen können.

Aktivatoren steigern die Enzymwirkung.
Bei bestimmten Enzymen haben z.B. Ca^{2+}- oder Mg^{2+}-Ionen eine solche Wirkung. Sie lagern sich an das Enzymmolekül an und optimieren dessen räumliche Struktur, damit sich das Substrat besser anlagern und umgesetzt werden kann.

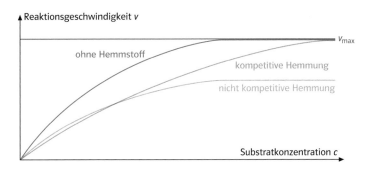

B3   Reaktionsgeschwindigkeiten in Abhängigkeit von der Substratkonzentration bei kompetitiver und nicht kompetitiver Hemmung

V1   Man stellt fünf saubere und trockene Reagenzgläser bereit und nummeriert sie von 1 bis 5. In jedes der Gläser gibt man etwa 1 ml Amylaselösung oder Mundspeichel derselben Person. Glas 1 bleibt als Referenz vorerst unverändert. In Glas 2 gibt man nun drei Tropfen rauchende Salzsäure. In Glas 3 gibt man vier Tropfen Kupfersulfatlösung. Die drei Gläser 1, 2 und 3 werden nun mit je 5 ml Stärke-lösung versetzt und fünf Minuten ins Wasserbad mit 40 °C gestellt. Glas 4 wird in ein mit siedendem Wasser gefülltes Becherglas gestellt, Glas 5 in ein Becherglas, das eine Eis/Wasser-Mischung enthält. Nach 2 min werden beide Reagenzgläser mit 5 ml Stärkelösung versetzt. Jedes der Reagenzgläser wird 5 min mit Stärke inkubiert und danach aus dem jeweiligen Bad genommen. Danach setzt man allen Gläsern drei Tropfen Lugol'sche Lösung zu.

B4   Bändermodell der Acetylcholinesterase

A1   Substanzen, die von einem Enzym nicht als Substrat umgesetzt werden, können dessen Aktivität erniedrigen. Stellen Sie Gemeinsamkeiten und Unterschiede der kompetitiven und nicht kompetitiven Hemmung zusammen.

A2   Sulfonamide werden zur Bekämpfung krankheitsverursachender Bakterien verwendet. Sulfonamide ähneln in ihrer Struktur der 4-Aminobenzoesäure, die diese Bakterien zur enzymgesteuerten Synthese einer lebenswichtigen Substanz verwenden. Erläutern Sie die Wirkung der Sulfonamide anhand einer Schemazeichnung.

Reaktionsgeschwindigkeit

– Mittlere Reaktionsgeschwindigkeit $\overline{v}$ in einer bestimmten Zeitspanne Δt:
$$\overline{v} = \frac{\Delta c}{\Delta t}$$
– Momentane Reaktionsgeschwindigkeit v Geschwindigkeit zu einem bestimmten Zeitpunkt: $v = \frac{dc}{dt}$

Die Reaktionsgeschwindigkeit wird durch folgende Faktoren beeinflusst:
– *Konzentration* der Reaktanden: Die Stoßwahrscheinlichkeit steigt mit steigender Konzentration.
– *Temperatur:* höhere Temperatur bedeutet höhere mittlere Geschwindigkeit der Teilchen und damit auch größere kinetische Energie der Teilchen. Die höhere Temperatur führt zu einer größeren Anzahl an Kollisionen, die zu einer Reaktion führen.
– *Zerteilungsgrad:* Je größer die Oberfläche der Reaktanden, desto eher können die einzelnen Teilchen miteinander in Kontakt kommen.
– *Katalysator*

Geschwindigkeitsgesetz

Die Bestimmung des Geschwindigkeitsgesetzes erfolgt experimentell.

Oft gilt: $v = k \cdot c$
– Die Reaktionsgeschwindigkeit ist proportional zur Konzentration eines Reaktionspartners.
– Regelmäßige Konzentrationsab- bzw. -zunahme ist charakteristisch.

Bei vielen Reaktionen gilt ein anderes Geschwindigkeitsgesetz: $v = k \cdot c(A) \cdot c(B)$
– Die Reaktionsgeschwindigkeit ist proportional zur Konzentration zweier Reaktionspartner.

Homogene Katalyse und heterogene Katalyse

Der Katalysator liegt in gleicher Phase wie die Reaktanden vor.	Katalysator und Reaktanden liegen in unterschiedlicher Phase vor. Der Katalysator ist meist ein Feststoff, sodass die Reaktanden an der Oberfläche adsorbiert werden können.

Halbwertszeit

Die Zeit, bis die Hälfte des Edukts umgesetzt ist.

Kollisionsmodell

Die Reaktionsgeschwindigkeit ist proportional zur Zahl der Kollisionen pro Zeiteinheit, da mit steigender Anzahl an Kollisionen auch die Zahl der effektiven Stöße, welche zur chemischen Reaktion führen, erhöht ist.

RGT-Regel

Bei vielen Reaktionen führt eine Temperaturerhöhung um 10 °C dazu, dass sich die Reaktionsgeschwindigkeit etwa verdoppelt.

Katalysator

Die Aktivierungsenergie einer chemischen Reaktion wird durch einen Katalysator verringert und damit die Reaktionsgeschwindigkeit erhöht.

Enzyme

– sind Biokatalysatoren der Zelle. Sie setzen die Aktivierungsenergie biochemischer Reaktionen herab und erhöhen so die Geschwindigkeit der Umsetzung.
– sind wirkungs- und substratspezifisch, sie katalysieren nur bestimmte Reaktionen mit festgelegten Ausgangssubstanzen.
– sind entweder Proteine oder Proteide. Letztere sind nur dann funktionsfähig, wenn sie als Holoenzym vorliegen.

Die enzymatische Wirkung beruht auf der Ausbildung eines „Enzym-Substrat-Komplexes" [B1] nach dem „Schlüssel-Schloss-Prinzip".

$$E + S \longrightarrow [ES] \longrightarrow E + P$$

E: Enzym   S: Substrat
[ES]: Enzym-Substrat-Komplex
P: Produkt

B1 Enzym-Substrat-Komplex

Beeinflussung der Enzymaktivität
– Enzymaktive Stoffe, sog. Inhibitoren und
Aktivatoren, sind Substanzen, die die
Aktivität der Enzyme hemmend oder
fördernd beeinflussen können [B3].
– Substratkonzentration, Temperatur und
pH-Wert beeinflussen ebenfalls die Enzymaktivität.
– Die Enzymwirkung kann durch Schwermetallionen für immer oder zeitweise aufgehoben
werden.

Verwendung von Enzymen
– Im technischen Bereich werden Enzyme
insbesondere in der Lebensmitteltechnik
verwendet.
– Enzyme spielen in der Medizin bei der
Erkennung von Krankheiten eine wichtige
Rolle.

A1 Machen Sie sich den Unterschied
zwischen mittlerer Geschwindigkeit und
Momentangeschwindigkeit klar. Tipp: Denken
Sie an eine Radtour, bei der sich ein Tacho am
Rad befindet.

A2 Nennen Sie Ihnen bekannte (Alltags-)
Reaktionen mit großer bzw. geringer Reaktionsgeschwindigkeit.

A3 Recherchieren Sie, auf welche Art und
Weise man die Konzentrationsabnahme der
Edukte bzw. -zunahme der Produkte, welche für
die Ermittlung des Geschwindigkeitsgesetzes
notwendig sind, quantitativ messen kann.

A4 a) Erstellen Sie eine Übersicht „Reaktionsgeschwindigkeit" mit den Begriffen: Teil-
chengeschwindigkeit, Temperatur, Katalysator,
Stoßwahrscheinlichkeit, Oberfläche, Konzentration, Teilchenadsorption und Reaktion
(Teilchenumgruppierung).
b) Schreiben Sie einen Text, aus dem hervorgeht, wie diese Begriffe zusammenhängen.

A5 Vergleichen Sie die Schallgeschwindig-
keit mit der mittleren Geschwindigkeit von
Teilchen. Erläutern Sie den Zusammenhang
zwischen den beiden Größen.

t in s	0	2	4	6	8	10	12
c in mol $\cdot$ l^{-1}	1,60	1,13	0,80	0,57	0,40	0,28	0,20

B2 Messwerte zu Aufgabe 6

A6 Bei der Zersetzung einer Verbindung
wurden die in B2 dargestellten Konzentrationen c in Abhängigkeit von der Zeit t
gemessen.
Bestimmen Sie die Reaktionsordnung und
die Geschwindigkeitskonstante.

A7 Der Abbau von Brenztraubensäure
(2-Oxopropansäure) zu Milchsäure wird im
menschlichen Körper durch das Enzym
Milchsäuredehydrogenase katalysiert.
Formulieren Sie die entsprechende Reaktion
mit Valenzstrichformeln.

A8 Bei manchen Enzymen wie z.B.
Katalase zerfällt der Enzym-Substrat-Komplex
sehr schnell. Fertigen Sie ein Diagramm
(Reaktionsgeschwindigkeit in Abhängigkeit
von der Konzentration) mit dem zu erwartenden Kurvenverlauf an.

B4 Fahrradtachometer,
zu Aufgabe 1

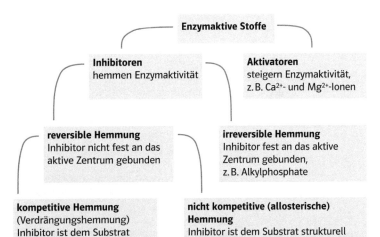

Enzymaktive Stoffe

Inhibitoren
hemmen Enzymaktivität

Aktivatoren
steigern Enzymaktivität,
z.B. Ca^{2+}- und Mg^{2+}-Ionen

reversible Hemmung
Inhibitor nicht fest an das
aktive Zentrum gebunden

irreversible Hemmung
Inhibitor fest an das aktive
Zentrum gebunden,
z.B. Alkylphosphate

kompetitive Hemmung
(Verdrängungshemmung)
Inhibitor ist dem Substrat
strukturell ähnlich; Inhibitor
bindet an aktives Zentrum

**nicht kompetitive (allosterische)
Hemmung**
Inhibitor ist dem Substrat strukturell
nicht ähnlich; Inhibitor bindet nicht
an aktives Zentrum, sondern an anderer
Stelle

B3 Überblick über enzymaktive Stoffe

A9 Die Verwendung von bleifreiem Benzin trägt dazu bei, dass nicht noch mehr von den für die Organismen giftigen Bleiverbindungen in die Umwelt gelangen. Erstellen Sie eine Hypothese, wie sich die Giftwirkung der Bleiverbindungen auf Organismen erklären lässt.

A10 Der Einfluss der Temperatur auf die Reaktionsgeschwindigkeit erfolgt über die Temperaturabhängigkeit der Geschwindigkeitskonstanten k. Basierend auf Untersuchungen von S. ARRHENIUS konnte diese Abhängigkeit durch die Gleichung

$$k = A \cdot e^{-E_A/(R \cdot T)}$$

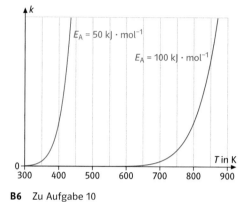

B6 Zu Aufgabe 10

Thermodynamische Temperatur T Neben der Celsius-Temperatur ϑ verwendet man die thermodynamische Temperatur T. Sie ist gegen die Celsius-Temperatur um ca. −273 °C verschoben und beginnt am absoluten Nullpunkt der Temperatur.

$$\frac{T}{K} = \frac{\vartheta}{°C} + 273{,}15$$

Die thermodynamische Temperatur wird in Kelvin (K) gemessen

beschrieben werden. A enthält die Häufigkeit von Molekülzusammenstößen. Wenn A und E_A (Aktivierungsenergie) als unabhängig von der Temperatur angesehen werden können, zeigt die Abhängigkeit von $k(T)$ den in B6 dargestellten Verlauf. R hat den Wert $8{,}31 \, J \cdot K^{-1} \cdot mol^{-1}$.
a) Rechnen Sie für $E_A = 50 \, kJ \cdot mol^{-1}$ und $T = 300 \, K$ aus, um welchen Faktor die Geschwindigkeitskonstante wächst, wenn die Temperatur um $\Delta T = 10 \, K$ erhöht wird.
b) Welcher Faktor ergibt sich bei $E_A = 100 \, kJ \cdot mol^{-1}$?

A11 Formulieren Sie die Reaktionsgleichung mit Valenzstrichformeln für die Harnstoffspaltung der Urease.

A12 Informieren Sie sich über $NADP^+$ und NAD^+. Vergleichen Sie die beiden Moleküle und beschreiben Sie die Unterschiede.

A13 Die Succinat-Dehydrogenase katalysiert die Umwandlung von Succinat in Fumarat [B5]. Diese enzymatische Reaktion wird durch Zugabe von Malonat in geeigneter Konzentration spezifisch blockiert. Erklären Sie diesen Hemmeffekt.

A14 Nennen Sie wesentliche Charakteristika eines Biokatalysators.

A15 Durch das Tiefgefrieren von Lebensmitteln bei der Aufrechterhaltung einer ununterbrochenen Kühlkette wird neben dem mikrobiellen Verderb auch der rein enzymatische praktisch zum Stillstand gebracht. Die Hitzebehandlung bis etwa 100 °C (Pasteurisieren) von Lebensmitteln ist eine weitere Methode, Lebensmittel haltbar zu machen. Erläutern Sie beide Methoden der Lebensmittelkonservierung unter dem Aspekt der Enzymchemie.

A16 Nennen Sie drei experimentell leicht überprüfbare Bedingungen, die zeigen, dass Enzyme Proteincharakter haben, und begründen Sie jeweils kurz.

A17 Amylase ist ein Enzym, das im Speichel vorkommt und den Abbau der Amylose in Maltose katalysiert.
a) Beschreiben Sie den Aufbau von Amylose und Maltose.
b) In einer Versuchsreihe werden zu unterschiedlich konzentrierten Amyloselösungen jeweils gleiche Mengen einer Enzymlösung bestimmter Konzentration gegeben und die Reaktionsgeschwindigkeit wird bestimmt. Beschreiben und erklären Sie anhand des genannten Beispiels die zu erwartenden Messergebnisse.

Malonat

Succinat   Succinat-Dehydrogenase →   Fumarat

B5 Zu Aufgabe 13

Basiskonzepte

Basiskonzepte sind allgemeine Prinzipien, nach denen sich die Inhalte der Chemie strukturieren lassen. Sie sind also eine übergreifende Systematisierungshilfe. Wir betrachten fünf Basiskonzepte:

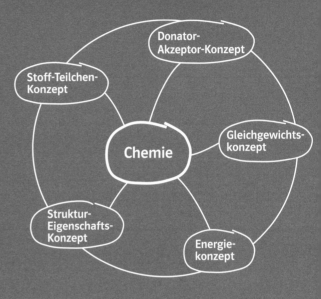

■■■ Um den Sinn von Basiskonzepten aufzuzeigen, kann man sich des folgenden Beispiels bedienen: In einem CD-Geschäft sind die CDs nach den Namen der Interpreten angeordnet. Der Inhaber könnte nun die CDs nach Musikstilen, etwa Klassik, Jazz, Pop, Rock umsortieren. Eine andere Möglichkeit wäre es, Verzeichnisse anzulegen oder ein Computerprogramm zu besorgen, welches die CDs je nach Bedürfnis in den verschiedenen Kategorien sortiert und den Standort der CD anzeigt.

■■■ Die im Geschäft vorhandenen CDs entsprechen den Fachinhalten der Chemie. Schaut man sich die unterschiedlichen Sachverhalte, wie sie z.B. in diesem Lehrbuch dargestellt werden, zusammenfassend an, so stellt man fest, dass bestimmte Prinzipien immer wieder auftreten, sich sozusagen ein „roter Faden" ergibt: Durch diese Basiskonzepte werden die Fachinhalte neu strukturiert, so wie die CDs unter verschiedenen Gesichtspunkten sortiert werden können.

■■■ Auf den folgenden Seiten finden Sie zu den fünf Basiskonzepten Beispiele für Beobachtungen und Fragestellungen. Diese sollen Ihnen vor allem als Anregung dienen, weitere Beispiele zu suchen, die sich dem jeweiligen Basiskonzept zuordnen lassen. Schauen Sie dazu auch im Hauptteil des Lehrbuches nach.

Donator-Akzeptor-Konzept

Es gibt eine große Vielfalt von chemischen Reaktionen. Betrachtet man sie auf der Teilchenebene, so erkennt man, dass sich ein großer Teil davon zwei verschiedenen Reaktionstypen zuordnen lässt: den Säure-Base-Reaktionen und den Redoxreaktionen. Diese beiden Reaktionstypen wiederum können durch ein Basiskonzept beschrieben werden: das Donator-Akzeptor-Konzept.

Bei den Säure-Base-Reaktionen kommt es zu einem Protonenübergang. Die Brønstedsäure ist der Protonendonator, die Brønstedbase der Protonenakzeptor [B1].

Redoxreaktionen zeichnen sich dadurch aus, dass Elektronen übertragen werden. Der Elektronendonator wird dabei oxidiert und ist Reduktionsmittel. Der Elektronenakzeptor wird reduziert und ist Oxidationsmittel [B1].

$$C_{17}H_{35}COOH + Na^+OH^- \longrightarrow C_{17}H_{35}COO^-Na^+ + H_2O$$

B2 Reaktion von Stearinsäure mit Natriumhydroxid

Säuremoleküle sind Protonendonatoren. Sie können ein Proton an einen Protonenakzeptor abgeben, z. B. an ein Hydroxidion. Dabei entstehen Säureanionen.
Fettsäuren reagieren mit Natronlauge zu Kernseifen. Dabei gibt z. B. ein Molekül der Stearinsäure ein Proton ab und wird zum Stearation. Ein Hydroxidion nimmt das Proton auf und wird zum Wassermolekül [B2].

Auch Redoxreaktionen spielen in der organischen Chemie eine wichtige Rolle. Bei der Küpenfärbung wird ein wasserunlöslicher Farbstoff durch Reduktion in eine wasserlösliche Form überführt. Durch anschließende Oxidation bildet sich wieder der Farbstoff [B3].

Donator von lat. donare, geben, zur Verfügung stellen

Akzeptor von lat. acceptare, annehmen

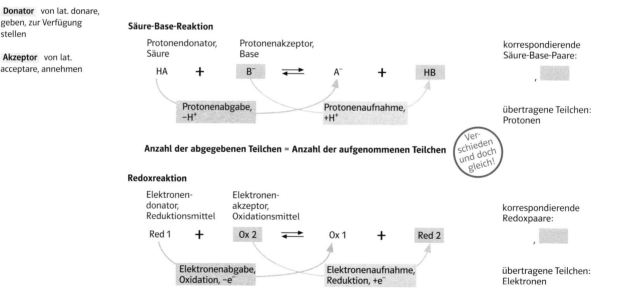

B1 Vergleich von Redoxreaktion und Säure-Base-Reaktion

B3 Küpenfärbung mit Indigo

α-D-Glucose
(α-D-Glucopyranose)

offenkettige
Aldehydform

β-D-Glucose
(β-D-Glucopyranose)

B4 Ringschluss im Glucosemolekül

In den bisherigen Betrachtungen wurde das Donator-Akzeptor-Konzept in erster Linie auf Säure-Base- und Redoxreaktionen angewandt. Dort wurde zwischen zwei reagierenden Teilchen ein kleines Teilchen (Proton bzw. Elektron) übertragen. Aber auch die Additionsreaktionen (elektrophile bzw. nukleophile Addition) können unter dem Blickwinkel des Donator-Akzeptor-Konzepts gesehen werden. Der Ringschluss in den Zuckermolekülen ist daher eine Donator-Akzeptor-Reaktion [B4].

Betrachtet man die elektrophile Substitution von Benzol, fallen Parallelen mit Additionsreaktionen auf. Daher kann die elektrophile Substitution auch als Beispiel für das Donator-Akzeptor-Konzept gesehen werden. Benzol liefert als Nukleophil ein Elektronenpaar, das vom elektrophilen Bromatom aufgenommen wird [B5].

1. Schritt:
Elektrophiler Angriff und heterolytische Spaltung

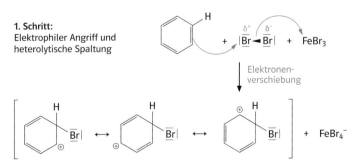

B5 1. Schritt der Bromierung von Benzol nach dem Mechanismus der elektrophilen Substitution

Struktur-Eigenschafts-Konzept

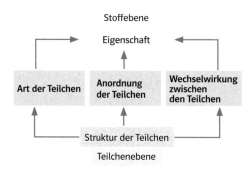

B2 Zusammenhang von Struktur und Eigenschaften

Sowohl die Stoffebene als auch die Teilchenebene spielen beim Struktur-Eigenschafts-Prinzip eine Rolle. Fragen, welche die Teilchenebene betreffen, sind: Wie sind die Teilchen aufgebaut? Um welche Teilchen handelt es sich und in welcher Beziehung stehen diese zueinander? Unter „Beziehung" versteht man in diesem Fall die räumliche Anordnung der Teilchen (v.a. bei Feststoffen) und die zwischenmolekularen Kräfte. Zwischen Teilchen können sich Van-der-Waals-Kräfte, Dipol-Wechselwirkungen oder Wasserstoffbrücken ausbilden.

Eine die Stoffebene betreffende Frage ist: Welche Stoffeigenschaften (z.B. Siedetemperatur, elektrische Leitfähigkeit) ergeben sich aus der Struktur der Teilchen?

Aus der Summenformel allein kann keine Aussage über die Eigenschaft eines Stoffes gemacht werden. Zu einer Summenformel findet man meist mehrere Konstitutionsisomere. Die Struktur der einzelnen Teilchen ist also unterschiedlich. Daher haben auch die zugehörigen Stoffe unterschiedliche Eigenschaften.

Auch für den Ablauf einer chemischen Reaktion ist die Struktur der Teilchen ausschlaggebend. In aromatischen Verbindungen sind die Elektronen delokalisiert. Diese besondere Struktur bedingt das Reaktionsverhalten der Aromaten, sie reagieren alle nach dem Reaktionsmechanismus der elektrophilen Substitution (vgl. Kap. 1.6).

Kunststoffe können sowohl nach ihrer Herstellung als auch nach ihrer Verwendung unterteilt werden.
Moleküle mit Doppelbindungen reagieren durch Polymerisation zu Makromolekülen, während Moleküle mit Amino- oder Carboxylgruppen durch Polykondensationen reagieren. Polyurethane werden dagegen durch Polyadditionen gebildet.

Die Einteilung von Kunststoffen in Thermoplaste, Duroplaste und Elastomere erfolgt aufgrund der Struktur ihrer Moleküle [B1]. Diese Struktur ist verantwortlich für die Eigenschaften und damit die Verwendungszwecke der jeweiligen Kunststoffe.
Die Moleküle der Duroplaste sind dreidimensional vernetzt, sodass sich eine harte Struktur ergibt. Beispiele für die Verwendung von Duroplasten sind Radiogehäuse, Steckdosen etc.

Viele Verbindungen sind optisch aktiv. Sie können die Schwingungsebene von linear polarisiertem Licht verändern, da ihre Moleküle chiral sind. Chirale Moleküle haben in der Regel mindestens ein asymmetrisches C-Atom. Enantiomere verhalten sich wie Bild und Spiegelbild und lassen sich nicht zur Deckung bringen [B4]. Die Chiralität kann gravierende Auswirkungen haben (vgl. Thalidomid, Kap. 5.13).

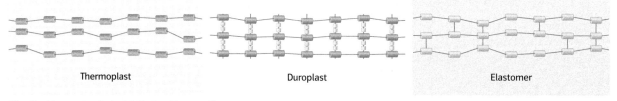

Thermoplast   Duroplast   Elastomer

B1 Strukturen der drei wichtigsten Kunststoffgruppen

1 x   6 x   12 x   12 x

B3 „Das Ganze ist mehr als die Summe seiner Teile"

Stärke und Cellulose zählen zu den wichtigsten Biopolymeren. Auch wenn beide Makromoleküle aus Glucoseeinheiten aufgebaut sind, unterscheiden sie sich sehr stark in ihren Eigenschaften. Während Stärke als Reservepolysaccharid genutzt wird, ist Cellulose der Gerüststoff fast aller Pflanzen. Dies liegt an der unterschiedlichen Verknüpfung der einzelnen Monomere und der sich daraus ergebenden unterschiedlichen Struktur.

HO $\quad$ H $\quad$ COOH   HOOC $\quad$ H $\quad$ OH

CH_3 CH_3

(+)-Milchsäure   (−)-Milchsäure
rechtsdrehend   linksdrehend

B4 Die Enantiomere der Milchsäure

A1 Zeichnen Sie die Strukturformeln eines Ethanol- und Dimethylethermoleküls.
a) Geben Sie an, um welche Art von Isomerie es sich handelt.
b) Recherchieren Sie die Stoffeigenschaften von Ethanol und Dimethylether und stellen diese in einer Tabelle vergleichend gegenüber.

A2 Tenside sind ebenfalls ein gutes Beispiel für die Erklärung des Struktur-Eigenschafts-konzepts. Erläutern Sie diese Aussage.

A3 Nehmen Sie zu folgendem Satz, hinsichtlich des Struktur-Eigenschafts-Konzepts, Stellung: „Das Ganze ist mehr als die Summe seiner Teile" [B3].

A4 Erstellen Sie eine Tabelle mit den bisher bekannten organischen Stoffklassen und ihren typischen Reaktionsmechanismen.

A5 Diskutieren Sie, ob Enzyme als Beispiel für das Struktur-Eigenschafts-Konzept geeignet sind.

A6 Die beiden Biomoleküle Amylose und Amylopektin sind aus α-D-Glucoseeinheiten aufgebaut.
a) Nennen Sie Pflanzenorgane bzw. Organellen, in denen man Amylose und Amylopektin findet.
b) Stellen Sie dar, worin sich die beiden Moleküle unterscheiden, und welche Auswirkung dieser Unterschied auf die Stoffeigenschaften hat.

A7 Enantiomere können sich in Geruch, Geschmack, physiologischen Eigenschaften und ihrer Reaktion mit Enzymen unterscheiden.
a) Stellen Sie eine Hypothese auf, wieso in lebenden Organismen nur L-Aminosäuren vorkommen.
b) Notieren Sie die Formeln der beiden Enantiomere einer von Ihnen gewählten Aminosäure.

Stoff-Teilchen-Konzept

Die kleinsten Teilchen
Was ist mit dem Begriff „kleinste Teilchen" in der Chemie gemeint? Es sind die kleinsten gleichen Teilchen, aus denen ein Stoff aufgebaut ist

Chemiker und andere Naturwissenschaftler bewegen sich bei ihrer Arbeit gewissermaßen in zwei Welten, in denen sie jeweils ein eigenes Vokabular benutzen.

Bei der Beschreibung der mit den Sinnen erfassbaren und mit Geräten messbaren Stoff- und Energieänderungen ist man auf der Stoffebene. Hier geht es um Beobachtungen, um Phänomene, weshalb man manchmal auch die Begriffe Beobachtungs- oder Phänomenebene gebraucht. Typische Begriffe dieser Ebene sind z. B. Schmelztemperatur, Farbe, und Aggregatzustand.

Die Erklärung für die Beobachtungen liefert die mit dem bloßen Auge unsichtbare Welt der Atome und Moleküle, die Teilchenebene. Bei der Deutung von Phänomenen aller Art hilft das Teilchenmodell, also die Vorstellung, dass alle Stoffe aus kleinsten Teilchen aufgebaut sind. Man spricht daher auch von der Deutungs- oder der Modellebene. Typische Begriffe der Teilchenebene sind z. B. Atom, Molekül, Doppelbindung, Wasserstoffbrücken, Strukturformel, freies Elektronenpaar und Element.

A1 Zeichnen Sie zwei Formeln von Molekülen, die jeweils die gleiche Anzahl an Kohlenstoffatomen enthalten. Das eine Molekül soll farblos, das andere farbig erscheinen. Verändern Sie die Struktur des farbigen Moleküls so, dass die Lichtabsorption im längerwelligen Bereich erfolgt.

A2 Erläutern Sie, unter Verwendung von B3, wieso Phenolphthalein nur bei pH < 0 und bei 8,2 < pH < 12 farbig ist.

A3 Belegen Sie unter Verwendung von B2 den Zusammenhang zwischen Aggregatzustand und Teilchenebene.

A4 Ein bekanntes Begriffspaar für dieses Basiskonzept lautet: Stoffklasse – funktionelle Gruppe. Untermauern Sie diese Aussage durch geeignete Beispiele.

A5 Diskutieren Sie, ob das Phänomen der Mesomerie dem Stoff-Teilchen-Konzept oder dem Struktur-Eigenschafts-Konzept zuzuordnen ist.

A6 Nennen Sie Begriffe, die nur oder vorwiegend auf der Stoffebene angewandt werden, und solche, die nur oder vorwiegend auf der Teilchenebene verwendet werden können.

Stoffe				
Elementare Stoffe			Verbindungen	
Metalle	Edelgase	Nichtmetalle ohne Edelgase	Nichtmetallverbindungen	Salze
Eisen Kupfer Silber Gold	Helium Neon Argon Krypton	Wasserstoff Stickstoff Sauerstoff Chlor	Ethen Methanal Buttersäure Glucose	Natriumchlorid Magnesiumoxid Ammoniumchlorid
Fe Cu Ag Au	He Ne Ar Kr	H_2 N_2 O_2 Cl_2	C_2H_2 HCHO C_3H_7COOH $C_6H_{12}O_6$	Na^+Cl^- $Mg^{2+}O^{2-}$ $NH_4^+Cl^-$
Atome	Atome	Moleküle	Moleküle	Ionen
Atome	Atome	Atome	Moleküle	Elementargruppen
Teilchen				

Aus diesen Teilchen sind die Stoffe aufgebaut:

Das sind die kleinsten gleichen Teilchen der jeweiligen Stoffe:

B1 Stoff- und Teilchenebene

Die Farbigkeit von Stoffen ist auf die Absorption von Photonen durch die Elektronen von Farbstoffmolekülen zurückzuführen. Viele Farbstoffmoleküle haben daher eine Gemeinsamkeit: ein ausgedehntes konjugiertes Doppelbindungssystem. Wegen dieser Struktur können die Elektronen der Moleküle durch Lichtenergie leicht angeregt werden. Das farbgebende konjugierte Doppelbindungssystem nennt man daher auch Chromophor. Je ausgedehnter das Chromophor ist, umso stärker verschiebt sich die Absorption in den längerwelligen Bereich (bathochromer Effekt). Auxochrome bzw. antiauxochrome Gruppen können den bathochromen Effekt zusätzlich verstärken.

Einige Farbstoffmoleküle verändern in Abhängigkeit vom pH-Wert ihre Absorptionsvermögen und sind daher unterschiedlich farbig. Sie eignen sich daher als Säure-Base-Indikatoren, z. B. Phenolphthalein [B3].

Triacylglyceride können im festen (Fett) oder im flüssigen Aggregatzustand (Öl) vorliegen. Diese Stoffeigenschaft ist vom Anteil der ungesättigten Fettsäuren in den Molekülen abhängig.

A7 Das in der Natur vorkommende Stereoisomer von Cholesterin ist:

a) Zeichnen Sie die abgebildete Formel in Ihr Heft und kennzeichnen Sie alle asymmetrischen Kohlenstoffatome.
b) Nennen Sie die maximale Anzahl von Stereoisomeren, die das Cholesterin haben könnte.
c) Recherchieren Sie Aufgaben des Cholesterins im Körper des Menschen.

B2 Kalottenmodell einer gesättigten Fettsäure (oben) und einer ungesättigten Fettsäure (unten)

B3 Phenolphthalein bei verschiedenen pH-Werten

Energiekonzept

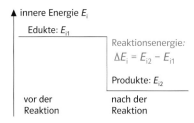

innere Energie E_i

Edukte: E_{i1}

Reaktionsenergie:
$\Delta E_i = E_{i2} - E_{i1}$

Produkte: E_{i2}

vor der Reaktion   nach der Reaktion

B2 Die Reaktionsenergie ist die Änderung der inneren Energie durch die Reaktion

B3 In jedem Blatt wird mithilfe von Chlorophyll Glucose aufgebaut

System Unter „System" versteht man einen abgegrenzten Materiebereich, für den eine Energiebilanz aufgestellt werden kann. Ein System kann z. B. der Inhalt eines Reagenzglases sein

Eine klassische Definition des Begriffs Energie lautet: Energie ist die Fähigkeit eines Systems, Arbeit zu verrichten. Dabei geht die Energie – gemäß dem Energieerhaltungssatz – nicht verloren, sondern wird in eine andere Energieform umgewandelt.

Bei chemischen Reaktionen kommt es immer zu Energieumwandlungen. Verläuft eine Reaktion exotherm, ist die innere Energie E_i der Produkte E_{i2} geringer als die der Edukte E_{i1} [B2], bei einer endothermen Reaktion sind die Verhältnisse genau umgekehrt. Um eine chemische Reaktion zu starten, muss Aktivierungsenergie aufgewendet werden. Stoffe, die den Betrag der Aktivierungsenergie herabsetzen, nennt man Katalysatoren [B1]. Im Stoffwechsel aller Lebewesen laufen nahezu alle Vorgänge katalysiert ab. Die entsprechenden Biokatalysatoren sind die Enzyme.

In Lebewesen finden auch Reaktionen statt, bei denen die innere Energie der Produkte größer ist als die der Edukte. Das Paradebeispiel dafür ist die Fotosynthese mithilfe von Chlorophyll [B3]. Hier wird Lichtenergie in chemische Energie umgewandelt. Aus Kohlenstoffdioxid und Wasser wird energiereiche Glucose aufgebaut:

$$6\ CO_2 + 6\ H_2O \longrightarrow C_6H_{12}O_6 + 6\ O_2$$

A1 Erläutern Sie anhand eines Energiediagramms, warum aromatische Verbindungen nach dem Mechanismus der elektrophilen Substitution reagieren und nicht in einer elektrophilen Addition.

A2 Stellen Sie den Zusammenhang zwischen Farbstoffmolekülen und ihrer Lichtabsorption dar.

A3 Recherchieren Sie den Begriff „energetische Kopplung" und leiten Sie seine Bedeutung für das Recycling von Kunststoffen ab.

A4 Die Energieänderung bei einer chemischen Reaktion (AB + C ⟶ A + BC) kann über den Abstand der Atome zueinander betrachtet werden. Stellen Sie dies in einem Energiediagramm dar und erläutern Sie die Bedeutung der Aktivierungsenergie.

A5 Recherchieren Sie die Brennwerte der drei Nährstoffklassen Kohlenhydrate, Proteine und Fette. Geben Sie an, in welchem Verhältnis die Brennwerte in etwa zueinander stehen.

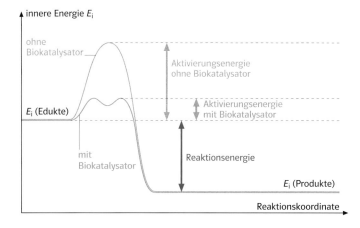

innere Energie E_i

ohne Biokatalysator

Aktivierungsenergie ohne Biokatalysator

Aktivierungsenergie mit Biokatalysator

E_i (Edukte)

mit Biokatalysator

Reaktionsenergie

E_i (Produkte)

Reaktionskoordinate

B1 Energiediagramm

Gleichgewichtskonzept

Beim Begriff „Gleichgewicht" kommt vielen Leuten sofort die Balkenwaage [B2] in den Sinn. Legt man in beide Waagschalen Stoffportionen der gleichen Masse, so ist die Waage im Gleichgewicht. Auf beiden Seiten wirken zwar Kräfte, diese heben sich aber gegenseitig auf.

Allgemein gesagt ist ein System dann im Gleichgewicht, wenn Einflüsse, die einzeln betrachtet eine Veränderung bewirken würden, sich in ihrer Wirkung gegenseitig aufheben.

Es scheint auf den ersten Blick überraschend, die Phänomene der Mutarotation, der positiv verlaufenden Fehlingprobe bei Fructose und der negativ verlaufenden Schiff'schen Probe bei Glucose unter einem gemeinsamen Aspekt zu betrachten, jedoch kann auch hier jeweils das Vorliegen einer Hin- und einer Rückreaktion festgestellt werden. Alle diese Phänomene können durch Gleichgewichtsreaktionen erklärt werden. Durch den Gleichgewichtspfeil [B3] wird dieser Sachverhalt symbolisiert.

| A1 | Diskutieren Sie, ob die Farbänderung von Indikatoren ein geeignetes Beispiel ist, um Gleichgewichtsreaktionen zu illustrieren. |

| A2 | Entwickeln Sie eine Graphik, um das Prinzip der Gleichgewichtsreaktionen zu visualisieren. |

| A3 | Nennen Sie drei Stoffklassen, bei denen sowohl Kondensations- als auch Hydrolysereaktionen auftreten. |

| A4 | Die Fehling'sche Probe einer β-D-Fructopyranose-Lösung ist positiv. Stellen Sie die beiden Gleichgewichtsreaktionen dar, die dazu führen. |

| A5 | Protonierungen bzw. Deprotonierungen zählen ebenfalls zu den Gleichgewichtsreaktionen. Diese Reaktionen spielen in der Analytik eine wichtige Rolle. Belegen Sie dies an zwei unterschiedlichen Beispielen. |

D-Fructose   Endiolform   D-Glucose

B1 Keto-Endiol-Tautomerie

Die Erklärung der Mutarotation gelingt durch die Gleichgewichtsbeziehung der Anomeren über die offenkettige Form, während die negativ verlaufende Schiff'sche Probe durch den Ringschluss plausibel wird. Die positiv verlaufende Fehling'sche Probe der Fructose findet ihre Erklärung in der Keto-Endiol-Tautomerie [B1].

Gleichgewichtsreaktionen zeichnen sich dadurch aus, dass gleich viele Teilchen einer Art gebildet werden wie zerfallen. Mit anderen Worten hat man bei einer Gleichgewichtsreaktion immer sowohl Edukt- als auch Produktteilchen im Reaktionsgefäß. Da immer Edukte vorhanden sind verlaufen Gleichgewichtsreaktionen niemals vollständig.

Vorsicht! Das chemische Gleichgewicht ist nicht durch die gleiche Stoffmengenkonzentration der Edukte und Produkte gekennzeichnet. Im Zustand des chemischen Gleichgewichts können auf Edukt- und Produktseite durchaus unterschiedliche Stoffmengenkonzentrationen vorliegen. Vielmehr werden im Gleichgewicht gleich viele Teilchen einer Art (z. B. Teilchen C in [B3]) gebildet wie zerfallen. Auf der Teilchenebene geschieht also etwas, während man auf der Stoffebene keine Veränderung mehr wahrnehmen kann.

B2 Balkenwaage

Edukte und Produkte bei Gleichgewichtsreaktionen
Bei Gleichgewichtsreaktionen kann man eigentlich nicht von Edukten und Produkten sprechen, da Produkte gleichermaßen Edukte sind und umgekehrt. Wir wollen die links des Gleichgewichtspfeils stehenden Stoffe trotzdem als Edukte und die rechts vom Pfeil stehenden als Produkte bezeichnen

$$A + B \rightleftharpoons C + D$$

B3 Reaktionsgleichung mit Gleichgewichtspfeil

Tabellen

Name der chemischen Elemente	Zeichen	Ordnungszahl	Atommasse in u [4]	Dichte [1] in g/cm³ (Gase: g/l)	Schmelztemperatur in °C	Siedetemperatur in °C
Actinium	Ac	89	227,0277	10,1	1050	3200
Aluminium	Al	13	26,981538	2,70	660	2467
Antimon	Sb	51	121,760	6,68	630	1750
Argon	Ar	18	39,948	1,66	−189	−186
Arsen	As	33	74,92160	5,72	613 s	—
Astat	At	85	219,9871	—	302	337
Barium	Ba	56	137,327	3,51	725	1640
Beryllium	Be	4	9,012182	1,85	1278	2970
Bismut	Bi	83	208,98038	9,8	271	1560
Blei	Pb	82	207,2	11,4	327	1740
Bor	B	5	10,811	2,34	2300	2550
Brom	Br	35	79,904	3,12	−7	59
Cadmium	Cd	48	112,411	8,65	321	765
Caesium	Cs	55	132,90545	1,88	28	669
Calcium	Ca	20	40,078	1,54	839	1484
Cer	Ce	58	140,116	6,65	799	3426
Chlor	Cl	17	35,4527	2,99	−101	−35
Chrom	Cr	24	51,9961	7,20	1857	2672
Cobalt	Co	27	58,933200	8,9	1495	2870
Eisen	Fe	26	55,845	7,87	1535	2750
Fluor	F	9	18,9984032	1,58	−219	−188
Francium	Fr	87	223,0197	—	27	677
Gallium	Ga	31	69,723	5,90	30	2403
Germanium	Ge	32	72,61	5,32	937	2830
Gold	Au	79	196,96655	19,32	1064	3080
Hafnium	Hf	72	178,49	13,3	2227	4602
Helium	He	2	4,002602	0,17	−272 p	−269
Indium	In	49	114,818	7,30	156	2080
Iod	I	53	126,90447	4,93	113	184
Iridium	Ir	77	192,217	22,41	2410	4130
Kalium	K	19	39,0983	0,86	63	760
Kohlenstoff	C	6	12,0107	2,25 [2]	3650 s [2]	—
Krypton	Kr	36	83,798	3,48	−157	−152
Kupfer	Cu	29	63,546	8,92	1083	2567
Lanthan	La	57	138,9055	6,17	921	3457
Lithium	Li	3	6,941	0,53	180	1342
Magnesium	Mg	12	24,3050	1,74	649	1107
Mangan	Mn	25	54,938049	7,20	1244	1962
Molybdän	Mo	42	95,94	10,2	2610	5560
Natrium	Na	11	22,989770	0,97	98	883

Name der chemischen Elemente	Zeichen	Ordnungszahl	Atommasse in u [4]	Dichte [1] in g/cm³ (Gase: g/l)	Schmelztemperatur in °C	Siedetemperatur in °C
Neon	Ne	10	20,1797	0,84	−249	−246
Nickel	Ni	28	58,6934	8,90	1455	2730
Niob	Nb	41	92,90638	8,57	2468	4742
Osmium	Os	76	190,23	22,5	2700	5300
Palladium	Pd	46	106,42	12,0	1554	2970
Phosphor	P	15	30,973761	1,82 [3]	44 [3]	280
Platin	Pt	78	195,078	21,4	1772	3827
Polonium	Po	84	208,9824	9,4	254	962
Praseodym	Pr	59	140,90765	6,77	931	3512
Protactinium	Pa	91	231,03588	15,4	1840	4030
Quecksilber	Hg	80	200,59	13,55	−39	356
Radium	Ra	88	226,0254	5,0	700	1140
Radon	Rn	86	222,0176	9,23	−71	−62
Rhenium	Re	75	186,207	20,5	3180	5627
Rhodium	Rh	45	102,90550	12,4	1966	3727
Rubidium	Rb	37	85,4678	1,53	39	686
Ruthenium	Ru	44	101,07	12,3	2310	3900
Sauerstoff	O	8	15,9994	1,33	−219	−183
Scandium	Sc	21	44,955910	3,0	1541	2831
Schwefel	S	16	32,066	2,07 (rh)	119 (mo)	444
Selen	Se	34	78,96	4,81	217	685
Silber	Ag	47	107,8682	10,5	962	2212
Silicium	Si	14	28,0855	2,32	1410	2355
Stickstoff	N	7	14,00674	1,17	−210	−196
Strontium	Sr	38	87,62	2,60	769	1384
Tantal	Ta	73	180,9479	16,6	2996	5425
Technetium	Tc	43	97,9072	11,5	2172	4877
Tellur	Te	52	127,60	6,0	449	990
Thallium	Tl	81	204,3833	11,8	303	1457
Thorium	Th	90	232,0381	11,7	1750	4790
Titan	Ti	22	47,867	4,51	1660	3287
Uran	U	92	238,0289	19,0	1132	3818
Vanadium	V	23	50,9415	5,96	1890	3380
Wasserstoff	H	1	1,00794	0,083	−259	−253
Wolfram	W	74	183,84	19,3	3410	5660
Xenon	Xe	54	131,29	5,49	−112	−107
Yttrium	Y	39	88,90585	4,47	1522	3338
Zink	Zn	30	65,409	7,14	419	907
Zinn	Sn	50	118,710	7,30	232	2270
Zirconium	Zr	40	91,224	6,49	1852	4377

Die Elemente mit den Ordnungszahlen 60 bis 71 und ab 93 sind nicht aufgeführt.
Eine Zusammenstellung aller Elemente befindet sich im Periodensystem am Ende des Buches.

s = sublimiert
p = unter Druck
— = Werte nicht bekannt

1) Dichteangaben für 20 °C und 1013 hPa
2) Angaben gelten für Graphit; Diamant: Schmelztemperatur 3550 °C, Dichte 3,51 g/cm³
3) Angaben gelten für weißen Phosphor; roter Phosphor: Schmelztemperatur 590 °C (p), Dichte 2,34 g/cm³
4) Atommasseneinheit u: 1 u = 0,000 000 000 000 000 000 000 001 660 54 g

Eigenschaften einiger Gase

Name, Formel	Dichte in g/l [1]	Siedetemp. in °C	Löslichkeit in Wasser [1][2]	Name, Formel	Dichte in g/l [1]	Siedetemp. in °C	Löslichkeit in Wasser [1][2]
Wasserstoff (H_2)	0,090	−253	0,022	Kohlenstoffdioxid (CO_2)	1,977	−78,5[3]	1,71
Helium (He)	0,178	−269	0,01	Luft	1,293	−194,4	0,03
Stickstoff (N_2)	1,250	−196	0,024	Schwefeldioxid (SO_2)	2,926	−10,0	79,8
Sauerstoff (O_2)	1,429	−183	0,05	Methan (CH_4)	0,717	−161,5	0,056
Chlor (Cl_2)	3,214	−35	4,61	Ethan (C_2H_6)	1,356	−88,6	0,099
Ammoniak (NH_3)	0,771	−33,4	1175	Propan (C_3H_8)	2,020	−42,1	0,11
Schwefelwasserstoff (H_2S)	1,539	−60	4,7	n-Butan (C_4H_{10})	2,703	−0,5	0,25
Chlorwasserstoff (HCl)	1,639	−85	525	Ethen (C_2H_4)	1,260	−103,7	0,226
				Ethin (C_2H_2)	1,165	−83,6	1,73

[1] bei 0 °C und 1013 hPa
[2] Quotient aus dem Volumen der (lösbaren) Gasportion und dem Volumen des Wassers (bei 0 °C und 1013 hPa)
[3] Sublimationstemperatur

Größen und Einheiten

Name	Zeichen	Größe, Beziehung	Erläuterungen	Einheitenname	Einheitenzeichen
Masse	m			[Kilo]gramm Atomare Masseneinheit	[k]g $1u = 1{,}661 \cdot 10^{-24}$ g
Volumen	V		Produkt aus drei Längen	Kubik[zenti]meter Liter Milliliter	[c]m^3 $1l = 1\,dm^3$ $1ml = 1\,cm^3$
Anzahl	N			Eins	1
Stoffmenge	n	$n = \dfrac{N}{N_A}$	$N_A = 6{,}022 \cdot 10^{23}$/mol (Avogadro-Konstante)	Mol	mol
Dichte	ϱ	$\varrho = \dfrac{m}{V}$	m: Masse der Stoffportion V: Volumen der Stoffportion		g/cm^3 $1g/l = 0{,}001\,g/cm^3$
molare Masse	M	$M = \dfrac{m}{n}$	m: Masse der Reinstoffportion n: Stoffmenge der Reinstoffportion		g/mol
molares Volumen	V_m	$V_m = \dfrac{V}{n}$	V: Volumen der Reinstoffportion n: Stoffmenge der Reinstoffportion		l/mol
Stoffmengen-konzentration	c	$c = \dfrac{n}{V}$	n: Stoffmenge einer Teilchenart V: Volumen der Mischung		mol/l
Massenanteil	w	$w_1 = \dfrac{m_1}{m_S}$	m_1: Masse des Bestandteils 1 m_S: Summe aller Massen (Gesamtmasse)	Prozent	1 $1\% = \dfrac{1}{100}$
Volumenanteil	φ	$\varphi_1 = \dfrac{V_1}{V_S}$	V_1: Volumen des Bestandteils 1 V_S: Summe aller Volumina vor dem Mischen	Prozent	1 $1\% = \dfrac{1}{100}$
Kraft	F	$F = m \cdot a$	a: Beschleunigung	Newton	$1N = \dfrac{1\,kg \cdot m}{s^2}$
Druck	p	$p = \dfrac{F}{A}$	A: Flächeninhalt	Pascal Bar Millibar	$1Pa = 1\dfrac{N}{m^2}$ $1bar = 10^5\,Pa$ $1mbar = 1\,hPa$
Energie	E	$W = F \cdot s$	Energie ist die Fähigkeit zur Arbeit W s: Weglänge	Joule Kilojoule	$1J = 1N \cdot m$ kJ
Celsiustemperatur	t, ϑ			Grad Celsius	°C
thermodynamische Temperatur	T	$\dfrac{T}{K} = \dfrac{t}{°C} + 273{,}15$		Kelvin	K
elektrische Ladung	Q			Coloumb	C
elektrische Strom-stärke	I	$I = \dfrac{Q}{t}$	Q: Ladung t: Zeit	Ampere	$1A = 1\dfrac{C}{s}$

Symbol	Kenn-buch-stabe	Gefahren-bezeich-nung	Gefährlichkeitsmerkmale	Symbol	Kenn-buch-stabe	Gefahren-bezeich-nung	Gefährlichkeitsmerkmale
	T+	Sehr giftig	Sehr giftige Stoffe können schon in sehr geringen Mengen zu schweren Gesundheitsschäden führen.		E	Explo-sionsge-fährlich	Dieser Stoff kann unter bestimmten Bedingungen explodieren.
	T	Giftig	Giftige Stoffe können in ge-ringen Mengen zu schweren Gesundheitsschäden führen.		O	Brand fördernd	Brand fördernde Stoffe können brenn-bare Stoffe entzünden, Brände fördern und Löscharbeiten erschweren.
	Xn	Gesund-heits-schädlich	Gesundheitsschädliche Stoffe führen in größeren Mengen zu Gesundheitsschäden.		F+	Hochent-zündlich	Hochentzündliche Stoffe können schon bei Temperaturen unter 0 °C entzündet werden.
	Xi	Reizend	Dieser Stoff hat Reizwirkung auf Haut und Schleimhäute, er kann Entzündungen auslösen.		F	Leicht entzünd-lich	Leicht entzündliche Stoffe können schon bei niedrigen Temperaturen ent-zündet werden. Mit der Luft können sie explosionsfähige Gemische bilden.
	C	Ätzend	Dieser Stoff kann lebendes Gewebe zerstören.		N	Umwelt-gefähr-lich	Wasser, Boden, Luft, Klima, Pflanzen oder Mikroorganismen können durch diesen Stoff so verändert werden, dass Gefahren für die Umwelt entstehen.

Faktoren zur Umrechnung von Gasvolumina auf Normbedingungen

Temp.	Druck (hPa)																		Wasserdampfdruck (temperatur-abhängig)	
(°C)	950	955	960	965	970	975	980	985	990	995	1000	1005	1010	1013	1015	1020	1025	1030	Temp. (°C)	Dampf-druck (hPa)
0	0,938	0,942	0,947	0,952	0,957	0,962	0,967	0,972	0,977	0,982	0,987	0,992	0,997	1,000	1,002	1,007	1,012	1,017	0	6
10	0,904	0,909	0,914	0,919	0,923	0,928	0,933	0,938	0,942	0,947	0,952	0,957	0,962	0,964	0,966	0,971	0,976	0,981	10	12
15	0,889	0,893	0,898	0,903	0,907	0,912	0,917	0,922	0,926	0,931	0,936	0,940	0,945	0,948	0,950	0,954	0,959	0,964	15	17
16	0,886	0,890	0,895	0,900	0,904	0,909	0,914	0,918	0,923	0,928	0,932	0,937	0,942	0,944	0,946	0,951	0,956	0,960	16	18
17	0,883	0,887	0,892	0,897	0,901	0,906	0,911	0,915	0,920	0,924	0,929	0,934	0,938	0,941	0,943	0,948	0,952	0,957	17	19
18	0,880	0,884	0,889	0,894	0,898	0,903	0,907	0,912	0,917	0,921	0,926	0,931	0,935	0,938	0,940	0,944	0,949	0,954	18	21
19	0,877	0,881	0,886	0,890	0,895	0,900	0,904	0,909	0,914	0,918	0,923	0,927	0,932	0,935	0,937	0,941	0,946	0,959	19	22
20	0,874	0,878	0,883	0,887	0,892	0,897	0,901	0,906	0,910	0,915	0,920	0,924	0,929	0,932	0,933	0,938	0,943	0,947	20	23
21	0,871	0,875	0,880	0,884	0,889	0,894	0,898	0,903	0,907	0,912	0,916	0,921	0,926	0,928	0,930	0,935	0,939	0,944	21	25
22	0,868	0,872	0,877	0,881	0,886	0,891	0,895	0,900	0,904	0,909	0,913	0,918	0,923	0,925	0,927	0,932	0,936	0,941	22	26
23	0,865	0,869	0,874	0,878	0,883	0,888	0,892	0,897	0,901	0,906	0,910	0,915	0,919	0,922	0,924	0,928	0,933	0,938	23	28
24	0,862	0,866	0,871	0,875	0,880	0,885	0,889	0,894	0,898	0,903	0,907	0,912	0,916	0,919	0,921	0,925	0,930	0,934	24	30
25	0,859	0,863	0,868	0,872	0,877	0,882	0,886	0,891	0,895	0,900	0,904	0,909	0,913	0,916	0,918	0,922	0,927	0,931	25	32
26	0,856	0,861	0,865	0,870	0,874	0,879	0,883	0,888	0,892	0,897	0,901	0,906	0,910	0,913	0,915	0,919	0,924	0,928	26	34
28	0,850	0,855	0,859	0,864	0,868	0,873	0,877	0,882	0,886	0,891	0,895	0,900	0,904	0,907	0,909	0,913	0,918	0,922	28	38
30	0,845	0,849	0,854	0,858	0,862	0,867	0,871	0,876	0,880	0,885	0,889	0,894	0,898	0,901	0,903	0,907	0,911	0,916	30	42
40	0,818	0,822	0,826	0,831	0,835	0,839	0,844	0,848	0,852	0,857	0,861	0,865	0,869	0,872	0,874	0,878	0,882	0,887	40	74
50	0,793	0,797	0,801	0,805	0,809	0,813	0,818	0,822	0,826	0,830	0,834	0,838	0,843	0,845	0,847	0,851	0,855	0,859	50	123
60	0,769	0,773	0,777	0,781	0,785	0,789	0,793	0,797	0,801	0,805	0,809	0,813	0,817	0,820	0,821	0,825	0,829	0,833	60	199
70	0,746	0,750	0,754	0,758	0,762	0,766	0,770	0,774	0,778	0,782	0,786	0,790	0,793	0,796	0,797	0,801	0,805	0,809	70	312
80	0,725	0,729	0,733	0,737	0,740	0,744	0,748	0,752	0,756	0,760	0,763	0,767	0,771	0,773	0,775	0,779	0,782	0,786	80	474
90	0,705	0,709	0,713	0,716	0,720	0,724	0,727	0,731	0,735	0,739	0,742	0,746	0,750	0,752	0,753	0,757	0,761	0,765	90	701
100	0,686	0,690	0,694	0,697	0,701	0,704	0,708	0,712	0,715	0,719	0,722	0,726	0,730	0,732	0,733	0,737	0,740	0,744	100	1013

Beispiel: Bei einer Temperatur von 20 °C und einem Luftdruck von 995 hPa wurde als Volumen V einer Gasportion 96 ml abgelesen. Welches Volumen V_n hätte diese Gasportion bei Normbedingungen (0 °C, 1013 hPa)?

Lösung: $V_n = V \cdot$ Faktor (Tabelle) $= V \cdot 0{,}915 = 87{,}84$ ml (≈ 88 ml)

Hat man das Gas über Wasser aufgefangen, ist vom gemessenen Luftdruck vor Aufsuchen des Faktors der Wasserdampfdruck (rechter Tabellenteil) abzuziehen.

Kohlenstoffverbindungen mit funktionellen Gruppen

Namen der Stoffklassen	Beispiele
Strukturformeln und Namen der funktionellen Gruppen	Namen und Strukturformeln

Alkene
ungesättigte Fettsäuren

Ethen

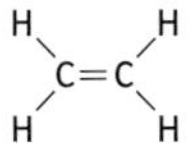

C=C-Doppelbindung
(C=C-Zweifachbindung)

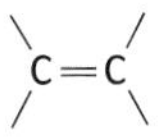

Ölsäure

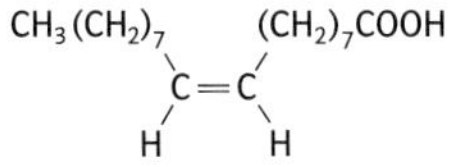

Alkohole

Ethanol

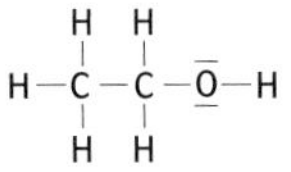

Hydroxylgruppe
—Ō—H

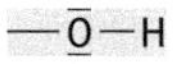

Propantriol

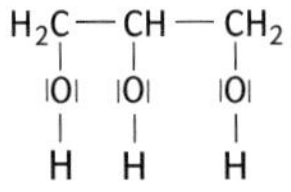

Aldehyde

Methanal
(Formaldehyd)

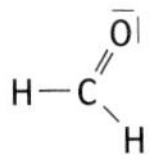

Aldehydgruppe

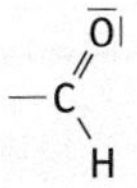

Ethanal
(Acetaldehyd)

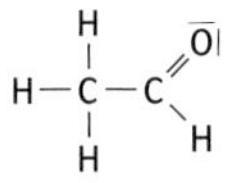

Ketone

Propanon
(Aceton)

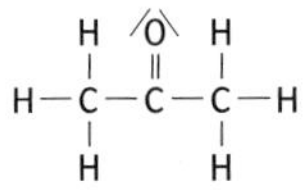

Carbonylgruppe

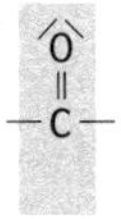

Butanon
(Ethylmethyl-
keton)

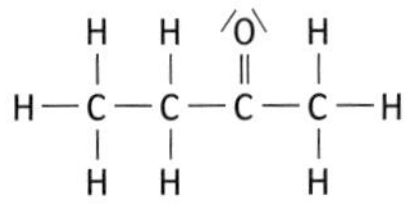

Carbonsäuren

Methansäure
(Ameisensäure)

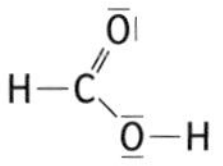

Carboxylgruppe

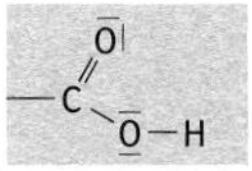

Ethansäure
(Essigsäure)

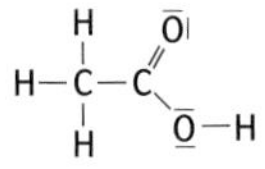

Ester

Fette
(Fettsäureglycerinester)

Ethansäure-
butylester
(Essigsäure-
butylester)

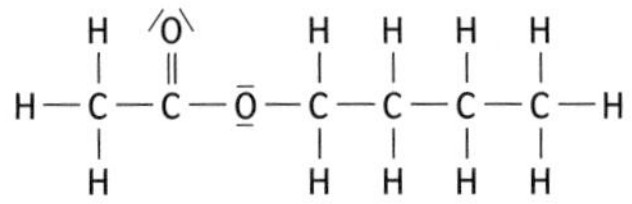

Estergruppe

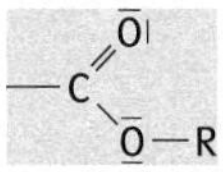

1-Ölsäure
-2-linolsäure
-3-linolensäure
-glycerinester

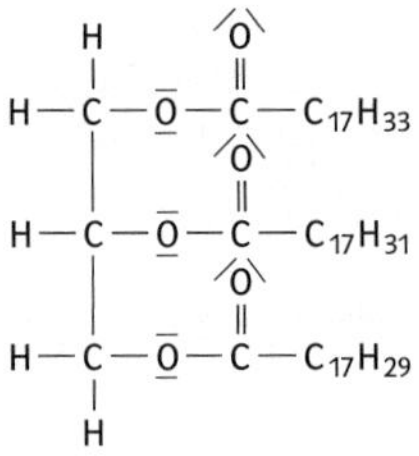

Griechisches Alphabet
(nach chemischer Nomenklatur)

A	α	Alpha
B	β	Beta
Γ	γ	Gamma
Δ	δ	Delta
E	ε	Epsilon
Z	ζ	Zeta
H	η	Eta
Θ	ϑ (θ)	Theta
I	ι	Jota
K	κ	Kappa
Λ	λ	Lambda
M	μ	My
N	ν	Ny
Ξ	ξ	Xi
O	o	Omikron
Π	π	Pi
P	ϱ	Rho
Σ	σ(ς)	Sigma
T	τ	Tau
Y	υ	Ypsilon
Φ	φ	Phi
X	χ	Chi
Ψ	ψ	Psi
Ω	ω	Omega

Griechische Zahlwörter
(nach chemischer Nomenklatur)

½	hemi	11	undeca
1	mono	12	dodeca
2	di	13	trideca
3	tri	14	tetradeca
4	tetra	15	pentadeca
5	penta	16	hexadeca
6	hexa	17	heptadeca
7	hepta	18	octadeca
8	octa	19	enneadeca
9	nona	20	icosa
10	deca		(eicosa)

Dezimale Vielfache und Teile von Einheiten

Vorsatz		Faktor	Vorsatz		Faktor
y	Yocto	10^{-24}	da	Deka	10
z	Zepto	10^{-21}	h	Hekto	10^2
a	Atto	10^{-18}	k	Kilo	10^3
f	Femto	10^{-15}	M	Mega	10^6
p	Piko	10^{-12}	G	Giga	10^9
n	Nano	10^{-9}	T	Tera	10^{12}
μ	Mikro	10^{-6}	P	Peta	10^{15}
m	Milli	10^{-3}	E	Exa	10^{18}
c	Zenti	10^{-2}	Z	Zetta	10^{21}
d	Dezi	10^{-1}	Y	Yotta	10^{24}

Entsorgung von Chemikalienabfällen

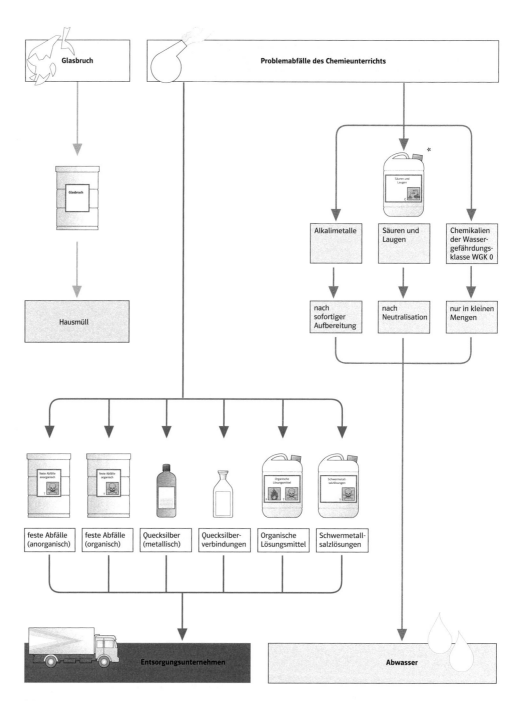

* Problemabfälle müssen in geeigneten Sammelgefäßen aus Kunststoff oder Glas gesammelt werden.

Stichwortverzeichnis

Bildquellenverzeichnis

Periodensystem der Elemente

I (1)

1 | 1,0 ₁H — Wasserstoff

II (2)

2 | 6,9 ₃Li — Lithium | 9,0 ₄Be — Beryllium

3 | 23,0 ₁₁Na — Natrium | 24,3 ₁₂Mg — Magnesium

Legende:
- mittlere Atommasse in u — 186,2
- Ordnungszahl — 75 **Re** — Elementsymbol
- Metalle — fest
- Halbmetalle — gasförmig
- Nichtmetalle — flüssig
- Elementname — Rhenium

III A (3) | **IV A (4)** | **V A (5)** | **VI A (6)** | **VII A (7)** | **VIII A (8/9/1**

4 | 39,1 ₁₉K Kalium | 40,1 ₂₀Ca Calcium | 45,0 ₂₁Sc Scandium | 47,9 ₂₂Ti Titan | 50,9 ₂₃V Vanadium | 52,0 ₂₄Cr Chrom | 54,9 ₂₅Mn Mangan | 55,8 ₂₆Fe Eisen | 58,9 ₂₇Co Cobalt

5 | 85,5 ₃₇Rb Rubidium | 87,6 ₃₈Sr Strontium | 88,9 ₃₉Y Yttrium | 91,2 ₄₀Zr Zirconium | 92,9 ₄₁Nb Niob | 95,9 ₄₂Mo Molybdän | 98 ₄₃Tc 4,2·10⁶ a Technetium | 101,1 ₄₄Ru Ruthenium | 102,9 ₄₅Rh Rhodium

6 | 132,9 ₅₅Cs Caesium | 137,3 ₅₆Ba Barium | 57–71 Lanthanoide | 178,5 ₇₂Hf Hafnium | 180,9 ₇₃Ta Tantal | 183,8 ₇₄W Wolfram | 186,2 ₇₅Re Rhenium | 190,2 ₇₆Os Osmium | 192,2 ₇₇Ir Iridium

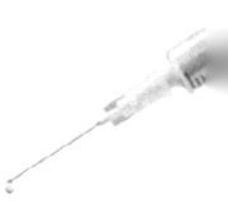

7 | 223 ₈₇Fr 22 min Francium | 226 ₈₈Ra 1600 a Radium | 89–103 Actinoide | 261 ₁₀₄Rf 78 s Rutherfordium | 262 ₁₀₅Db 34 s Dubnium | 266 ₁₀₆Sg 21 s Seaborgium | 267 ₁₀₇Bh 17 s Bohrium | 269 ₁₀₈Hs 9 s Hassium | 268 ₁₀₉Mt 70 Meitnerium

Lanthanoide | 138,9 ₅₇La Lanthan | 140,1 ₅₈Ce Cer | 140,9 ₅₉Pr Praseodym | 144,2 ₆₀Nd Neodym | 145 ₆₁Pm 17,7 a Promethium | 150,4 ₆₂Sm Samarium | 152,0 ₆₃Eu Europium

Actinoide | 227 ₈₉Ac 22 a Actinium | 232 ₉₀Th 1,4·10¹⁰ a Thorium | 231 ₉₁Pa 3,3·10⁴ a Protactinium | 238 ₉₂U 4,5·10⁹ a Uran | 237 ₉₃Np 2,1·10⁶ a Neptunium | 244 ₉₄Pu 8,0·10⁷ a Plutonium | 243 ₉₅Ar 7370 a Americium